AF466048

VOYAGE

DE LA CORVETTE *LA BAYONNAISE*

DANS

LES MERS DE CHINE

TYPOGRAPHIE DE HENRI PLON, RUE GARANCIÈRE, 8.

VOYAGE

DE LA CORVETTE *LA BAYONNAISE*

DANS

LES MERS DE CHINE

PAR LE VICE-AMIRAL

JURIEN DE LA GRAVIÈRE

TOME PREMIER

Troisième Édition

ENRICHIE DE DEUX GRANDES CARTES
ET DE DIX DESSINS DE GAUTIER SAINT-ELME GRAVÉS PAR MÉAULLE

PARIS

HENRI PLON, IMPRIMEUR-ÉDITEUR

10, RUE GARANCIÈRE

1872

PRÉFACE

Le voyage accompli par *la Bayonnaise* dans les mers de Chine remonte à une époque déjà éloignée. Une période de vingt-deux années, remplie d'importants événements, sépare la première édition de ce livre de la troisième édition que j'offre aujourd'hui au public. J'éprouve, je l'avoue, une certaine satisfaction à pouvoir constater que le temps, qui ne semble pas avoir encore enlevé tout intérêt à mes récits, a cependant justifié déjà quelques-unes de mes prévisions. Mais, depuis le mois de mai 1850, le rideau qui cachait l'avenir à nos yeux, ce rideau à travers lequel j'essayais de lire, me paraît s'être un peu soulevé.

La Chine cède visiblement aujourd'hui aux lois générales de cette gravitation à laquelle pendant tant de siècles elle était parvenue à se soustraire. Elle aussi, elle se meut, elle se modifie, elle se transforme : *si muove!* Ce n'était pas assez que la capitale du Céleste Empire eût été occupée par des armées européennes, que des navires étrangers eussent été admis dans les eaux intérieures ; il a fallu que le gouvernement de Pé-King, pressé par la révolte, se résignât à confier le commandement de ses troupes à des barbares. De grandes révolutions ont renouvelé la face du monde, qui n'avaient pas été annoncées par des symptômes aussi éclatants. Je ne mets pas en doute que des destinées nouvelles ne soient près de s'ouvrir pour les races sémitiques, et j'ajoute que nous ressentirons infailliblement le contre-coup de la transformation que cette immense agglomération d'hommes va subir.

La Chine, avec sa population trop nombreuse déjà pour l'étendue de son territoire, n'est pas un pays qu'on puisse coloniser. Est-ce du moins un pays qu'on puisse rattacher à nos mœurs, à nos sentiments, à nos espérances — tranchons le mot — qu'on puisse christianiser? Bien des gens, et des plus éclairés, considèrent cette entreprise comme folle et chimérique. Je ne partage pas leur avis. La Chine possède, il est vrai, une civilisation qui a précédé la nôtre et qui, si l'on n'envisage que les conditions nécessaires à la conservation de l'espèce, peut passer pour une civilisation accomplie, mais cette civilisation si vantée présente une grande lacune. Malgré je ne sais quelles apparences de culte extérieur, la Chine est peut-être le seul pays au monde où l'on n'ait nul souci de ce qui attend l'homme au delà du tombeau. Une pareille quiétude ne me semble pas naturelle. On ne la retrouve ni chez les Mongols campés au delà de la grande muraille, ni chez les Indiens, ni chez les Thibétains. Je ne me l'explique chez les Chinois que par leur isolement séculaire et par les dures obligations de leur existence. Mis en contact avec le reste de l'univers, voués, grâce à leur expansion, à un moins âpre travail, les fils de Han continueront-ils de rester ainsi étrangers aux préoccupations des autres familles humaines?

Convaincu de l'énorme importance du rôle réservé dans l'extrême Orient à la prédication religieuse, plein de respect et de sympathie pour nos courageuses missions ; je me garderai bien cependant de réclamer pour elles l'appui du bras séculier. Ce serait, suivant moi, le pire des services à leur rendre. Pour me figurer la Chine un jour chrétienne, pour la rêver en majeure partie catholique, j'ai besoin de me rappeler l'ardent dévouement des apôtres que j'ai vus tant de fois affronter le martyre. Ces hardis messagers de la bonne nouvelle ne craignaient qu'une chose : c'était que l'apostolat devenu trop facile ne finît par tenter beaucoup de faux apôtres. Le peuple chinois, on ne devrait jamais l'oublier, n'a plus, dans la perfection démocratique de ses institutions, de problèmes sociaux à résoudre : il n'accorde aucune attention à la discussion des problèmes religieux. Est-ce donc la diplomatie qui viendra l'arracher à cette torpeur? Pour le convertir au christianisme, il faut d'autres moyens que ceux qu'un zèle inconsidéré réclame. Il faut apprendre avant tout à une nation matérialiste et sensuelle que la recherche de la vérité est encore le plus grand intérêt de cette vie ; il faut lui montrer des hommes complétement détachés de tout ce qu'elle est habituée à poursuivre, de ces hommes, comme les temps évangéliques en ont vu, indifférents aux honneurs, insensibles aux jouissances matérielles, ne comptant pour rien les privations ou le danger. De tels hommes sont rares, mais Dieu les suscite quand il veut, et il le veut toujours, lorsque l'heure est venue.

Décembre 1871.

VOYAGE EN CHINE

CHAPITRE PREMIER.

Traversée de France en Chine, à contre-mousson. — Relâche à Amboine.

Le 24 avril 1847, la corvette *la Bayonnaise* quittait la rade de Cherbourg pour se rendre dans les mers de Chine, où elle devait transporter le personnel du nouveau poste diplomatique créé à Canton. Construite sur les plans d'un habile ingénieur, M. de Moras, *la Bayonnaise* semblait faite pour la navigation des mers orageuses dont elle devait affronter les périls. Malgré un tirant d'eau peu considérable, elle portait sans fléchir vingt-huit canons-obusiers du calibre de 30 et un équipage de deux cent quarante hommes. Souple et docile comme un cheval de race, on éprouvait à la guider, dans un détroit sinueux, ou à travers les embarras d'une rade encombrée de navires, je ne sais quelle secrète émotion de plaisir jaloux et de fierté satisfaite.

L'architecture navale a fait depuis un demi-siècle d'immenses progrès qui ont singulièrement favorisé le développement des relations commerciales entre les contrées de l'Occident et les lointains rivages du Céleste Empire. Quelques années avant la révolution de 89, lorsque la France et l'Angleterre se disputaient encore la prépondérance sur les côtes de l'Inde, les navires qui se rendaient à Canton par le cap de Bonne-Espérance, partis dans les premiers jours de janvier, n'étaient de retour en Europe qu'au mois de juin de l'année suivante. Il fallait dix-huit mois, en y comprenant les relâches, pour accomplir ce double voyage. On avait grand soin alors de s'assurer le secours des vents périodiques qui conduisent les navires arabes des côtes orientales de l'Afrique aux rivages de l'Hindoustan, et les jonques chinoises des bords du Céleste Empire à la presqu'île de Malacca. Ces courants atmosphériques, connus sous le nom de moussons, font sentir leur influence alternative jusqu'aux îles Mariannes et jusqu'aux côtes du Japon. Ils fixaient invariablement l'époque à laquelle on devait se diriger vers Canton ou vers l'Europe. Profitant de la mousson qui, de la mi-mai aux premiers jours d'octobre, souffle du sud-ouest, on arrivait en Chine au mois d'août ou au mois de septembre; on en repartait avant la fin de février avec les vents du nord-est, qui règnent pendant le reste de l'année dans ces parages. Les cinq mille lieues qui séparent l'Europe de la Chine sont franchies aujourd'hui en moins de quatre mois. On a vu des bâtiments américains expédiés de Canton atteindre en quatre-vingt-dix jours les ports des États-Unis. Pour ces navires rapides, le cours régulier des moussons est un bienfait presque superflu; il fût devenu une entrave, si une heureuse audace n'eût dédaigné les règles auxquelles le commerce européen avait, pendant près de deux siècles, assujetti ses opérations. Les *clippers*, ces hardis contrebandiers qui transportent l'opium du Bengale dans les mers de Chine, ont appris les premiers à braver la mousson contraire. Les navires de guerre et les habitants qui se livrent à un commerce plus régulier ont cherché une route moins directe, mais plus sûre : ils ont su découvrir, en pénétrant dans l'océan Pacifique par un des détroits voisins de l'équateur, le moyen non plus de vaincre, mais de tourner la mousson.

Le ministre de la marine avait pressé le départ de *la Bayonnaise* dans l'espoir que cette corvette pourrait arriver dans les mers de Chine avant la fin de la saison favorable; retardés par diverses missions qui modifièrent notre itinéraire, obligés de toucher à Lisbonne et au Brésil, nous n'arrivâmes au cap de Bonne-Espérance qu'à la fin du mois d'août, et n'en partîmes que le 8 septembre 1847. Pour accomplir ce voyage à contre-mousson qu'il nous fallait entreprendre, nous choisîmes la route indirecte qu'adoptent généralement les navires de guerre. Un long circuit devait nous épargner la lutte obstinée à laquelle se résignent les *clippers;* mais, pour gagner la Chine par cette voie détournée, il fallait atteindre d'abord l'océan Pacifique.

On sait que cette immense nappe d'eau, incessamment poussée vers l'Occident par les vents alizés, rencontre, avant d'atteindre les rivages de l'Asie, une chaîne d'îles à peine interrompue par d'étroits passages, barrière opposée, dès les premiers âges du monde, à sa vague majestueuse, et qui semble destinée à en amortir le choc. Des bords de la Nouvelle-Hollande à l'île Formose, on voit se développer successivement, vers le nord-ouest, la Nouvelle-Guinée, les îles de Gillolo et de Morty, le groupe des Tulour, les côtes abruptes de Mindanão, de Samar, de Luçon, et enfin, dernier effort de cette convulsion plutonienne, la chaîne des Babuyanes et des Bashis. Une branche distincte de ce vaste système relie de l'est à l'ouest les côtes de la Nouvelle-Hollande à celles de la presqu'île malaise, et offre à l'océan Austral une barrière semblable à celle qui repousse les flots de l'océan Pacifique. Timor, Java et Sumatra sont les principaux éléments de ce groupe, et forment, avec le vaste embranchement dirigé vers le nord, l'enceinte générale des mers de l'Indo-Chine. Pour se rendre à Macao, *la Bayonnaise,* en partant du cap de Bonne-Espérance, devait donc se diriger sur l'île de Timor, pénétrer dans l'océan Pacifique en passant au nord et au sud de Gillolo, s'avancer vers l'est à l'aide des brises variables qui règnent sous l'équateur, et venir de nouveau couper l'immense barrière près des îles Bashis, quand elle se serait placée par ce détour au vent du port qui était le but et le terme de son voyage.

Le 19 octobre, vigoureusement poussés jusqu'alors par les vents d'ouest, nous avions dépassé la hauteur de la Nouvelle-Hollande; le 25, nous avions atteint le détroit qui sépare Timor de l'île d'Ombay. Aux grandes brises des mers australes avait succédé le souffle irrégulier d'une mousson encore incertaine. Nous n'avancions plus que lentement sur une mer presque immobile. La grande île de Timor étendait à notre droite la placide majesté et les lignes régulières de ses coteaux chargés d'une sombre verdure; à notre gauche, les pics volcaniques de Florès, de Lomblen, de Panthar et d'Ombay dressaient leurs cônes de lave au-dessus des nuages effilés qu'on voyait errer dans les plis de la montagne et se suspendre aux lèvres des cratères. Il n'eût fallu qu'un jour pour franchir ce passage; mais des courants contraires nous disputaient avec obstination le terrain que nous avions gagné. Chaque heure de calme nous ramenait de trois milles en arrière. Nos vœux impatients appelaient vainement la brise qui semblait souvent frémir à l'horizon et s'éteignait avant d'avoir pu arriver jusqu'à nous. Du haut du zénith, le soleil versait une épaisse langueur sur la nature entière. Les vents mêmes semblaient frappés de léthargie. Quelquefois, pendant les nuits brûlantes, longues nuits d'insomnie et d'agitation, nos voiles se gonflaient sous un souffle inespéré: une joyeuse écume scintillait sous la proue; l'onde phosphorescente fuyait le long du bord ou heurtait gaiement la joue du navire; puis, au moment le plus inattendu, ce murmure des vagues mourait soudain; les lourdes voiles s'affaissaient sur elles-mêmes, l'Océan reflétait de nouveau les mille clartés du ciel, et, quand le jour venait à paraître, nos premiers regards rencontraient encore le morne aspect de ces sommets noirâtres qui dessinaient toujours leurs silhouettes gigantesques sur l'azur immaculé de l'éther. Ces calmes désespérants triomphèrent de notre constance. Le 1er novembre, lassés d'une lutte ingrate, nous vînmes jeter l'ancre sur la côte de Timor, devant l'établissement portugais de Batou-Guédé.

Cet établissement est peut-être le plus humble débris qu'ait laissé en s'écroulant le vaste empire si glorieusement fondé au delà des mers par l'épée des Albuquerque et des Juan de Castro. A quelques mètres de la plage, dont la courbe insensible marque entre deux pointes basses et boisées une baie peu profonde, quelques pierres madréporiques assemblées sans ciment protégent de leur modeste enceinte le toit de feuillage du gouverneur. Deux canons de fonte, qui doivent avoir figuré aux siéges de Diù et d'Ormuz, sont braqués vers la mer. Ces reliques vénérables partagent, avec quelques escopettes confiées à une demi-douzaine de soldats indigènes, l'honneur de faire respecter par les baleiniers anglais ou américains l'étendard de dona Maria et les ambitieuses armoiries d'Emmanuel. Vers le milieu du dix-septième siècle, le Portugal fut contraint de céder aux Hollandais ses plus riches conquêtes. Il ne lui resta dans les mers de l'Indo-Chine que l'île de Solor et la partie orientale de Timor. Dans cette dernière île, les chefs les plus influents s'étaient convertis, dès l'année 1630, à la foi catholique; ce lien moral a suffi, malgré les efforts réitérés de la Hollande, pour maintenir sous la domination portugaise la majeure partie de la population. Le pavillon des Pays-Bas flotte sur le fort de Coupang; le drapeau du Portugal est encore arboré sur les murs de Dilly et sur ceux de Batou-Guédé.

Bien qu'on évalue à près de cinq cent mille âmes la population de Timor, cette île n'occupe qu'une place insignifiante dans le commerce général de l'archipel Indien. Les colons chinois établis sur la côte se chargent d'expédier à Java ou à Singapore le *tripang* que recueillent les pêcheurs de Célèbes, la cire et le bois de sandal que fournissent aux habitants les forêts de l'intérieur. C'est à l'exportation de ces produits peu importants que se borne le commerce d'une île presque aussi vaste que la Sardaigne ou la Sicile. La flore tropicale y déploie cependant sans relâche sa magnificence; à chaque heure du jour, à chaque instant de l'année, on peut entendre l'éternel murmure de la végétation. Dans ces contrées brûlantes, le sein fécond de la terre semble toujours gonflé d'une séve inépuisable; ardeur désordonnée, ardeur infructueuse ou funeste, si la main de l'homme ne la contient et ne la dirige. Partout, en effet, où cette nature luxuriante est livrée à elle-même, elle ne présente bientôt qu'un dédale inextricable. Le rivage est couvert de palétuviers à travers lesquels on essayerait vainement de se frayer un passage. La montagne est couronnée de géants séculaires dont le dôme impénétrable intercepte les rayons du jour. Sous ces voûtes confuses, entre les vieux troncs chargés d'orchidées, les lianes et les convolvulus jettent d'une branche à l'autre leurs festons et enlacent la forêt de leurs mille guirlandes. Il faut que l'incendie balaye cet opulent désordre, avant que le bananier vienne ombrager de ses larges feuilles la cabane de l'Indien, avant que le cocotier laisse pendre vers le voyageur altéré ses coupes toujours pleines.

A Batou-Guédé, les habitants n'ont défriché qu'une zone étroite qui s'étend le long du rivage. Dès que cette zone est franchie, on se trouve au milieu d'une forêt vierge. Un magique spectacle s'offre alors à la vue. Le figuier des banians, le jaquier aux feuilles digitées, le cassier aux grappes roses et aux siliques monstrueuses, bordent la lisière du bois et mêlent les teintes variées, la bizarre découpure de leur feuillage aux masses sombres et uniformes des lataniers ou des cycas. Les kakatoès à huppe jaune peuplent l'abri touffu des tamariniers et les cimes des canaris gigantesques ; les pigeons s'ébattent au milieu des muscadiers sauvages; les loris, au plumage de carmin et d'azur, se bercent doucement sur les longs pétioles des palmiers, tandis qu'autour des régimes naissants voltigent les nombreux essaims des guêpiers et des souimangas, joyaux vivants qui insèrent leurs becs recourbés jusqu'au fond des corolles tubulaires pour y chercher les insectes et le miel des fleurs.

Au milieu de tout cet éclat, au milieu de cette splendeur animée de la création, bien des cœurs cependant restent froids et s'étonnent de n'emporter d'un pareil spectacle que des impressions peu profondes. C'est qu'il manque à ces régions du soleil, à ces îles fantastiques de l'archipel d'Asie, le charme mystérieux qui n'appartient qu'à l'histoire. Timor a vu des collisions sanglantes mettre souvent aux mains de ses tribus guerrières la sagaie et la sarbacane aux flèches empoisonnées; mais ces obscures Iliades n'ont point trouvé d'Homère, et la lyre des rapsodes n'a pas sauvé la mémoire des Achilles qu'ont vus naître les sauvages provinces de Koutoubava ou d'Amanoubang. Nulle ombre auguste n'erre sous ces ombrages; nul débris n'y redit les choses du passé; la rêverie n'a point de prise sur cette terre où les hommes tombent et se renouvellent comme les feuilles desséchées des arbres : le sol reste muet, car il est sans souvenir.

Quelques jours employés à visiter les environs de Batou-Guédé devaient facilement épuiser l'intérêt qui pouvait s'attacher à une pareille relâche. Dès que l'aspect du ciel vint nous promettre des chances de navigation plus favorables, nous nous hâtâmes de déployer nos voiles et de reprendre la mer. Le 3 novembre, favorisés par un violent orage, nous franchîmes, au milieu de la nuit, le détroit d'Ombay, et, doublant les îles de Pulo-Cambing et de Wetta, nous nous dirigeâmes vers la rade d'Amboine, étape presque inévitable d'un voyage de Chine à contre-mousson. C'est à Amboine que la Hollande a placé le chef-lieu du gouvernement des Moluques. Cette province des Indes néerlandaises comprend de vastes territoires qui n'ont jamais été défrichés et quelques îles d'une étendue peu considérable, mais qui ont depuis longtemps subi la culture. L'île d'Amboine est spécialement affectée à la production du girofle, les îles Banda sont exclusivement plantées de muscadiers. Ternate et Tidor, où résident les deux princes indigènes dont les peuples des Moluques reconnaissent encore le pouvoir, sont plutôt des centres politiques que des établissements agricoles. Céram, Bourou, Oby, Batchian, Mysole, Waigiou, Salawatty, situées au sud de l'équateur, Morty et Gillolo, placées au nord de la ligne équinoxiale, offrent, sur un espace de soixante et un mille kilomètres carrés, — la valeur de dix départements français, — des terrains entièrement vierges et des forêts presque impénétrables.

On sait par quels prodiges de ténacité les marchands des Provinces-Unies réussirent à fonder, vers le milieu du dix-septième siècle, cet empire colonial qui semble fait pour rivaliser un jour avec l'Inde anglaise, et dont les Moluques ne sont plus qu'une des annexes les moins importantes. D'abord rançonnés par les souverains et les chefs indigènes, desservis par les intrigues des Portugais, inquiétés, égorgés par des populations perfides, ils finirent par s'insinuer habilement dans les querelles des princes malais, plus occupés de se nuire que de repousser de concert les envahissements des puissances européennes. Bientôt ces marchands se montrèrent avec des forces imposantes dans les mers de l'archipel Indien. Les immenses profits qu'ils retiraient de leurs expéditions commerciales, ils les employèrent à équiper des escadres. Les Portugais, les Espagnols, les Anglais eux-mêmes, durent renoncer à leur disputer une prépondérance affermie par de nombreuses victoires. Ce fut alors que les Hollandais imposèrent aux sultans des Moluques la dure condition de ne plus commercer qu'avec eux et de faire détruire tous les arbres à épices qui croissaient ailleurs qu'à Banda et à Amboine. La domination de la Compagnie, pendant plus d'un siècle, fut à peine ébranlée par quelques soulèvements partiels; et lorsque, après la paix de 1815, la Hollande rentra en possession des colonies qu'elle avait perdues pendant la guerre, elle trouva des princes dociles et des peuples indifférents tout disposés à reprendre leur ancien joug.

L'île d'Amboine se compose de deux péninsules montueuses, Hitou et Leytimor, qui convergent l'une vers l'autre et vont s'unir près de leur extrémité orientale par un isthme de sable dont la largeur ne dépasse pas sept cents mètres. Entre ces murailles de basalte renversées par un déchirement souterrain s'étend la vaste baie d'Amboine. L'ancre n'atteindrait pas le fond au milieu de ce canal : la profondeur de l'eau y est trop grande. Les aspérités des rives offrent seules quelques plateaux de peu d'étendue. C'est sur ces plateaux qu'il faut mouiller. Le meilleur mouillage, situé près de la côte méridionale, est commandé par le fort Vittoria, que les Portugais avaient bâti dans les premières années du seizième siècle, et dont les Hollandais s'emparèrent en 1605. Ce fut sous les murs de ce fort que *la Bayonnaise* vint jeter l'ancre le 7 novembre, quatre jours après avoir quitté la baie de Batou-Guédé.

Les Hollandais attachaient jadis une importance extrême à éloigner les étrangers de leurs possessions coloniales, et surtout des ports des Moluques ; mais, depuis cinquante ans, l'administration ombrageuse de la compagnie des Indes a fait place au gouvernement direct de l'État. L'île d'Amboine a cessé d'être le jardin des Hespérides. L'arrivée d'un bâtiment de guerre, loin d'y être un sujet d'alarmes, n'est plus qu'une occasion avidement saisie de déployer dans tout son éclat la noble et gracieuse hospitalité des colonies néerlandaises. L'ancre touchait à peine le fond, nos voiles pendaient encore en festons sous les vergues, que déjà les officiers et les employés civils d'Amboine s'empressaient à bord de *la Bayonnaise*. Sur tous les points où s'était jusqu'alors arrêtée notre corvette, à Lisbonne, à Ténériffe, à Bahia, au cap de Bonne-Espérance ; notre qualité d'étrangers avait suffi pour nous assurer une réception empressée et bienveillante. A Amboine, ce ne fut point comme des étrangers, ce fut comme des compatriotes que l'on nous accueillit. Là, pour la première fois, nous rencontrâmes, sur les riches domaines que son courage a conquis et que son industrie féconde, ce peuple qu'en dépit des événements politiques une invincible sympathie attire encore vers la France. A quatre mille lieues de notre pays, nous nous retrouvâmes au milieu d'officiers qui savaient toutes nos gloires et se plaisaient à les redire, qui vivaient de notre vie intellectuelle, ne goûtaient que nos idées et notre littérature, ne parlaient avec plaisir que notre langue. Si nous devions juger de tous les Hollandais par ceux que nous avons rencontrés dans les mers de l'Indo-Chine, nulle part la France ne trouverait des alliés plus dévoués et plus sympathiques que sur les bords de l'Escaut et de la Meuse.

La population d'Amboine est peu considérable. On compte à peu près trente mille habitants répandus dans les deux péninsules, et sur ce nombre la ville seule renferme plus de huit mille âmes. Cette ville, composée de trois quartiers distincts, est complétement masquée du côté de la mer par la vaste enceinte du fort Vittoria. Pour y arriver, il faut traverser la forteresse, qui elle-même est une ville à part. En face de cette cité militaire s'étend la ville européenne, avec ses blanches maisons précédées de leurs frais portiques; à gauche se pressent, au milieu des ombrages touffus et sur les deux rives d'un ruisseau qui va se perdre à la mer, les chaumières de bambou des Malais; à droite se développe le quartier ou *campong* qu'habitent les Chinois. Établis depuis près de deux siècles à Amboine, où leur ingénieuse industrie, leurs habitudes laborieuses, leur singulière aptitude au commerce de détail, les rendaient pour la colonisation européenne de précieux auxiliaires, ces Chinois, issus de mères malaises, ne diffèrent en rien des sujets du Céleste Empire. Le type mongol ne s'est point altéré chez eux par le mélange inévitable d'une autre race. Les yeux n'ont pas perdu leur obliquité, la face a conservé ses saillies anguleuses, le teint est demeuré terne et blafard. Le sang chinois traverse les alliances étrangères comme le Rhône traverse le lac Léman. Ce peuple étrange semble marqué d'un sceau ineffaçable. Il garde dans l'émigration sa physionomie, son costume, ses instincts et ses mœurs. Soumis à un impôt personnel d'une piastre par tête, les Chinois d'Amboine n'ont pas de rapports directs avec les autorités de la colonie. C'est un Chinois qui est chargé de la police du *campong*. Ce chef porte le titre de capitaine et reçoit du magistrat civil les ordres qu'il doit faire exécuter par ses compatriotes. Le quartier chinois offre un curieux coup d'œil, quand le soir les lanternes de papier peint illuminent d'un bout à l'autre ses longues rues parallèles à la mer. Chaque maison semble ouverte aux regards indiscrets des passants; mais un écran posé au milieu du vestibule protége, sans gêner la circulation de l'air, les mystères de la vie domestique. Dès qu'on a franchi cet écran, au fond d'une vaste pièce apparaît une statuette au ventre rebondi et au visage enflammé, devant laquelle brûle l'encens inépuisable des bâtonnets odorants. Cet autel est celui des dieux lares : il rappelle aux Chinois la patrie absente. D'autres autels sont consacrés aux aïeux. Des tasses de thé, des fruits secs, des parfums sont offerts chaque jour à ces mânes vénérés par la piété des générations qui se succèdent.

L'activité de la race chinoise fait mieux ressortir encore la mollesse apathique des autres habitants de la zone torride. Les naturels d'Amboine sont avant tout paresseux et ennemis du travail. Quand ils ont cuit sous la cendre un gâteau fabriqué avec la moelle du palmier à sagou, quand ils ont recueilli dans un tube de bambou la séve abondante que distillent les pédoncules d'une autre espèce de palmier, le *sagouer*, — ils n'envient rien des superfluités de ce monde et ne connaissent de jouissance réelle que le repos. Si vous pénétrez au milieu du *campong* pittoresque qu'ils habitent, vous les verrez accroupis sur le seuil de leur demeure ou à l'ombre des bananiers de leur jardin. Là, oublieux du passé et indifférent à l'avenir, le Malais savoure lentement dans un demi-sommeil le bonheur de l'oisiveté. Il ne s'arrache à cette torpeur que pour aller promener une ligne indolente sur les bords poissonneux de la mer, ou, s'il est musulman, pour aller se livrer, dans le bassin ombragé de Batou-Méra, aux ablutions commandées par les préceptes de Mahomet. Le jour où ce peuple cesserait d'obéir à la pression étrangère, le jour où chaque village, maintenant rangé sous les lois d'un chef indigène percepteur d'impôts et inspecteur de culture, serait libre de négliger les girofliers qu'il a plantés, Amboine verrait bientôt ses montagnes envahies par la végétation déréglée des tropiques. Dans un pays où la tige des arbres produit sans culture une moisson inépuisable, où chaque tronc de sagoutier contient la subsistance d'un homme pour six mois, il n'y a que la contrainte qui puisse vaincre la langueur qu'inspire le climat, il n'y a que le labeur forcé qui puisse mettre à profit la fécondité merveilleuse de la terre. Si les Hollandais ont obtenu dans l'exploitation de l'archipel Indien les étonnants résultats qui font depuis quelques années l'envie de l'Angleterre et l'admiration de l'Europe, s'ils ont fertilisé le sol sans soulever les populations, c'est que leur esprit froid et méthodique, leur flegme affectueux semblaient les désigner, dans les vues de la Providence, pour mesurer à ces natures indolentes et passives la tâche modérée, mais inflexible, de chaque jour.

Les habitants d'Amboine, comme ceux de Timor, comme la plupart des insulaires de l'archipel Indien, offrent dans leur physionomie, leur langage, leurs instincts, tous les caractères qui peuvent indiquer une origine malaise. Les tribus dispersées de cette grande famille, à laquelle, malgré son rôle subalterne, il faut encore assigner une place importante sur le globe, se distinguent des races aborigènes, qu'elles ont refoulées dans les montagnes, par des traits plus délicats, par un teint plus clair, par la souplesse de leur chevelure, qui contraste avec les cheveux crépus des Papous et des Harfours. Les Malais ont l'imagination vive et gracieuse : la poésie exerce sur eux son prestige; la musique leur rend légers les travaux les plus pénibles. Il suffit que le tam-tam retentisse, que le gong frappé en mesure mêle à ce bruit sourd ses sons argentins, pour que les rameurs qui font voler les grandes pirogues aux toits de bambou et aux doubles balanciers sur les eaux paisibles de la rade, oublient à l'instant leurs fatigues.

Après avoir visité la ville, notre premier soin fut de parcourir les rivages de la baie. Les bosquets de cocotiers, de sagoutiers, de litchis, s'y pressent jusque sur la plage; mais au premier rang brillent ces magnifiques arbres aux feuilles charnues [1], dont les fruits broyés et jetés dans l'eau enivrent le poisson, et dont les grandes fleurs laissent pendre du sein des calices épanouis de longs filets de pourpre. Tous ces arbres sembleraient sortir de la mer, si un sable fin et blanc n'invitait partout le pied du bai-

[1] *Barringtonia speciosa.*

gneur, et ne séparait du bleu saphir des flots les masses verdoyantes derrière lesquelles apparaissent par de rares échappées les cabanes des Malais ou les pittoresques villas des habitants d'Amboine. Ces villas, bâties sur la rive septentrionale pour aspirer la délicieuse fraîcheur des brises du large, ont toute la simplicité d'une maison rustique. Les branches des sagoutiers en ont formé les planchers et les murailles; les feuilles des palmiers, enfilées sur des tringles de bambou, en composent la couverture, et remplacent le chaume employé dans nos campagnes.

Quand les bords de la baie n'eurent plus pour nous de mystères, nous songeâmes à gravir les montagnes; au jour fixé, nous nous trouvâmes tous réunis, dès six heures du matin, chez le résident d'Amboine. Quarante chaises à porteurs nous attendaient. A Bahia, où nous avions déjà fait l'épreuve de ce mode de transport, deux vigoureux nègres de la côte d'Afrique suffisent pour promener d'un pas magistral et grave la lourde *cadera* aux allures solennelles. A Amboine, les brancards de bambou pèsent à la fois sur huit ou dix épaules; mais il faut voir avec quelle prodigieuse rapidité cet attelage humain fait voler à travers les montagnes le fauteuil ainsi transformé en tilbury! Des chevaux lancés au galop ont moins de vitesse; des chèvres ont le pied moins sûr : on dirait des fourmis s'empressant autour d'un fétu de paille. Ce fétu, les fourmis amboinaises le tournent et le retournent à leur gré, lui font franchir les torrents, descendre les collines, gravir les rochers, raser les précipices; elles le transporteraient au besoin à la cime d'un cocotier. En tête de la colonne, un des chefs de la police indigène livrait à la brise les plis du drapeau hollandais. Près de lui, le tam-tam et le gong marquaient la cadence d'un chant improvisé, que psalmodiait notre porte-étendard et que toute la bande répétait en chœur : « Que les étrangers soient les bienvenus ! disait la chanson malaise. Nous avons vu beaucoup de ces pâles visages. Les Portugais sont venus les premiers ; ils ont été chassés par les Hollandais. Les Anglais se sont montrés à leur tour sur les rivages d'Amboine. Nous n'avons jamais connu les Français pour maîtres..... Les meilleurs maîtres sont les Hollandais ! *Balé! balé! yan! balé! balé! batoutan!* » Et à ce dernier cri la chaise volait, comme si elle eût été enlevée par six vigoureux chevaux de poste. Nous avions ainsi dépassé le quartier chinois, franchi le ruisseau qui traverse Batou-Gadja, cette fraîche et délicieuse résidence du gouverneur ; notre immense cortége serpentait sur le flanc de la montagne. Pareille à je ne sais quelle diablerie fantastique, la bruyante caravane s'étendait à perte de vue, s'amoindrissant peu à peu dans le lointain et finissant par disparaître au milieu des hautes herbes qui nous montaient jusqu'à mi-corps. En moins d'une heure, nous avions atteint le but de notre promenade, et nous pénétrions, à la clarté des torches, jusqu'au fond d'un souterrain volcanique dont les parois ont laissé suinter quelques infiltrations calcaires. A l'entrée de cette sombre caverne, devant le fronton couronné de fougères gigantesques, une élégante colonnade d'arbres au stipe élancé élevait, comme les piliers d'un portique athénien, ses faisceaux de palmes et ses chapiteaux de verdure ; un spectacle plus saisissant encore nous était réservé par nos guides. Non loin de la grotte que nous venions de quitter, le ruisseau de Batou-Gadja nous apparut soudain, descendant du sommet de la montagne, bondissant au milieu des rochers de basalte, se frayant un passage à travers les lianes qui embarrassaient son cours. Un large plateau poli par le frottement de l'onde recevait la cascade un instant apaisée. La nappe d'eau transparente s'écoulait alors sans écume et sans bruit. Arrivée sur le bord du gouffre, elle écartait d'un dernier effort les branches qui lui faisaient obstacle, et, plongeant d'un seul bond dans le vide, s'élançait vers le calme bassin qui devait l'engloutir dans ses profondeurs.

Il était dix heures quand nous rentrâmes à bord de la corvette, étourdis de tant de merveilles. C'était assez d'émotions pour un jour; notre visite cependant était attendue dans un des villages de l'intérieur, et c'eût été mal reconnaître l'aimable empressement de nos hôtes que de vouloir nous soustraire à cette attention nouvelle. Nous nous remîmes donc en route vers quatre heures du soir. Les Malais qui portaient nos chaises avaient à gravir cette fois un sentier moins rude; mais une température étouffante baignait de sueur leurs corps nus jusqu'à la ceinture. Nous nous sentions émus et honteux en voyant sur leurs épaules de bronze les rayons du soleil tomber presque d'aplomb et se réfléchir comme sur la surface polie d'un miroir. Ce n'est point, en effet, dès le premier jour que l'on peut goûter sans remords les sensuelles douceurs de la vie orientale. La gaieté, la joyeuse émulation des hommes qui enduraient à cause de nous ces fatigues, la pensée que leur peine aurait bientôt son salaire, contribuèrent heureusement à calmer le trouble secret de notre conscience; quand nous atteignîmes le terme de notre course, nous ne songions plus qu'à embrasser du regard la scène imposante qui se développait sous nos yeux.

Nous étions arrivés au sommet d'une de ces collines dont les croupes arrondies s'entassent l'une sur l'autre pour former la péninsule de Leytimor. De ce point culminant, on apercevait, au delà des jardins de Batou-Gadja, au delà des allées régulières de la ville, l'immense canal où *la Bayonnaise*, entourée d'un essaim de pirogues, semblait un cétacé monstrueux échoué sur la grève. Au fond des ravins, l'œil ne distinguait que quelques palmiers à demi étouffés sous les lianes qui les enlaçaient; mais sur le penchant des coteaux échelonnés, les girofliers étendaient leurs riants quinconces; les muscadiers montraient au-dessus des haies d'agaves leur feuillage luisant et les noix parfumées que le macis enveloppe d'un réseau écarlate. Convoqués par le chef indigène du village, l'*orang-kaya*, les Malais se pressaient dans l'enceinte que fermaient d'un côté la maison commune, de l'autre les hangars sous lesquels devaient sécher le girofle et la muscade. Pour les habitants des tropiques, toute journée ravie à leurs travaux est un jour de fête. Une troupe choisie avait revêtu, en cette occasion, le costume de guerre des Céramois. La tête couverte d'un casque de bois peint que surmontait, comme un cimier, le corps déployé d'un oiseau de paradis, le bras gauche passé dans les courroies du bouclier, la main droite armée du kris flamboyant, ces guerriers engagèrent, au son d'une musique étrange, un de ces combats simulés qui précédaient autrefois les expéditions sanglantes des Harfours. Un morion portugais, trophée précieusement conservé depuis plus de deux siècles, ornait le front du coryphée qui conduisait cette pyrrhique sauvage. Les danseurs, guidés par leur chef, se mêlaient ou s'évitaient avec une dextérité singulière. On voyait briller les kris, on entendait les boucliers se choquer en cadence : on eût dit une de ces mêlées barbares dont les montagnes de Bourou et de Céram sont encore le théâtre; depuis longtemps cependant, les paisibles citoyens d'Amboine ne brandissent plus leurs kris que dans ces danses guerrières; la civilisation les a définitivement conquis. Lorsque le tam-tam eut cessé de se faire entendre et que les danseurs haletants se furent retirés, nous pûmes juger de la sollicitude avec laquelle les Hollandais s'occupent de pacifier et d'instruire les populations dont la destinée leur a été confiée. Une vingtaine d'enfants étaient réunis dans l'école primaire où nous fûmes introduits. Nous admirâmes la netteté des caractères tracés par la main de ces bruns écoliers; nous les entendîmes chanter en malais quelques versets de la Bible, et nous comprîmes sans peine le naïf orgueil dont semblait empreinte la physionomie de leur instituteur, mulâtre au teint de bistre, qui, pour un si grand jour, avait endossé l'habit noir de famille cher à tous les chrétiens amboinais.

L'établissement de ces écoles primaires n'est point de date récente; ce fut la compagnie des Indes qui les fonda, vers la fin du dix-huitième siècle, en vue de propager dans l'île les principes du calvinisme. La population d'Amboine avait été convertie au mahométisme par les marchands javanais et par les conquérants venus de Ternate; les religieux portugais lui avaient porté, à leur tour, la connaissance de l'Évangile. Les Hollandais trouvèrent donc à Amboine des musulmans et des chrétiens. Ces derniers, confirmés dans leurs priviléges et distingués des musulmans par leur costume, ne soupçonnèrent point qu'en se conformant aux pratiques religieuses de leurs nouveaux maîtres, ils abjuraient leurs anciennes croyances. Le calvinisme s'enrichit de ces conversions faciles, et la domination hollandaise fut assise à Amboine sur une base qui devait lui manquer partout ailleurs. Aussi cette colonie s'est-elle montrée, de tout temps, fort attachée à la métropole; elle fournit encore aujourd'hui à l'armée des Indes ses meilleurs soldats. La Hollande cependant, avec sa circonspection habituelle, ne confie pas aux naturels d'Amboine la défense de leurs propres rivages; elle préfère entretenir dans cette île une garnison javanaise et opposer à la foi douteuse de Java ou à la turbulence de Célèbes le dévouement des bataillons qu'elle recrute dans les Moluques.

Les villages d'Amboine, avec leurs humbles cases de bambou et de terre détrempée, sont tous entourés, comme celui que nous venions de visiter, d'immenses enclos destinés à la culture du girofle. L'exportation annuelle de cet embryon précieux est de cinquante mille kilogrammes, dont la valeur varie entre 6 et 700,000 francs. Le gouvernement hollandais a fixé le prix auquel doit lui être livré le girofle cultivé par les naturels de l'île; mais il ne s'empare pas de la récolte entière. Quand l'approvisionnement de ses magasins est assuré, il autorise les indigènes à vendre aux négociants, hollandais ou malais, seuls admis à commercer avec les Moluques, les épices dont il n'a point lui-même réclamé la livraison; il se contente de prélever sur ces échanges un droit de 6 ou 12 pour 100.

Les heureux habitants d'Amboine ne connaissent point d'autre industrie que la culture et la préparation du girofle. Ils naissent et meurent au milieu des parfums. Un giroflier planté le jour de leur naissance grandit avec eux et répand sur leurs dépouilles mortelles l'arome de ses fleurs. Il est deux arbres que l'idolâtrie n'eût point manqué de consacrer aux dieux tutélaires des Moluques : le giroflier et le sagoutier. Si les gracieuses fictions de la Grèce eussent été importées par quelque marchand phénicien jusque dans la Malaisie, Minerve aurait sans doute déposé à Amboine la branche d'olivier classique pour cueillir un de ces rameaux de giroflier tout diaprés de fleurs roses ou chargés de jaunes embryons; Cérès eût, à son tour, arraché les blonds épis qui couronnent sa tête pour se faire un nouveau diadème d'une palme de sagoutier. Le sagoutier remplace pour les habitants d'Amboine le riz de Java et le manioc du Brésil. Notre journée n'eût donc point été complète, si nous n'eussions vu abattre un de ces palmiers, ouvrir ce large tronc tout rempli d'une fécule ligneuse et retirer, à l'aide d'une petite erminette de bambou, cette fécule que l'on verse dans un sac tissu de pétioles de cocotier : on agite ensuite le sac dans un courant d'eau pour séparer rapidement des parties fibreuses le gluten nourricier, et on recueille ainsi, en moins d'une heure, près de deux cents kilogrammes de farine.

C'est par de pareils épisodes que chacune de nos journées se trouvait remplie; mais le moment de quitter Amboine était arrivé. Nous avions renouvelé notre provision d'eau et nos vivres. Les symptômes de scorbut qui s'étaient manifestés à bord de la corvette depuis notre départ du cap de Bonne-Espérance avaient complétement disparu. Malgré les attentions dont on nous comblait, malgré les sollicitations employées pour nous retenir, nous demeurâmes inébranlables, et le jour de notre départ fut fixé au 15 novembre. Il fallait d'ailleurs se hâter de fuir ces séduisants rivages qui allaient devenir pestilentiels. Le temps n'est plus où le chef-lieu des Moluques était réputé pour la salubrité de son climat. A l'époque où Batavia méritait d'être appelée le tombeau des Européens, Amboine offrait aux employés de la Compagnie ses asiles enchantés et son climat réparateur. C'est le séjour d'Amboine aujourd'hui que l'on redoute. Des tremblements de terre successifs, en bouleversant le sol de cette île, ont livré passage aux miasmes délétères qui s'y étaient accumulés pendant des siècles. Chaque année, des fièvres pernicieuses se déclarent dès le mois de décembre et exercent leurs ravages jusqu'à la fin du mois d'août. L'année 1847 avait coûté à la garnison d'Amboine quatre officiers. Les deux années qui suivirent notre passage se montrèrent heuréusement plus clémentes. Que le feu intérieur s'apaise dans les entrailles de cet archipel volcanique, et l'île d'Amboine, rendue à ses conditions premières, redeviendra peut-être ce qu'elle était quand le contre-amiral d'Entrecasteaux la visita en 1792, ce qu'elle nous parut encore pendant le court séjour que nous y fîmes : le paradis des Indes néerlandaises.

Tome Ier, page 27.

Un *koro-koro* malais dans la mer des Moluques.

CHAPITRE II.

L'île de Ternate et la mer des Moluques. — Arrivée à Macao.

Le 15 novembre, avant que le soleil eût disparu sous l'horizon, *la Bayonnaise* avait doublé la dernière pointe de la baie d'Amboine. On nous avait prédit pour la traversée que nous allions entreprendre de nouvelles contrariétés. Tant que la mousson du nord-ouest ne serait pas franchement établie dans la mer de Java, nous devions nous attendre à des calmes obstinés dans la mer des Moluques. La première journée qui suivit notre départ fut, en effet, une journée perdue; le lendemain, une belle brise du sud nous fit franchir en quelques heures le canal qui sépare Bourou de Manipa. Nous découvrions déjà les îles Xulla, quand le vent tomba subitement; mais l'orage grondait encore sur les sommets de Céram, et nous espérions un prompt retour de la brise. Cet espoir fut bientôt déçu : les nuages amoncelés se dispersèrent, le ciel reprit sa sérénité désespérante. Pendant douze jours, nous errâmes entre le groupe des Xulla et les îles Oby, sans cesse repoussés par les courants, dont les tourbillons sillonnaient le détroit de longues stries d'écume. Quelquefois, au milieu de la nuit, un cachalot se levait sous la poupe de la corvette, et faisait jaillir l'eau de ses évents; un *koro-koro*[1] traversait le canal en excitant les rameurs par les roulements cadencés du tam-tam : ces rares incidents

[1] Bateau malais.

troublaient seuls la monotonie des longues heures qui se succédaient dans l'impatience. Aucune voile ne se montrait autour de nous. Sur la mer silencieuse et déserte, on n'apercevait que quelques touffes d'agave, ou quelques troncs d'arbres entraînés par les crues subites des rivières qui se jettent dans le golfe de Gorontalo. Notre persévérance cependant ne se démentait pas. Dès qu'une fraîcheur capricieuse enflait ses voiles hautes, *la Bayonnaise* s'éveillait soudain, et glissait vers Lissa-Matula ou vers Oby-Minor. Il nous semblait qu'une fois ces îles dépassées, le charme magique qui nous enchaînait serait rompu. Le 1er décembre, nous réussîmes enfin à sortir de ces détestables parages; mais les calmes et les courants contraires nous poursuivirent au delà du détroit d'Oby. Décidés à relâcher à Ternate pour laisser à la mousson le temps de s'établir, nous ne pûmes arriver à la hauteur de cette île que le 6 décembre. Nous avions fait quatre-vingt-dix lieues en vingt et un jours.

Le groupe volcanique situé entre la Calabre et la Sicile peut donner une idée de l'archipel qu'une vaste éruption a fait surgir sous l'équateur quelques milles en avant de la côte occidentale de Gillolo. Les cônes gigantesques de Ternate et de Tidor s'élèvent en regard l'un de l'autre, couronnés de cratères comme l'île de Stromboli. Un étroit passage sépare ces deux blocs de lave dont le front se perd dans les nuages à près de quatorze cents mètres au-dessus du niveau de la mer. Nous nous engageâmes sans hésiter dans cette passe qu'une brise de nord-est nous promettait de franchir en moins d'une heure; quand nous fûmes abrités par la terre, le vent ne tarda pas à nous abandonner : la marée, d'abord favorable, changea brusquement, et nous commençâmes à revenir sur nos pas, en dépit de tous nos efforts. Pendant que nous étions ainsi livrés à la merci des courants, une pirogue se détachait du rivage de Tidor et se dirigeait vers notre corvette. Dix Malais, nus jusqu'à la ceinture et coiffés du chapeau conique des Chinois, maniaient la pagaie avec ardeur. On pouvait voir bondir sous leurs bras nerveux la nacelle dorée dont un élégant tendelet protégeait la poupe contre les rayons du soleil. Lorsqu'un souffle de vent écartait les rideaux qui pendaient du toit de la galère, deux blanches robes de femme apparaissaient entre les rangs serrés des rameurs, deux fronts pâles et gracieux semblaient se pencher vers nous, et se rejetaient aussitôt en arrière. Cette suave apparition nous eût rappelé dans les mers de la Grèce les riantes théories qui voguaient vers Délos. Dans les eaux de Ternate, nous devions naturellement penser que le hasard propice nous avait placés sur la route de l'heureux sultan de Tidor; mais les *dalems* des princes des Moluques ne renferment pas de ces fraîches houris, fleurs délicates du ciel de l'Occident, et plus la pirogue s'approchait, plus cette première supposition devenait improbable. Nos incertitudes furent bientôt dissipées : à quelques pieds de la corvette, les Malais, par un geste brusque et rapide, relevèrent leurs pagaies, et le riche Européen qui montait, avec sa fille et sa nièce, ce charmant bateau de plaisance se porta sur l'avant de la pirogue pour nous offrir ses services. Ancien marin, il voulut nous laisser un de ses rameurs, qu'il chargea de nous guider dans la passe jusqu'au moment où, ayant déposé sa famille à terre, il vint lui-même, à défaut de pilote, conduire pendant la nuit notre corvette au mouillage. Un pareil début faisait assez connaître quel accueil nous attendait à Ternate.

C'était pour nous une heureuse fortune que d'atteindre cette nouvelle relâche le 6 décembre. Nous savions que chaque année, à pareille époque, la fête du roi Guillaume réunissait dans les salons du résident le sultan de Ternate et les délégués du sultan de Tidor, contraints de déposer pour ce grand jour leurs inimitiés éternelles. Pressés par le résident d'assister à ce bal officiel, nous nous promîmes tous de n'y point manquer. Les formes avec lesquelles s'exerce le pouvoir de la Hollande sur les trois principaux groupes des Moluques rappellent encore les péripéties variées de la conquête et l'établissement du monopole commercial de la Compagnie. A Amboine, où s'était concentrée la culture du girofle, on ne rencontre que des chefs de district servant d'intermédiaires entre les employés néerlandais et les naturels. Dans les îles Banda, consacrées à la culture de la muscade et dépeuplées par la guerre, l'exploitation du sol est confiée aux *convicts* transportés de Java. L'administration est tout entière entre les mains des fonctionnaires européens. A Ternate, à Batchian, à Tidor, où il suffisait de proscrire la production des épices, la compagnie s'était contentée de s'attribuer une certaine portion du territoire pour y élever ses comptoirs et ses forts : le régime du protectorat remplace encore aujourd'hui dans ces trois îles le système du gouvernement direct. Cette combinaison permet à la Hollande d'étendre son influence sur d'immenses territoires, sans grever son budget d'occupations onéreuses. Les sultans de Ternate, de Tidor, de Batchian, se disputent sa bienveillance et s'inclinent devant ses décrets. A chacun d'eux, elle accorde annuellement une sorte de liste civile, chétif tribut destiné à caresser leur orgueil et à les consoler de la perte de leur indépendance. C'est au nom de ces princes rivaux, dont elle a pris soin d'apaiser les sanglantes querelles, mais non d'éteindre les inimitiés, qu'elle règne sur l'archipel des Xulla, sur le nord de Célèbes, sur le groupe des Sanguir, comme sur la grande île de Gillolo, et qu'elle fait respecter sa puissance jusque sur les côtes inexplorées de la Nouvelle-Guinée.

Entre les nombreux descendants qui entourent les trois sultans des Moluques, une dépêche mystérieuse confiée au résident de Ternate a déjà désigné ceux qui recueilleront un jour l'héritage paternel. Tel est le droit que s'est réservé le gouvernement des Pays-Bas. A la dynastie légitime appartient la couronne; à la Hollande, la faculté de choisir celui des princes du sang qui doit la porter. Sûre de diriger à son gré ces sultans qu'elle fait asseoir elle-même sur le trône, la Hollande a voulu leur laisser l'éclat extérieur et le prestige de la royauté. Loin d'affaiblir les ressorts des gouvernements indigènes, elle a donc, sur tous les points de son immense empire, respecté et raffermi la seule puissance morale qu'elle ait à sa disposition. Ambassadeur autorisé à parler en maître, le résident de Ternate doit adoucir autant que possible, par d'adroits ménagements et d'habiles égards, la rudesse de ses exigences. S'il veut accomplir avec succès sa mission, il faut que son langage ne trahisse jamais l'irritable impatience du proconsul; il faut, dans ces fantômes de rois, qu'il respecte l'heureuse fiction sur laquelle est basée l'organisation coloniale de l'archipel Indien. Les fonctionnaires hollandais ont une dignité froide qui leur permet de flatter la vanité des princes indigènes, sans descendre eux-mêmes du haut rang que leur assignent leurs vastes pouvoirs. C'est surtout dans les cérémonies publiques qu'ils affectent de prendre au sérieux ces souverains dépossédés, derrière lesquels s'abrite encore la domination étrangère. La fête à laquelle on nous avait conviés devait mettre en présence le résident et le sultan de Ternate. Nous saisîmes avec empressement l'occasion de voir à l'œuvre, de prendre pour ainsi dire sur le fait la diplomatie néerlandaise.

Avant de pénétrer dans les salons du résident, on pouvait deviner qu'un hôte auguste y était attendu. Sur la route qui, du quartier européen, se dirige, à travers le *campong* chinois et les cabanes malaises, vers le palais du sultan, des tiges de bambou formaient, en se courbant, une longue avenue tout ornée de fragiles arcades; la résine du *dammer* flamboyait de toutes parts, et jetait au milieu des ténèbres ses clartés bleuâtres. La maison qu'habite le résident se compose d'un simple rez-de-chaussée; un large péristyle en couvre la façade. Ce portique étincelait du feu des bougies, protégées par les globes de verre contre le souffle de la brise. A huit heures, le tambour bat aux champs; les cymbales et les clarinettes retentissent. Précédé de ses gardes, qui portent encore l'antique panoplie des guerriers de Célèbes, le casque de fer et la cuirasse damasquinée, le sultan s'avançait dans une calèche découverte. Deux longues files de sujets enthousiastes traînaient au pas de course l'illustre représentant de la nationalité malaise. Parmi les femmes du sultan, il en est une que le gouvernement hollandais admet à partager avec son époux les honneurs du rang suprême. Compagne obligée du souverain de Ternate dans ces rares solennités, elle avait pris place à côté de lui. Les jeunes princesses suivaient le couple royal dans une seconde voiture. Dès que le tambour s'était fait entendre, le résident s'était empressé de franchir le seuil du vestibule. Il reçut le sultan dans ses bras. Le programme de ces effusions est tracé d'avance. Si le résident négligeait le plus minutieux détail d'une étiquette qui a traversé les siècles dans sa curieuse intégrité, le sultan ne manquerait pas le lendemain de s'en plaindre. Au yeux du souverain de Ternate, cet oubli serait une violation de ses priviléges, une atteinte portée aux droits de sa couronne par celui qu'il appelle respectueusement *son frère aîné*. Le résident, grave et solennel, ainsi que l'exigeait son rôle, fit asseoir le sultan devant une table dressée au fond du salon. Sur cette table, un plat d'argent ciselé, merveilleux travail d'un autre âge, contenait les feuilles de bétel, la chaux et les noix d'arek qu'il est usage d'offrir aux princes indigènes en pareille occasion. Le sultan pouvait dédaigner cette offrande, mais il n'eût pu se dispenser de tremper ses lèvres dans la coupe remplie d'eau que le résident lui fit apporter. Il garda cette eau quelque temps dans sa bouche avant de la rejeter dans un vase d'argent que lui présenta un de ses serviteurs. Dans les temps barbares où fut institué ce cérémonial, le poison, non moins que le fer, avait plus d'une fois délivré les princes malais de leurs ennemis: on avait donc témoigné une confiance sans réserve à son hôte, quand on avait accepté de ses mains un breuvage trop souvent apprêté par la trahison.

Le sultan de Ternate entrait dans sa soixante-cinquième année. Sous un réseau de rides, sa figure, moins brune que ne l'est ordinairement celle des Malais, présentait cependant le type écrasé de cette race: le nez aplati, les pommettes saillantes, les lèvres épaisses et ensanglantées de bétel. La bienveillance du regard prêtait seule un certain charme à cet ensemble peu séduisant. On ne pouvait toutefois s'empêcher de sourire à la vue des bizarres oripeaux dont le sultan avait affublé sa personne. Un turban, monstrueux édifice enrichi de plumes et de pierreries, ceignait son front royal, qui semblait succomber sous tant de magnificence. Un habit de velours vert, d'où s'échappait un flot de dentelles, chargeait de broderies fanées ses épaules déjà voûtées par l'âge; des bas de soie et une culotte de casimir blanc frissonnaient autour de ses jambes amaigries. La sultane suivait d'assez près son époux dans le sentier de la vie. Sa physionomie dure et sèche faisait encore mieux ressortir toute la bonhomie empreinte sur les traits du vieux souverain. Les jeunes princesses groupées autour de l'épouse légitime du sultan étaient vêtues comme elle d'une simple robe de mousseline blanche à laquelle l'œil jaloux d'une mère aurait pu désirer plus d'ampleur. Cette étoffe légère dessinait imprudemment, dans un salon inondé de lumière, des contours habitués aux clartés discrètes du *dalem*. La *saya* péruvienne ne serre pas de plus près la taille élancée des femmes de Lima. Quelques-unes de ces jeunes filles ne manquaient ni de grâce ni de beauté. La pâleur cuivrée de leur teint s'alliait bien avec le long regard de ces grands yeux pensifs dont aucun éclair ne troublait la sombre et impassible sérénité. Leur longue chevelure noire leur eût servi de voile, si elles eussent voulu la laisser retomber jusqu'à terre.

Après s'être livré pendant quelques minutes à notre muette contemplation, le sultan se retira dans une autre chambre; mais il tarda peu à reparaître. Son front portait alors une couronne moins lourde, et ses souliers à boucles avaient fait place à des pantoufles de castor. L'étiquette exige que le résident ouvre le bal avec la sultane, et que le souverain malais offre à son tour sa main brune au gant de soie d'une dame européenne. La musique a donné le signal. Les jeunes princes de Ternate en uniforme d'officiers hollandais et la tête ceinte d'un turban de diverses couleurs, les princes rivaux de Tidor portant avec l'uniforme militaire le turban noir qui les distingue, les officiers de la garnison en grande tenue viennent se ranger sous le péristyle à la suite du sultan et du résident. Les dames s'arrêtent en face de leurs danseurs. La contredanse anglaise remplace à Ternate les quadrilles français. Le premier, le sultan parcourt avec sa danseuse cette longue galerie où la *saya* malaise se mêle aux volants de soie européens. Quelle légèreté, quelle souplesse dans le jarret a conservée ce vieux guerrier, blessé cependant à la jambe dans une des attaques que les Anglais dirigèrent, il y a quarante ans, contre Ternate! Quelle délicatesse dans les *jetés-battus* dont il sait égayer la maussaderie des *chassez-croisés* officiels! Les Malais, accourus de tous les points de l'île, se pressaient en foule devant la maison du résident pour assister au triomphe de leur maître et subir avec une joie naïve l'irrésistible empire de sa grâce et de sa majesté. Bientôt cependant à ce spectacle étrange succéda le coup d'œil d'un souper splendide. Une table de deux cents couverts était dressée sous un immense hangar tout éblouissant de bougies et de fleurs. Les danseurs quittèrent la salle de bal pour s'asseoir à ce riche banquet. Vers la fin du souper, ce fut le sultan de Ternate qui se chargea de porter la santé du gouverneur général de Java; à l'un des princes de Tidor fut réservé le soin de porter celle du gouverneur des Moluques. Le résident, après avoir remercié, au nom du gouverneur général, les sultans de Tidor et de Ternate, rappela dans un long discours tous les titres de ces illustres alliés à la bienveillance de la Hollande. Enfin, vers deux heures, le vieux souverain, accompagné de la sultane et suivi des princesses, reprit le chemin du *dalem,* les torches s'éteignirent, et nous regagnâmes *la Bayonnaise.*

Avant de se retirer, le sultan de Ternate avait exprimé au résident le désir de nous recevoir dans son palais; deux jours après la fête du roi des Pays-Bas, les portes du *dalem* s'ouvraient devant nous. La civilisation demi-européenne, demi-barbare des Moluques semblait se prêter complaisamment à nos études. Dans la cour extérieure, nous trouvâmes sous les armes la milice indigène et la garde d'honneur, composée de soldats européens, qui, placée par le gouvernement hollandais auprès du sultan, entoure constamment ce royal captif et surveille ses moindres démarches. L'architecture du *dalem* offre un aspect monumental qu'est loin de présenter la modeste demeure du résident de Ternate. C'est au bas d'un double perron aux nombreux degrés de lave que nous attendait le vieux sultan. Cet escalier nous conduisit, au milieu des sauvages fanfares d'une musique militaire, jusqu'à l'entrée du vestibule. Nous traversâmes cette première pièce sans nous y arrêter, et fûmes introduits dans un vaste salon où de simples banquettes se trouvaient symétriquement rangées autour des murailles. Les princes de l'archipel Indien ne connaissent point de distraction plus agréable à offrir à leurs hôtes que celle d'un spectacle dont eux-mêmes ne se lassent jamais. Ils les feront assister pendant des heures entières aux danses symboliques, aux graves pantomimes par lesquelles les femmes de leurs *dalems,* mêlant à des pas lentement cadencés un chant nasillard, essayent, dit-on, de retracer les fabuleux épisodes des âges héroïques de la Malaisie. De riches diadèmes, des ceintures d'or massif garnies de pierres précieuses, attestent souvent l'opulence du maître envié de ces bayadères. Le sultan de Ternate, dont le revenu le plus certain consiste dans la pension de soixante-sept mille francs que lui paye annuellement le gouvernement hollandais, ne pouvait, dans l'entretien de son corps de ballet, égaler la somptuosité bien connue des régents de Java. Nous vîmes cependant apparaître douze danseuses vêtues de longues robes traînantes et coiffées d'un diadème bizarre. Un tam-

Tome 1er, page 37.

La danse de l'épée à Ternate.

bour aux sons étouffés, une musette aux aigres accents réglaient la marche et les évolutions des mystiques prêtresses, dont les mains répandaient d'invisibles pavots sur nos paupières. Je ne sais quel parfum s'associait à cette musique étrange pour seconder l'accablante monotonie de ces gestes magnétiques et de ces attitudes mesmériennes. Pendant que ces danseuses passaient et repassaient sous nos yeux, nous sentions nos cœurs défaillir, nous éprouvions un singulier mélange de lassitude et de dégoût dans lequel se trahissait l'influence d'un charme surnaturel. Est-ce dans cet assoupissement invincible, dans cette prostration involontaire de la pensée, que réside pour les Malais l'attrait de pareilles pantomimes? Recherchent-ils dans ce fastidieux spectacle les vagues sensations qu'ils savent rencontrer dans la lourde ivresse de l'opium? Nous jugeâmes inutile de questionner à ce propos le sultan ou les jeunes princes qui nous entouraient; mais il nous sembla que nous respirions plus à l'aise quand cette apparition funèbre glissa sans bruit hors de la salle et que nous vîmes les portes se refermer sur ces ombres échappées des antres du Ténare.

Heureusement, les successeurs de Magellan ont su trouver le chemin des Moluques, et la domination espagnole a laissé sa gracieuse empreinte à Ternate. A la lugubre cantilène des danseuses qui venaient de quitter la place, succédèrent tout à coup les notes vives et enjouées d'un air qui eût sans doute éveillé mille échos sur les bords du Guadalquivir. Vingt enfants, âgés de huit ou dix ans à peine, s'élancèrent à cet appel au milieu du salon. Armés d'un sabre de bois, coiffés d'un feutre noir dont les trois cornes déployaient les longues soies et les ailes touffues des oiseaux de paradis, ces charmants négrillons portaient l'ancien costume des hidalgos espagnols.

Un robuste adolescent conduisait cette bande agile. C'était la célèbre danse de l'épée transportée sous l'équateur. Le cliquetis des sabres, l'écho du parquet résonnant sous les pieds nus des danseurs, animaient ces passes rapides; on voyait les groupes brusquement rompus ou reformés se mêler et se séparer avec une dextérité singulière. Quelquefois cette armée de mirmidons se pressait autour de son capitaine et semblait lui jurer d'exterminer toutes les grues du Strymon; puis, après ce serment martial, elle développait soudain son front de bataille et courait vers les rangs ennemis ou se dispersait pour mieux atteindre les fuyards. Il y avait toute une épopée dans cette danse guerrière, qui eût remué le cœur d'Achille et fait tressaillir Fernand Cortez. Les invasions qui laissent d'aussi joyeuses traces après elles sont à demi justifiées. Les conquérants du seizième siècle nous apparurent en ce jour environnés des poétiques souvenirs qui se mêlent encore à l'histoire de leurs combats chevaleresques.

Le thé qu'on vint servir interrompit ce curieux ballet. Un autre espoir nous avait conduits chez le sultan de Ternate. Il nous avait été donné d'entrevoir les contours extérieurs d'une monarchie qui semble se mouvoir, régulière et docile, dans l'étroite enceinte d'un manége. Nous eussions voulu observer de plus près l'existence intime du *dalem*, savoir quelles distractions ou quels travaux occupent les longs loisirs de ces jeunes princes sevrés de la guerre, de ces jeunes filles sortant du tourbillon d'un bal pour rentrer dans le silence d'un cloître. Ces détails demeurèrent pour nous un mystère. Nous apprîmes cependant des officiers hollandais, familiarisés par un long séjour dans les Indes avec les mœurs indigènes, que la règle la plus sévère régnait dans le *dalem;* que les princesses, sans être assujetties à se voiler le visage comme les femmes de Smyrne ou de Constantinople, n'en subissaient pas moins l'inexorable contrainte des lois de Mahomet. Protégée par la réclusion la plus absolue, leur chasteté se trouve encore placée sous la garde de tous les sujets musulmans, dont le fanatisme n'hésiterait point à punir la moindre atteinte portée à l'honneur de leur prince.

Quand le thé et les rafraîchissements eurent circulé autour de la salle, nous quittâmes le sultan pour ne plus le revoir. Notre attention jusqu'alors lui avait été exclusivement consacrée. Absorbés tout entiers dans la contemplation de ce vieux souverain, nous avions presque oublié de jeter les yeux sur son royaume. Ce ne fut qu'après cette nouvelle fête, qu'arrivés à Ternate depuis trois jours, nous songeâmes à parcourir une île qui méritait cependant moins d'indifférence. Le territoire de Ternate, habité par une population de sept mille âmes, est peu considérable. Les pentes adoucies du volcan entourent d'une ceinture de bosquets et de champs cultivés le sommet au double cratère qui s'élance brusquement vers le ciel. Du côté du nord-est, la montagne est entièrement dépouillée de végétation; de longs sillons noirâtres marquent encore la route qu'a suivie, en 1838, la lave incandescente. Du côté opposé et faisant face à l'île de Tidor, s'étend une longue allée plantée d'arbres qui bordent les maisons de la ville européenne. En suivant cette avenue vers le nord, on traverse le marché où chaque soir, à la lueur des torches, les échoppes malaises étalent, avec le riz pimenté qu'enveloppent de larges feuilles de bananier, les divers produits de cette île féconde. C'est à la sortie du marché que le *campong* chinois déroule sa double rangée de boutiques et fait briller, dès que la nuit succède au jour, ses énormes lanternes de papier. Plus loin, le fort d'Orange développe parallèlement au rivage sa vaste enceinte rectangulaire, qui renferme les magasins et les logements de la garnison. Au delà du fort hollandais se déploie la ville malaise, dominée par le *dalem* du sultan et signalée par le toit à quatre étages de sa mosquée.

Si vous continuez à suivre le rivage, vous rencontrerez bientôt de vastes terrains envahis par les hautes herbes des *jungles*. Si, rentrant au contraire dans la ville européenne, vous dirigez vos pas vers le sud, de riantes avenues, sablées comme une allée de jardin, vous conduiront aux fraîches retraites que se sont ménagées sur le bord de la mer les riches habitants de Ternate. Mais quittez plutôt la terre ferme, qu'une pirogue vous fasse descendre en moins d'une heure le canal de Tidor, et vous dépose, à cinq milles de la ville, sur le rivage de Ternate. Saisissez cette échelle de bambou, franchissez sans hésiter la falaise, et, tournant le dos à la mer, admirez la magique perspective qui s'offre à vos regards. Une nappe d'eau que ne ride jamais le souffle de la brise s'étend à vos pieds : c'est l'enceinte escarpée d'un cratère éteint qui presse de sa berge verdoyante le lac immobile. Rien au monde ne saurait donner une idée des sensations qu'éveille cet aspect imprévu. Ce profond bassin séparé du canal de Tidor par une digue de lave, les grands arbres qui se penchent au-dessus de ces flots sinistres, le silence qui plane sur cet Averne mystérieusement enfoui au sein de la montagne, l'absence d'horizon, l'air lourd et étouffé qu'on croit respirer en ces lieux, tout se réunit pour ébranler l'imagination et la préparer à l'apparition de quelque fantôme. On assure que les Portugais, quand ils occupaient l'île de Ternate, voulurent créer un port sur ce point où la nature n'avait creusé qu'un abîme : il suffisait de couper l'étroite barrière qui sépare le lac de la mer; mais les indigènes employés à ce travail refusèrent de continuer : sous les pioches qu'ils enfonçaient dans le sol ils avaient cru voir jaillir du sang.

Il n'existe peut-être point sous le ciel un coin de terre qui puisse rassembler dans un espace aussi restreint autant de merveilleux paysages, autant de richesses naturelles que Ternate. Le cacaotier, le cotonnier, le caféier, prospèrent sur ce sol volcanique à côté des litchis et des orangers de la Chine, des mangoustans et des durians de Java, à côté des arbres à épices. Cette fertilité n'est point le partage exclusif de Ternate. Les îles nombreuses qui composent l'archipel des Moluques offrent toutes un terrain également favorable à ces fructueuses cultures. Cependant, depuis l'abolition de la traite et l'émancipation graduelle des esclaves, il ne faut plus juger de l'importance des possessions asiatiques par l'étendue ou la fertilité du territoire; ces possessions n'ont de valeur que par le nombre de bras indigènes dont elles procurent le concours à l'industrie européenne. Dans l'île de Java, la Hollande peut employer aux travaux de la campagne soixante-six habitants par kilomètre carré. Aussi cette île est-elle devenue l'objet constant de sa sollicitude, la clef de voûte de son édifice colonial. Les Moluques sont loin de présenter la même proportion entre la surface du sol et la population. Ces vastes territoires renferment à peine six habitants par kilomètre carré. Une population aussi clair-semée ne peut autoriser de bien grands projets. Les îles d'Amboine et de Banda, ces deux centres de production de l'archipel des Moluques, n'occupent plus elles-mêmes, dans les Indes néerlandaises, qu'un rang secondaire, depuis que la culture du girofle et de la muscade s'est naturalisée à Cayenne et à Bourbon.

A la vue de ces rades désertes, auxquelles le comptoir de Singapore a déjà enlevé, par la navigation interlope des *près* de Célèbes, le commerce de Céram et de la Nouvelle-Guinée, les partisans des franchises commerciales ont conseillé au gouvernement hollandais d'ouvrir les ports des Moluques aux pavillons des puissances étrangères. Cette concession, peu importante en elle-même, aurait-elle pour effet de calmer, comme on l'assure, les impatientes obsessions de l'Angleterre? Nous n'oserions pas l'espérer. C'est l'approvisionnement du marché de Java et non celui de ces insignifiantes dépendances qu'ambitionnent les maîtres de l'Hindoustan. Tant que la Hollande reculera devant ce suprême sacrifice, elle ne doit point se flatter de désarmer l'envieuse surveillance qui se plaît à jeter la déconsidération sur tous les actes de son gouvernement, et offre un appui empressé aux moindres résistances que son administration soulève. Dans la question es Moluques, la Hollande ne doit donc se laisser guider que par son propre intérêt et par celui de ses possessions coloniales. Quant aux déclamations des journaux de l'Inde et de Singapore, à l'irrégulière intervention de la diplomatie britannique, aux accusations si souvent dirigées ontre la dureté des autorités hollandaises, le gouvernement des Pays-Bas n'y doit répondre que par une sollicitude plus active pour le bien-être de ses nombreux suets, que par de sages mesures qui puissent consolider sa puissance morale et placer la sécurité de ses établissements au-dessus des attaques passionnées de la presse anglaise. Les habitants de la Malaisie, mieux que ceux du Bengale, subissent sans murmure le joug étranger. La domination européenne, qui a effacé dans ces lointaines contrées les derniers vestiges de l'indépendance nationale, a sauvé les peuples de l'archipel Indien des anarchiques dissensions qui les eussent ramenés à la barbarie. Imprévoyants et sensuels, les Malais n'ont ni l'élévation de pensée ni l'ardeur de bien-être qui distinguent les Européens : il existe chez eux un principe de quiétude et d'inertie qui explique leur attachement aux anciens usages et leur apathique soumission aux conditions dans lesquelles ils naissent. Ils n'auraient point songé à améliorer leur sort : la conquête étrangère s'est chargée de ce soin. Elle n'a pas sans doute apporté à ces peuples enfants les institutions libérales, qui n'eussent été pour eux qu'un funeste bienfait, incompatible avec le degré de civilisation auquel ils étaient parvenus; elle a substitué aux puérils et sanglants caprices de la tyrannie indigène une direction plus ferme et plus régulière. Jusque dans leurs exigences les plus rigoureuses, dans leur plus âpre exploitation du sol et des habitants, les Hollandais conservèrent du moins sur les princes qu'ils dépossédaient l'inappréciable avantage de la précision dans les vues et de la méthode dans les désirs. Par l'ascendant de leur médiation, ils protégèrent ces populations misérables contre l'avidité turbulente de leurs chefs; ils les protégèrent contre elles-mêmes par une police énergique et par l'influence moralisante du travail. Sectateurs fanatiques de la loi de Mahomet, les Malais n'ont guère adopté des préceptes de l'islamisme que certains rites extérieurs. Leur religion vague et superficielle n'impose aucun frein aux passions. Si l'amour du plaisir ou du pillage, si la soif de la vengeance s'éveille chez le Malais, il n'y a que la crainte du châtiment qui puisse l'arrêter; mais, dans l'emportement d'un penchant soudain, son intelligence obscurcie méconnaît aisément cette unique barrière, et n'hésite presque jamais à la franchir. Le travail vient dompter, par de salutaires fatigues et par les mille liens dont il entoure le cultivateur, ces dispositions versatiles et ces appétits sauvages. Les Hollandais ont le sens positif et pratique ; leur politique froide ne s'égare point dans les voies de l'utopie. Nul gouvernement n'était mieux fait que celui des Pays-Bas pour ménager les instincts des peuples de la Malaisie, pour triompher avec habileté de leurs répugnances, pour exploiter sans brusquerie cette race endurante et facile à conduire, pourvu qu'on ne viole pas ses antiques coutumes. Les Hollandais, dans l'archipel Indien, ont maintenu la constitution de la propriété telle qu'ils la trouvèrent établie. Héritier des souverains musulmans, leur gouvernement est le seul possesseur de la terre. Satisfait d'avoir su préserver ces vastes contrées des famines qui ont si souvent désolé l'Inde anglaise, il regarde comme légitimes les immenses bénéfices qu'il prélève sur le travail de seize millions de sujets, auxquels il assure un bien-être supérieur à celui dont jouissaient ces peuples résignés sous l'autorité de leurs anciens maîtres.

Pendant le cours de notre longue campagne, il devait nous être donné de retrouver dans l'île de Célèbes et dans l'île de Java la domination néerlandaise; mais ces ports hospitaliers des Moluques où nous avait accueillis une si gracieuse bienveillance, nous nous apprêtions à leur dire un éternel adieu. Tandis que, montés sur de gracieux poneys de Macassar et de Sandalwood, ou assis sous le toit de bambou d'un *koro-koro* malais, nous visitions les sites enchantés de Ternate, de livides éclairs commençaient à sillonner le ciel et nous annonçaient l'approche de la mousson. Le premier souffle orageux qui descendit des sommets de Gillolo nous trouva prêts à mettre sous voiles. Le 12 décembre, nous sortions de la rade au moment où le soleil touchait de son disque de feu le bord de l'Océan. L'époque des calmes était passée. La mousson régulièrement établie roulait au-dessus de nos têtes les gros nuages floconneux des tropiques, et nous environnait de chaudes vapeurs qui se condensaient quelquefois en torrents de pluie. Trois jours après notre départ, nous avions doublé les îles de Gillolo et de Morty; la corvette se balançait sur les longues lames de l'océan Pacifique. Il ne nous restait plus qu'à nous élever suffisamment dans l'est pour pouvoir, à l'aide des grandes brises de nord-est qui nous étaient promises, atteindre la chaîne des îles Bashis et cingler vent arrière vers les côtes du Céleste Empire.

Il existe dans le voisinage de l'équateur, entre l'espace livré aux vents alizés de l'hémisphère septentrional et les parages où règnent les vents généraux de l'autre hémisphère, une sorte de terrain neutre qu'occupent des brises variables et de fréquents orages. C'est sur la limite de cette zone que nous dûmes louvoyer pour nous soustraire aux courants qui auraient retardé notre marche. Pendant quinze jours, le soleil ne perça qu'à de rares intervalles les lourdes nuées qui pesaient de toutes parts sur l'horizon. Le 21 décembre, nous pûmes remonter vers le nord et diriger notre route entre les îles Pelew et les Carolines. *La Bayonnaise* s'inclina de nouveau sous ces fortes brises qu'elle ne connaissait plus depuis deux mois, et bientôt les sommets des Bashis se montrèrent devant nous. Nous touchions au terme de notre long voyage. Quarante-huit heures après être entrée dans la mer de Chine, le 4 janvier 1848, *la Bayonnaise* laissait tomber l'ancre sur la rade de Macao.

CHAPITRE III.

Situation morale et politique du monde indo-chinois en 1848.

L'empire dont nous venions de toucher enfin les lointains et curieux rivages n'offre plus une mine inexploitée aux récits des voyageurs : il commande leur attention à un autre titre. Ce monde étrange a sa place marquée désormais dans les calculs de la politique. Il faut donc le prendre au sérieux, étudier son gouvernement, ses ressources, ses tendances, essayer d'apprécier la gravité des atteintes qui ont ébranlé son immobilité séculaire, s'efforcer enfin de pressentir l'influence que pourront exercer un jour sur ses destinées la pression matérielle de l'Angleterre et la propagande religieuse qui se poursuit sous la tutelle de la France.

Pendant près de quatre années ces diverses questions ont été le principal objet de nos études : elles nous ont obligé à suivre dans les voies différentes où elles s'étaient engagées l'intervention morale de la France et l'action moins pacifique de l'Angleterre. Elles nous conduisent à chercher aujourd'hui dans l'histoire des événements qui se sont accomplis en Chine de 1840 à 1848 une introduction naturelle au récit des croisières de *la Bayonnaise.*

D'après une statistique dressée en 1815 par les mandarins chinois, et dont un recueil officiel, présenté à l'empereur Tao-kouang, a publié les évaluations, cette immense monarchie compte 361 millions d'habitants répandus sur une surface de 3,362,000 kilomètres carrés. C'est environ

108 habitants par kilomètre, chiffre qu'on ne soupçonnera pas d'exagération quand on voudra réfléchir que cette population spécifique est à peu près celle des Pays-Bas et du département du Pas-de-Calais, qui n'est point cependant le département le plus peuplé de la France. D'ailleurs, le trait le plus frappant, le plus caractéristique de l'empire chinois, c'est précisément l'excès de la population : cette extrême densité des habitants peut seule expliquer la difficulté qu'éprouve le peuple à s'y procurer sa subsistance. Cette race infatigable ne laisse cependant en friche aucun morceau de terre susceptible de culture; les chemins ne sont guère en Chine que des sentiers servant à contenir les terrains étagés que féconde l'irrigation. Les alluvions des fleuves, les moindres espaces conquis sur le lit des rivières ou sur l'Océan se trouvent à l'instant circonscrits par des digues et convertis en rizières : hommes, femmes, enfants, tous participent à ce rude labeur. Des millions de pêcheurs vivent sur leurs bateaux, promènent incessamment leurs filets sur les côtes du Céleste Empire, et ne demandent à ce sol si avidement exploité que quelques pieds de terrain accordés à leur tombeau.

Une activité si prodigieuse, jointe à la plus extrême sobriété, ne suffit pas à préserver les Chinois de la famine. Les sécheresses, les inondations détruisent souvent la récolte dans des provinces entières. Les chemins sont alors remplis de cadavres : on voit des malheureux exposer leurs enfants nouveau-nés, vendre leurs femmes, leurs fils, leurs filles, pour se procurer quelques aliments; d'autres se pendre ou se jeter dans les fleuves pour abréger les tourments d'une trop lente agonie. Des bandes de voleurs se répandent dans les campagnes, pillant tout ce qui leur tombe sous la main. Quelquefois, sur certains points, la population émigre en masse. Ces peuplades errantes se partagent en groupes de mille ou cinq cents individus, et se mettent en marche sous la conduite d'un chef auquel le mandarin de la localité a délivré un certificat de détresse et un permis de mendicité. Des greniers publics, entretenus aux frais du trésor impérial, ont été établis depuis des siècles pour venir au secours du peuple dans ces affreuses années de disette ; mais cette sage précaution demeure stérile, car l'empire est désolé par un autre fléau non moins redoutable que la famine, la mauvaise administration.

L'administration chinoise a depuis longtemps atteint le dernier degré de la corruption ; les officiers turcs sont des modèles d'équité et de désintéressement auprès des mandarins du Céleste Empire. Tout est arbitraire et vénal dans la conduite de ces magistrats lettrés ; la justice est au plus offrant, et les fonctions publiques sont l'objet d'un trafic honteux. Ces institutions littéraires dont l'appareil imposant fait encore l'admiration de l'Europe n'ont organisé que le pillage ; ces fonctionnaires, qui ont passé leur vie à commenter les préceptes de Confucius, n'en pressurent pas moins le peuple sans pudeur, et se voient pressurés à leur tour par les mandarins d'un ordre supérieur. Autour de ces magistrats dégradés viennent se grouper les *satellites*, troupe immonde, composée d'hommes de la plus basse classe, tout à la fois soldats, agents de police et bourreaux ; affreux pillards qui passent leur vie à jouer et à fumer l'opium, et n'ont pour ainsi dire d'autres moyens d'existence que le produit de leurs rapines. Le *Fils du Ciel*, le *souverain maître du monde*, l'empereur vit enfermé dans son palais à quatre lieues de Pe-king, et sait à peine ce qui se passe dans ses États. L'exercice de sa suprême puissance est tout entier dans les mains de ces esclaves hypocrites qui forment autour de son trône un cercle impénétrable.

Ce despote abusé s'est longtemps cru l'arbitre de la terre, et nous avons partagé nous-mêmes une partie des illusions dont on caressait son orgueil. Il a fallu la guerre de l'opium pour faire tomber tous les voiles qui cachaient la misère et la faiblesse réelle de son empire. Sur la foi des documents officiels, on avait cru longtemps que la Chine entretenait sept cent mille hommes sous les armes, tandis qu'elle ne comptait en réalité que soixante mille soldats, bandes prétoriennes entièrement composées de Tartares mantchoux et divisées en huit bannières. La majeure partie de ces régiments tartares ne quitte jamais la capitale, le reste est dispersé dans les provinces et forme la garnison des villes. Ce corps d'élite renferme des hommes robustes et braves, mais qui avec leurs arcs et leurs arquebuses à mèche, avec leur complète ignorance de la tactique militaire, n'en sont pas pour cela plus redoutables. Ces fiers guerriers mantchoux sont, en fait de stratégie, beaucoup moins avancés que les pirates de l'archipel malais. Ils constituent cependant la véritable, la seule armée chinoise. Outre cette armée, la Chine compte une nombreuse milice. Le métier des armes y est, comme dans les huit bannières, un héritage de famille. Quand le fils a pu apprendre de son père à manier le sabre et le bouclier, à frapper d'une main et à se couvrir de l'autre, quand il sait lancer une flèche au but ou charger l'arquebuse, il se présente devant le mandarin, et après avoir donné les preuves de capacité requises, achète le droit de servir l'empereur. Ce brevet, délivré pour quelques taëls[1], vaut au soldat chinois une ration de riz ou un coin de terrain qui assure sa subsistance. Attachés au sol, les miliciens ne sont point rassemblés dans des casernes. Chaque soldat

[1] Le taël vaut 7 fr. 50 c.

vit chez lui, entouré de ses enfants, cultive tranquillement sa portion du territoire céleste, et n'endosse l'uniforme que dans de rares occasions. Au moment du besoin, on ne retrouve que le quart des soldats inscrits sur les registres des mandarins. Quelques-uns ne répondent pas à l'appel, le plus grand nombre n'a jamais existé. Les voleurs mêmes, dont les bandes, grossies par la misère et l'oppression, ont plus d'une fois menacé l'intégrité de l'empire, les voleurs redoutent peu les soldats chinois. Ils ont été plus souvent désarmés par des négociations opportunes que domptés par l'armée impériale. Il en est de même des pirates qui infestent les côtes du Fo-kien et le golfe du Tong-king. Ces écumeurs de la mer de Chine battent les jonques de guerre et se rient des bateaux mandarins, qui ne sont propres qu'à la navigation des fleuves. Quand le gouvernement a voulu disperser ces pirates, il s'est vu forcé de leur opposer un de leurs chefs, qui, détaché de l'association, a passé avec une partie de la flotte rebelle au service de l'empereur.

Le désordre des finances est encore une des plaies de l'empire chinois. L'impôt se perçoit en nature ou en numéraire, et doit être apporté à Pe-king aux frais des contribuables. En argent, le trésor impérial ne reçoit, année moyenne, que 379 millions de francs; mais les quantités de riz, de thé, de soie, de cotonnades qu'engouffre la seule ville de Pe-king sont incalculables. Il n'est pas de ville au monde qui puisse offrir le tableau d'une aussi énorme importation, importation presque sans retour, car le sol est peu fertile dans la province du Pe-tche-ly, et les produits qu'y fabrique l'industrie se dirigent vers le nord. Les bannières nomades campées en dehors de la grande muraille, les Tartares mantchoux et mongols, vivent, ainsi que les mandarins de Pe-king, des bienfaits de l'empereur.

Vingt millions sont affectés chaque année par la munificence impériale à l'entretien des fleuves; les provinces s'imposent d'immenses sacrifices pour le même objet. Cependant les canaux se comblent, les fleuves rompent leurs digues, et l'on craint qu'avant trente ans l'eau ne vienne à manquer dans le grand canal. Le déficit est partout : dans le produit des douanes, dans celui des monopoles; la ferme seule du sel doit à l'État plus de 15 millions. Les hôpitaux, les greniers publics dotés par le gouvernement, voient leurs revenus dévorés par l'avidité des mandarins et des satellites. Ce ne sont point les institutions qui manquent à la Chine; mais ces institutions sont aujourd'hui comme un arbre épuisé qui ne peut plus porter de fruits. Lapeyrouse l'avait déjà remarqué en 1787 : « Ce peuple, disait-il, dont les lois sont si vantées en Europe, est peut-être le peuple le plus malheureux, le plus vexé et le plus arbitrairement gouverné qu'il y ait sur la terre. »

Comment une révolution n'a-t-elle pas déjà bouleversé cette portion du globe? Des sociétés secrètes poussent bien l'audace jusqu'à maudire la dynastie régnante, la secte des *Pe-lien-kiao* ou du *Nénuphar* s'accroît bien chaque jour de quelques nouveaux affiliés; mais l'éducation domestique, basée tout entière sur le respect des traditions, le tempérament froid et patient du peuple chinois, l'âpre labeur auquel il est assujetti, peut-être aussi cet instinct de subordination propre aux races asiatiques, tout ce concours de liens naturels et de liens politiques, que nous n'apprécions qu'imparfaitement, a prévenu jusqu'ici un soulèvement général qui ne fut jamais appelé par plus d'abus.

Cet empire chancelant est entouré de vastes États, tributaires de sa puissance politique et de sa civilisation. La Corée, le royaume annamite, qui comprend le Tong-king, la Cochinchine et le Camboge, semblent les satellites de cette bizarre planète. Ces États sont livrés à une administration, sinon plus avilie, au moins plus oppressive que celle de la Chine; ils composent ce qu'on pourrait appeler la Chine barbare. Agité par d'éternelles discordes, bouleversé par la guerre civile, le royaume annamite a surtout perdu ce respect de la vie humaine qui forme le trait distinctif de la grande famille chinoise. On n'y a point, comme dans l'Empire Céleste, cette horreur du sang et des supplices qui tempère en Chine les rigueurs de la servitude. Le pouvoir s'y exerce avec des formes dures et féroces; la tyrannie s'y défend par d'atroces boucheries.

Ce royaume, dont la Cochinchine forme le centre, le Camboge et le Tong-king les annexes, est un des points de l'extrême Orient sur lesquels l'attention de la France s'était dirigée avant la révolution de 89. Vers cette époque, ce fut à un missionnaire français, l'évêque d'Adran, que le souverain de la Cochinchine dut la conservation de son trône. Dépossédé de la majeure partie de ses États, le roi Gia-long confia son fils à ce prélat étranger. L'évêque d'Adran passa en France avec le jeune prince, et un traité qui nous assurait la possession de la baie de Tourane fut signé, en 1787, entre le roi Louis XVI et le missionnaire agissant au nom du souverain annamite. La révolution de 89 vint s'opposer à l'entière exécution de ce traité. Quelques officiers français passèrent cependant en Cochinchine, rouvrirent à Gia-long l'entrée de ses États et l'aidèrent plus tard à faire la conquête du Tong-king. Ces officiers organisèrent l'armée, créèrent une marine, fortifièrent les places, dirigèrent les opérations militaires; mais le souvenir de ces grands services ne survécut point au prince qui en avait profité. Ses successeurs, voués aux idées chinoises, s'empressèrent de relever entre l'Europe et la Cochinchine cette vieille barrière qui ne s'était abaissée un instant que pour livrer passage aux secours de la France. Le pouvoir despotique de ces malheureuses contrées a la conscience ombrageuse de tout mauvais gouvernement; il redoute à l'excès la moindre influence extérieure. Le roi s'est arrogé le monopole du commerce : ce système l'enrichit et ruine le royaume. La population appauvrie traîne une existence misérable dans le plus fertile pays du monde. Sur cette terre, qui porte chaque année deux moissons, on ne rencontre que des êtres chétifs et amaigris. La race annamite, abrutie par ses souffrances, est d'une timidité extrême, sans culture dans l'esprit, sans autre expression dans la physionomie que celle d'un ébahissement naïf ou d'une vague appréhension. Toute trace des innovations introduites par les officiers français a disparu depuis longtemps, et cette armée cochinchinoise, qui avait soumis le Tong-king, n'a pu défendre le Camboge contre les troupes du roi de Siam. Si le climat n'y mettait obstacle, un millier d'Européens feraient aisément la conquête du royaume annamite.

La Corée, moins connue de l'Europe que la Cochinchine, est cette longue péninsule qui sépare la mer Jaune de la mer du Japon. Ce royaume se trouvait exposé par sa situation aux incursions des Japonais comme à celles des Chinois. Vers la fin du seizième siècle, ce fut une armée japonaise qui en ravagea les provinces méridionales; dans le dix-septième, ce furent les Chinois qui s'avancèrent jusqu'à la capitale et firent couler des torrents de sang sur leur passage. La Corée est restée dépeuplée par ces deux invasions. Dans les gorges resserrées que laissent entre elles les aspérités du sol, ses rares habitants cultivent le riz, leur nourriture ordinaire; sur les montagnes, le maïs et le millet. L'inégalité des castes, idée étrangère à la Chine, est encore un nouveau fléau pour ce malheureux pays. Quelques milliers de nobles fainéants et déguenillés s'arrogent le droit de vivre aux dépens du gouvernement et du peuple. Tributaire, dit-on, du Japon, la Corée l'est également de la Chine. Deux fois par an, le souverain de ce misérable État envoie une ambassade à Pe-king. A la neuvième lune, l'ambassade vient recevoir du *tribunal des mathématiques* le calendrier ; à la onzième, elle présente à l'empereur les hommages qu'au renouvellement de l'année lui doivent tous les princes vassaux. Refoulés dans leur presqu'île, les Coréens n'ont que deux points de contact avec la frontière chinoise : l'un sur les bords de la mer du Japon, l'autre non loin des côtes que baigne la mer Jaune. C'est là qu'ont lieu, tous les deux ans, les échanges commerciaux entre la Chine et la Corée. Partout ailleurs, des terrains neutres et déserts ou d'impénétrables forêts s'opposent aux communications de la péninsule coréenne avec la province du Leau-tong et la Mantchourie.

Non loin de la Corée, entre la Chine et la mer du Japon, se rencontre encore un État qui a dû subir, comme la presqu'île coréenne, une double suzeraineté. Le royaume oukinien, composé de deux groupes distincts, celui des îles Lou-tchou et celui des Madjico-sima, se reconnaît, depuis l'année 1372, tributaire de la Chine. C'est un ambassadeur de l'empereur qui pose la couronne sur le front du roi des Lou-tchou; mais, si la suzeraineté apparente est chinoise, la domination réelle est japonaise. Le culte, la langue, les mœurs, les habitations, tout porte le cachet du Japon. Malgré le mystère dont s'entoure cette influence, il est certain que le royaume oukinien n'est qu'une dépendance de la principauté japonaise de

Sat-suma. Grâce au double tribut qu'il consent à payer, ce paisible empire, autrefois ravagé par les troupes du Japon, depuis près de deux siècles ne connaît plus d'orages; avant d'entrer dans cette période d'apathie et d'indifférence, il avait eu ses jours d'expansion et d'activité. Le pouvoir, partagé entre plusieurs princes, se concentra, vers la fin du quinzième siècle, entre les mains d'un seul souverain, et le commerce prit soudain un rapide essor. Les jonques oukiniennes visitèrent les ports de Formose et du Fo-kien, les principautés japonaises, les côtes mêmes de la Cochinchine et du royaume de Patani, dans la presqu'île de Malacca; ce fut la grande époque des îles Lou-tchou. La domination ombrageuse du Japon a interrompu ces relations fécondes, elle n'a point effacé complétement les traces d'une prospérité qui pourrait facilement renaître. La plus considérable des Lou-tchou, la grande Oukinia, possède deux excellents ports; la position centrale de cette île la désigne comme l'entrepôt naturel du commerce de la Chine, du Japon et de la Corée. Aujourd'hui le royaume oukinien se borne à acheter dans le Fo-kien des étoffes de soie et des médicaments. Le riz, le coton, le thé, le tabac, la cire végétale, les métaux, lui sont apportés par les marchands japonais, qui reçoivent en échange du soufre, un sucre grossier et quelques étoffes fabriquées dans le pays avec les fils du bananier textile. L'aspect florissant des campagnes indique le bon ordre qui règne dans cette monarchie en miniature : malheureusement cet ordre n'assure que le bien-être de la classe privilégiée; au-dessous de quelques familles riches et oisives vit un peuple famélique qui ne peut posséder la terre qu'il cultive. Nul instinct de révolte dans les classes asservies ne provoque d'ailleurs la sévérité des oppresseurs. La police est absolue, s'étend à tous les actes de la vie, mais n'est point sanguinaire comme en Cochinchine ou en Corée. Nulle part on ne rencontre d'armes dans ces îles; si les habitants, comme on l'a prétendu, en conservent de cachées, il est fort douteux qu'ils sachent s'en servir. Pour qui les a vus accroupis sur leurs nattes, vêtus de leurs longues robes, les cheveux relevés au sommet de la tête et retenus par une double aiguille de métal, avec leur physionomie débonnaire et leur face bouffie, l'éventail paraît la seule arme qui convienne à cet apathique troupeau de vieilles femmes.

Les îles Lou-tchou, par leur admirable situation, par leur climat délicieux, sous lequel on rencontre la végétation des tropiques confondue avec celle des régions tempérées, semblent faites pour exciter la convoitise des puissances européennes; mais la population inoffensive qui les habite se défend mieux par la douceur de ses mœurs que le peuple chinois par ses inutiles violences. Tout prétexte manquerait à l'agression, et aucune puissance civilisée ne voudrait accepter la responsabilité d'un tel acte. D'un autre côté, les traités de commerce, dans l'état actuel des choses, seraient sans importance; ils seraient d'ailleurs impossibles, le Japon ne les tolérerait pas. Ces honnêtes insulaires paraissent donc destinés à goûter en paix leur calme et uniforme existence jusqu'au jour où l'empire du Japon ouvrira ses portes aux navires européens. Ce jour paraît encore éloigné : dans les États du souverain japonais, comme dans ceux de l'empereur de Chine, on n'entrevoit de paix et de sécurité qu'à l'abri de la politique d'isolement. A l'exception des Hollandais et des Chinois admis une fois l'an à Nangasaki, les étrangers sont entièrement exclus des côtes du Japon. Une population de trente-quatre millions d'habitants vit là dans une paix profonde, grâce à la plus inflexible des disciplines. Le Japonais, de même que le Chinois, ne peut sortir de son royaume sans encourir la peine capitale; mais en Chine les lois sont constamment violées : au Japon, on les exécute. Au milieu de peuples qui ne connaissent d'autres mobiles que la crainte et l'intérêt, cette race plus vigoureuse offre le spectacle d'une société fondée à la fois sur le principe d'autorité et sur le point d'honneur. L'invasion européenne trouverait donc probablement au Japon plus d'obstacles qu'elle n'en a rencontré en Chine. Cependant, pour cet empire aussi de grands événements se préparent. Une circulation active s'opère aujourd'hui entre les ports de la Californie et ceux de l'extrême Orient; le développement de ces relations, auxquelles les ports du Japon seront bientôt nécessaires, préoccupe le gouvernement des États-Unis, et ne peut manquer d'imprimer tôt ou tard une nouvelle énergie aux efforts de cette démocratie puissante, qui vient sans cesse, comme la vague de l'Océan, battre les barrières qu'on lui oppose. Si d'ailleurs l'empire chinois se trouve un jour violemment jeté hors de son orbite, si ce colosse obéit enfin aux attractions qui le sollicitent, il est douteux qu'il soit donné au Japon de pouvoir continuer, seul et silencieux, à graviter ainsi à l'écart.

Tous ces membres de la même famille, Chinois, Cochinchinois, Coréens, ont, à un degré différent, les mêmes défauts : chez ces populations laborieuses et patientes, tout sentiment généreux semble oblitéré. La race chinoise a l'instinct de l'ordre et de la discipline, comprend et sait pratiquer la plupart des vertus domestiques, la sainteté du mariage, le respect des vieillards, l'amour des enfants; en revanche, une avidité extrême la rend peu scrupuleuse sur les moyens de s'enrichir. A l'énergie, au courage militaire qui leur faisaient défaut, ces peuples ont substitué la souplesse et la ruse ; ils ne sont point à craindre sur le champ de bataille, mais nul ne sait mieux qu'un Chinois méditer une vengeance patiente et ourdir un guet-apens : ses principes de morale ne reposent que sur la recherche exclusive du bien-être matériel. Les tribus nomades qui vivent sous des tentes en dehors de la grande muraille sont essentiellement religieuses ; les populations de la Chine, du royaume annamite et de la Corée, se montrent complétement indifférentes aux mystères de la vie future : un labeur excessif a courbé leurs esprits vers la terre. Ces hommes n'ont point de loisir pour les aspirations d'un ordre supérieur, et la lutte de chaque jour les défend des vagues inquiétudes de l'avenir. L'idée de la mort les occupe moins que la crainte de la famine ; ils élèvent des temples à leurs dieux, et n'ont en réalité ni religion ni culte extérieur ; ils ont des pratiques superstitieuses, à l'aide desquelles ils essayent de se rendre le sort propice. L'encens qu'ils brûlent devant l'autel leur tient lieu de prière. Au ciel, aux astres, aux génies, aux mânes des ancêtres, — qu'ils adoptent le vague déisme de Confucius, les rêveries de Lao-tseu ou les doctrines qu'il y a près de quinze siècles le bouddhisme leur apporta de l'Inde, — ils demandent tous la même chose : longue vie et richesse. Abâtardie dans les classes supérieures par une civilisation efféminée, dans les couches inférieures de la société par la misère, cette race est aujourd'hui la race la plus positive et la plus matérialiste du globe.

Tel est l'empire auquel l'Angleterre a déjà fait subir la puissance de ses armes, la France catholique l'infatigable action de sa propagande : la marine anglaise et la nôtre ont eu toutes deux leurs campagnes dans ces mers lointaines. Pour défendre leur commerce, les Anglais ont ébranlé le trône de Tao-kouang ; pour protéger les chrétiens chinois, nous n'avons pas craint d'intervenir dans le gouvernement intérieur de la Chine. L'influence britannique s'adresse à l'industrieuse activité de ce peuple; la nôtre ne recherche que ses sympathies. C'est par la guerre que l'Angleterre a dû maintenir sa prépondérance commerciale en Chine : nous n'essayerons point de refaire le récit des campagnes bien connues de 1840 et de 1841; nous insisterons davantage sur l'expédition si brusquement décisive de 1842, dont les incidents et les résultats ont peut-être trouvé la France trop inattentive. Cette expédition a révélé ce que ne nous avaient point appris les deux autres campagnes: c'est qu'il ne faut qu'une démonstration maritime bien dirigée pour triompher du gouvernement de Pe-king. L'Angleterre sait désormais comment doit être conduite une guerre européenne dans le Céleste Empire; quand elle le voudra, elle pourra remporter sur le cabinet impérial une victoire d'intimidation aussi complète que celle qui fut couronnée par le traité de Nan-king; mais a-t-elle aujourd'hui, dans les conséquences d'un pareil succès, la confiance qui l'animait il y a quelques années? Si l'on ne veut considérer qu'une armée anglaise en regard d'une armée chinoise, si l'on ne veut point sortir du cadre des opérations militaires, le gouvernement britannique n'a rien à craindre d'un nouveau conflit avec la Chine. Tout n'est point dit cependant quand on a fait plier la dynastie tartare et la population officielle qui se groupe autour de son trône. Vaincue dans son gouvernement et dans ses armées, la Chine proteste encore contre le triomphe de l'étranger par la persistance des passions populaires. Il y a deux faces à l'action de l'Angleterre en Chine : dans la guerre, cette action se meut à l'aise; avec la paix, la Chine reprend ses avantages. Au tableau des faciles succès de la guerre, il y a donc un intérêt sérieux à faire succéder le tableau des difficultés de la paix; mais ce tableau nous amène à interroger la société chinoise elle-même, il trouvera sa place dans le récit de notre campagne. Ce sont les années de lutte ouverte dont l'histoire doit nous occuper en ce moment; ce sont elles qui nous introduiront au milieu des embarras et des complications qui ont suivi la guerre de 1840.

CHAPITRE IV.

Expédition des Anglais en Chine, et traité de paix sous les murs de Nan-king.

La sécurité profonde dont jouissait l'empire chinois depuis l'avénement de la dynastie mantchoue reposait tout entière sur sa situation géographique. Les vastes prairies d'où s'étaient élancés autrefois les conquérants mongols ne nourrissaient plus qu'une race pacifiée par le lamaïsme; les hordes du Turkestan ne s'agitaient qu'au loin, sur les frontières occidentales; des montagnes infranchissables ou des déserts glacés séparaient la Russie de la Chine. L'invasion ne pouvait donc venir que du côté de la mer; et quelle puissance entre les puissances européennes, les seules qui pussent s'attaquer au Céleste Empire, eût osé entreprendre de transporter une armée par ce circuit de cinq mille lieues, à travers ces immensités de l'Océan, que l'on mettait près de six mois à franchir? L'Angleterre elle-même, ne l'eût point tenté; mais l'Angleterre avait l'Inde, et ce qui eût été impossible au Royaume-Uni, l'Inde anglaise pouvait l'accomplir.

L'empire indo-britannique, fondé par une compagnie de marchands, possède une armée de trois cent mille hommes, sur lesquels on ne compte que trente mille Européens; tout le reste, infanterie, artillerie, cavalerie, est indigène; les officiers seuls sont Anglais. Pour une campagne maritime, il peut y avoir quelques ménagements à garder dans le choix des régiments : les soldats du Bengale sont enchaînés au sol; pour les soldats de Madras, ces préjugés n'existent pas, et l'on peut disposer au premier moment venu de toutes les troupes de la présidence. L'Inde place donc l'Angleterre à quarante ou cinquante jours des rivages du Céleste Empire, et l'armée de la Compagnie peut trouver facilement le chemin de Pe-king.

On sait à quelle occasion éclata entre l'Angleterre et la Chine le conflit qui s'est terminé par le traité signé en 1842. Le commerce de l'opium avait troublé la balance des échanges et faisait refluer chaque année vers l'Europe près de 50 millions de ce numéraire que l'empire chinois absorba pendant près de deux siècles en échange des produits de son industrie. La cour de Pe-king fut alarmée de l'extension qu'avait prise ce trafic illicite, des ravages qu'il exerçait dans les classes populaires, de l'appauvrissement dont il semblait menacer la réserve métallique de l'empire. Elle chargea un fonctionnaire énergique, le commissaire Lin, de mettre un terme à cet abus. Après avoir tenu bloqués pendant quelques jours dans les factoreries de Canton les négociants européens et le surintendant du commerce anglais, le capitaine Elliott, Lin obtint la remise de vingt mille caisses d'opium, qu'il fit réduire en pâte et jeter à la mer le 7 juin 1839. C'en était fait du commerce de l'Angleterre en Chine, si cette puissance laissait une pareille violence impunie. La guerre fut donc résolue, et Chou-san vit bientôt briller sous ses murs les baïonnettes transportées par la flotte anglaise du golfe du Bengale dans les mers de Chine. Cette première campagne fit tomber entre les mains des Anglais, le 5 juillet 1840, l'île de Chou-san, considérée comme la clef du commerce maritime des provinces septentrionales, et imposa, le 25 mai 1841, à la ville de Canton, une rançon de 36 millions de francs. Ces rapides succès ne firent point fléchir cependant l'orgueil de l'empereur; ils n'amenèrent de sa part que des négociations déloyales, dans lesquelles un nouveau mandarin, le souple et astucieux Ki-chan, déploya pendant quelques mois toutes les ressources de la diplomatie chinoise. L'Angleterre dut alors songer à porter ses forces sur des points plus sensibles de l'Empire Céleste; elle dirigea de nouveau sa flotte vers le nord. Canton demeura pour ainsi dire un terrain neutre; le commerce y reprit ses anciennes allures, de nombreux navires se pressèrent dans le fleuve et vinrent acquitter, en même temps que les droits impériaux, les taxes vénales des mandarins. Les Anglais se résignèrent même à subir en cette occasion un impôt additionnel, et ce fut leur commerce qui, par le payement de cet impôt, supporta en réalité la contribution de guerre dont les marchands de Canton avaient fait l'avance.

La seconde campagne, ouverte au mois d'août 1844, fut dirigée par un nouveau plénipotentiaire, sir Henry Pottinger, qui avait succédé au capitaine Elliott. La flotte, commandée jusque-là par le commandant sir Gordon Bremer, passa sous les ordres du contre-amiral sir William Parker; la conduite des troupes demeura confiée au général sir Hugh Gough. L'île de Chou-san, que dans un élan de confiance le capitaine Elliott avait rendue au gouvernement chinois, fut de nouveau occupée par les troupes britanniques; Amoy, Chin-haë, Ning-po, virent également flotter la croix de Saint-George. Ces conquêtes furent accomplies en moins de deux mois, et ne coûtèrent aux vainqueurs qu'une vingtaine d'hommes. L'Europe étonnée commençait à se demander quelle serait l'issue d'une guerre dont le cours était marqué par de si faciles triomphes. Les Anglais trouvèrent à Ning-po ce climat vif et fortifiant du nord, si salutaire aux constitutions affaiblies par la température énervante des tropiques. Les soldats de l'Inde eux-mêmes éprouvèrent les bienfaits de l'hiver. Dans la première campagne, entreprise pendant l'été, on avait compté les malades par milliers. Cette fois, les hôpitaux étaient vides, bien que la neige couvrît souvent les rues et qu'un vent glacial semblât apporter jusqu'à Ning-po les frimas de la Mantchourie. Les paisibles habitants du Che-kiang n'avaient pas abandonné leurs fertiles campagnes; ceux qui avaient quitté la ville y rentraient en foule; le marché était richement approvisionné; la confiance commençait à s'établir entre les Chinois et les barbares. Si les Anglais avaient eu de plus vastes desseins, l'occasion était favorable alors pour prendre pied sur le territoire du Céleste Empire. Tout cédait à la force de leurs armes; ils avaient devant eux une riche et fertile province, habitée par une population pacifique et industrieuse, commandée par une forte position, l'île de Chou-san, dont on pouvait faire le pivot et comme la citadelle de l'occupation militaire. Cette province, coupée dans tous les sens de canaux et de fleuves, eût fourni en abondance les deux principaux produits de la Chine, le thé et la soie; elle promettait par son climat, par sa situation géographique, par la fécondité du sol, par l'humeur débonnaire de la population, de devenir un jour une des plus magnifiques possessions de l'empire britannique. Une poignée d'hommes y maintenait depuis six mois une domination presque incontestée; une armée, telle que l'Inde la pouvait fournir, eût assis cette domination sur des bases plus solides que celles qui soutiennent aujourd'hui l'édifice politique de la plupart des nations européennes. L'ascendant des vainqueurs eût été subi sans résistance par les timides habitants du Che-kiang, le jour où une occupation définitive les eût rassurés contre la vengeance des mandarins; mais personne n'est plus effrayé de la grandeur de l'Angleterre que l'Angleterre elle-même. Elle recule devant la fatalité qui la pousse; ce qu'elle demande aux cinq parties du monde, ce n'est pas de nouvelles provinces, mais de nouveaux marchés. Produire et vendre, voilà la destinée que lui ont faite les nouvelles conditions de son existence. C'est à ce besoin impérieux qu'avait obéi le cabinet britannique quand il s'était décidé à entreprendre une expédition que réprouvait le sens moral d'une partie du parlement. Le ministère whig voulait obtenir pour le commerce anglais une réparation du dommage que ce grand intérêt avait souffert, ouvrir à ses opérations un plus vaste théâtre et lui conserver un point d'appui sur la côte; il voulait aussi lui assurer des défenseurs pleins de sollicitude, qui n'eussent point à s'humilier devant les autorités chinoises et pussent entretenir avec elles des relations dignes des représentants d'un grand pays. Ce but n'était pas atteint par l'occupation du Che-kiang; il s'agissait de le poursuivre : ce fut l'objet d'une troisième campagne, celle de 1842. L'histoire des opérations de l'armée anglaise en Chine à cette époque se lie à trop d'intérêts actuels, et ces opérations mêmes ont eu des conséquences trop décisives pour ne pas mériter une attention particulière.

Entre les immenses provinces sur lesquelles le souverain qui réside à Pe-king étend son pouvoir, il existe une division naturelle : cette division, c'est le Yang-tse-kiang qui l'établit. Jamais plus puissante barrière ne marqua les frontières de deux États, jamais limite plus précise ne satisfit aux nécessités de la politique; ce cours d'eau gigantesque partage le Céleste Empire en deux régions distinctes, la région du nord et celle du midi. Les deux branches du canal impérial viennent déboucher dans le Yang-tse-kiang à 40 milles au-dessous de Nan-king, à

160 milles de l'embouchure; c'est par ces canaux que les provinces du nord reçoivent le riz, le thé et les soieries des provinces du midi. Pe-king ne peut plus vivre, si l'on intercepte cette communication; c'est empêcher l'air d'arriver à ses poumons, c'est frapper la dynastie mantchoue d'asphyxie. Le capitaine Béthune, sur la frégate *le Conway,* avait reconnu le cours du Yang-tse-kiang; il affirmait qu'on pouvait conduire des vaisseaux de ligne jusqu'à l'embranchement des canaux et du fleuve. Cette assurance valait mieux qu'une victoire. Puisque les Anglais ne voulaient pas dépouiller l'empereur, mais réduire son orgueil à demander grâce; puisqu'ils couraient non après une conquête, mais après un traité, il fallait renoncer à ces occupations multipliées qui n'étouffaient la résistance sur un point que pour la laisser renaître sur un autre; il fallait chercher un chemin plus direct pour aller jusqu'au cœur qui battait à Pe-king. Remonter le Yang-tse-kiang, placer la flotte anglaise au point vital de l'empire, arrêter la circulation de ce grand corps, semblait la voie la plus prompte et la plus sûre d'atteindre le but proposé; une marche sur Pe-king aurait eu des conséquences moins certaines. L'empereur pouvait, dans ce cas, évacuer la capitale, se retirer en dehors de la grande muraille ou dans la province occidentale du Chan-si; de là, protégé par les difficultés de cette contrée montagneuse, il eût encore commandé aux provinces méridionales; la guerre se fût éternisée, et peut-être une anarchie générale eût-elle éteint ou du moins compromis ce commerce pour lequel, depuis trois ans, on avait les armes à la main. Toutes ces considérations, mûrement méditées, entraînèrent la détermination des généraux anglais, et le fleuve qui baigne les murs de Nan-king fut choisi pour le théâtre d'une expédition qu'on se flattait de rendre décisive.

L'entreprise était périlleuse : ce fleuve majestueux, qui prend sa source dans les montagnes du Thibet et traverse la Chine dans toute sa largeur, n'a point les paisibles allures de nos rivières européennes. Dans les passages où son lit se resserre, le courant atteint des vitesses de six ou sept milles à l'heure; mais les difficultés les plus réelles se présentent à l'embouchure même. Le Yang-tse-kiang s'épanche à la mer entre des côtes à demi noyées. Quand les derniers îlots de l'archipel de Chou-san se sont abaissés sous l'horizon, on se trouve au milieu d'une mer boueuse et jaune, dont les bords n'apparaissent nulle part. Il faut se hâter d'aller chercher la rive méridionale du fleuve et la contourner, la sonde à la main, si l'on ne veut s'exposer à échouer inopinément sur les bancs de sable mouvant qui se sont formés plus au nord. Ces bancs se prolongent jusqu'à l'île de Tsung-ming, aujourd'hui cultivée par un million d'hommes, mais qui fut, elle aussi, il y a quelques siècles à peine, un banc de sable et de vase. A la hauteur de cette île, le Wam-pou vient mêler ses eaux rapides à celles du grand fleuve. C'est sur la rive gauche de ce cours d'eau tributaire que s'élèvent les villes de Wossung et de Chang-haï. Au-dessus de l'île de Tsung-Ming, le rivage commence à s'élever. Près de la ville de Chin-kiang-fou, la côte offre déjà des ondulations considérables; le lit du Yang-tse-kiang se resserre et se creuse, la marée cesse de se faire sentir. On quitte le bras de mer pour entrer vraiment dans le fleuve. Chin-kiang-fou commande la branche méridionale du grand canal, dont les eaux baignent sur deux faces le pied de ses murs. La branche septentrionale de cette importante communication, celle qui aboutit à Tien-tsin, s'ouvre sur la rive opposée du fleuve, près de la petite ville de Kwa-tchou. A Chin-kiang-fou, le Yang-tse-kiang a trente mètres de profondeur;

sous les murs de Nan-king, à deux cents milles de son embouchure, il peut encore porter des vaisseaux de ligne.

Déterminée par l'importance du but et par l'immense étendue de l'empire chinois, les proportions de l'expédition anglaise étaient considérables. La flotte comptait deux vaisseaux de 74, huit frégates, un grand nombre de corvettes et de bricks, quarante transports et douze navires à vapeur. L'armée, en y comprenant les soldats de marine, présentait en ligne plus de quinze mille hommes. Malgré la reconnaissance exécutée par le capitaine Béthune, on ne s'avança qu'avec les plus grandes précautions dans le Yang-tse-kiang. Les navires à vapeur éclairèrent la route de l'escadre; les bâtiments légers, détachés le long des bancs du nord, indiquèrent le passage le plus profond aux vaisseaux. Mouillée sous les îles qui terminent de ce côté l'archipel de Chou-san, la flotte ne se mit en mouvement que lorsque ces préparatifs furent achevés; le 13 juin, elle jetait l'ancre devant Wossung, ayant mis quinze jours à parcourir quatre-vingts milles. L'entrée du Wam-pou avait été garnie d'une nombreuse artillerie, mais d'une artillerie chinoise. Ces batteries furent enlevées par les troupes après avoir été canonnées par l'escadre, et deux colonnes d'infanterie furent dirigées avec les pièces de campagne sur Chang-haï, l'une des colonnes embarquée à bord des navires à vapeur, l'autre marchant sur la rive gauche. Les habitants des villages que traversait cette division montraient plus de surprise que d'alarme. Ils regardaient avec étonnement ces barbares aux cheveux blonds, ces soldats au teint de bronze venus de Madras, ces canons traînés par des chevaux dont la taille, comparée à celle des poneys tartares, leur semblait tenir du prodige. Au bout de quelque temps, les pauvres gens s'étaient complétement rassurés. Les sapeurs anglais les employaient à porter les lourdes échelles d'escalade, et les artilleurs se servaient de leurs bras pour faire franchir aux pièces de campagne les passages où l'on était obligé de dételer les chevaux. C'est ainsi que l'armée arriva sous les murs de Chang-haï; elle trouva une ville entièrement abandonnée, où elle entra sans rencontrer la moindre résistance.

La cour de Pe-king ne s'était point laissé décourager par l'occupation d'Amoy et de Ning-po. La prise même de Cha-pou, que les Anglais avaient enlevée et saccagée avant d'entrer dans le Yang-tse-kiang, n'était qu'un désastre facilement réparable; mais les progrès de la flotte anglaise dans ce fleuve qui, comme une immense artère, distribue la vie à toutes les parties du territoire, ces progrès, que le cabinet impérial n'avait pas prévus, lui arrachèrent les premières propositions de paix : un commissaire fut envoyé à Chang-haï pour ouvrir de nouvelles négociations. Trop souvent abusés par les diplomates chinois, les Anglais ne se laissèrent pas prendre à ce piége. Sir Henry Pottinger déclara que les hostilités ne cesseraient que le jour où l'on aurait souscrit à toutes ses demandes. La chaleur était accablante; les troupes souffraient beaucoup de leur longue réclusion à bord des navires sur lesquels elles étaient entassées. Il importait donc d'arriver promptement sous les murs de Chin-kiang-fou et de Nan-king; là, du moins, on pourrait traiter à loisir. L'attaque de Chang-haï, comme celle de Cha-pou, avait été une faute. Ces opérations secondaires ne pouvaient qu'amener de scandaleux pillages et apporter de nouveaux retards au seul résultat qu'on pût se proposer. Pendant quelques jours, les vents contraires s'opposèrent à l'appareillage de la flotte. *Le Cornwallis*, vaisseau de 74, qui portait alors le pavillon de l'amiral Parker, se fit précéder par une division de l'escadre légère et escorter par deux navires à vapeur. Ainsi accompagné, il prit la tête de l'escadre, qui se forma dans ses eaux en divisions séparées par un intervalle d'un ou deux milles. L'amiral s'avança sans encombre jusqu'à vingt-cinq milles au-dessus de Wossung; mais là, serrant de trop près l'île de Tsung-ming, il échoua *le Cornwallis* sur un banc de sable. Peu de temps après, le même accident arrivait au vaisseau *le Belle-Isle*. La marée, en montant, remit les deux navires à flot. Cette marée, qui se fait sentir à plus de cent milles au-dessus de Wossung et suspend chaque jour pendant quelques heures le courant du fleuve, était un puissant auxiliaire pour remonter le Yang-tse-kiang; mais quand on fut privé de ce secours, quand on eut à refouler constamment un courant de cinq et six milles à l'heure, il fallut, pour avancer, une brise fraîche et favorable. Enfin, le 20 juillet, on atteignit le but de tant d'efforts : l'escadre, au nombre de soixante-quinze voiles, se trouva réunie près de l'Ile-d'Or, devant la célèbre ville de Chin-kiang-fou.

Les Chinois n'avaient pas rassemblé sur ce point important toutes les forces dont ils auraient pu disposer. Avant d'apprendre l'entrée des Anglais dans le Yang-tse-kiang, c'était surtout à Tien-tsin et à Pe-king que le gouvernement avait multiplié les moyens de défense; il y avait cependant à Chin-kiang-fou une armée chinoise campée sur les hauteurs et une garnison tartare enfermée dans la ville. Les Chinois ne tinrent pas un instant contre la division anglaise qui fut chargée d'enlever les positions qu'ils occupaient. Cette colonne n'essuya qu'une décharge impuissante; mais l'ardeur du soleil foudroya plusieurs hommes dans les rangs. A l'attaque de la ville, on éprouva une résistance plus sérieuse; les Tartares disputèrent le terrain aux Anglais avec un admirable courage. Chassés des remparts, ils se précipitèrent dans leurs maisons pour y égorger leurs femmes et leurs enfants, et marchèrent de nouveau à l'ennemi. Les régiments anglais, se croyant maîtres de la ville, s'avançaient sans défiance entre les remparts et quelques jardins coupés de haies vives. Les Tartares débouchèrent subitement sur le flanc de cette colonne; leur première décharge tua ou blessa plusieurs hommes. Les Anglais reprirent bientôt l'offensive et ne firent aucun quartier aux ennemis qu'ils purent atteindre; la prise de Chin-kiang-fou leur avait coûté cent quatre-vingt-cinq hommes, tués ou blessés.

Le soleil du 22 juillet 1842 éclaira en se levant une scène de désolation. Dans les maisons en ruines, dans les rues de Chin-kiang-fou, on ne rencontrait que des cadavres. Les Tartares qui n'avaient pas péri les armes à la main s'étaient suicidés; leur général s'était brûlé dans sa maison. Les soldats anglais, les régiments de cipayes surtout, avaient commis les plus affreux excès et prouvé que la féroce énergie des Tartares n'avait été que prévoyante. En immolant leurs femmes, ces malheureux leur avaient épargné du moins la flétrissure et le déshonneur. Le sac de Chin-kiang-fou est le plus terrible épisode de cette guerre; il a imprimé une tache au nom anglais. Aucune description ne saurait donner une idée de ce qu'était cette ville après quelques jours d'occupation. Les rues étaient désertes, l'air empoisonné par des cadavres dont des bandes de chiens maigres et affamés se disputaient les lambeaux. Les officiers faisaient d'impuissants efforts pour arrêter le pillage et la dévastation. Pas une maison n'avait été épargnée. Les portes étaient enfoncées, les fenêtres brisées, les murs éventrés; les toits même avaient dispau. Dans l'intérieur de ces demeures désolées, une masse confuse de vêtements, d'armes, de meubles souillés, foulés aux pieds, jonchait le sol; c'était la plus complète image de la guerre telle que les barbares la faisaient autrefois. La petite ville de Kwa-tchou, située sur la rive opposée du Yang-tse-kiang, offrit pour sa rançon trois millions de francs, et obtint à ce prix d'être exemptée d'une occupation désastreuse. On se contenta de mouiller une frégate à l'ouverture de la branche septentrionale du grand canal, et la séparation des deux parties de l'empire fut accomplie.

La terreur désormais régnait à Pe-king; le parti de la paix l'avait définitivement emporté. On se sentait impuissant à combattre ces vaisseaux qui, suivant les rapports des mandarins, s'élevaient du sein de l'Océan comme des montagnes et défiaient toutes les foudres de la Chine. Niu-kien, général tartare, Eli-po, vieillard octogénaire, Ki-ing, membre de la famille impériale, accouraient munis de pleins pouvoirs pour traiter avec les barbares et accéder à leurs propositions. Déjà cependant les quarante milles qui séparent Chin-kiang-fou de Nan-king avaient été franchis par la flotte anglaise, et les couleurs britanniques flottaient sur les murs de l'antique capitale de la Chine, de la résidence favorite de ses plus glorieuses dynasties. Les vaisseaux étaient embossés devant les remparts, les troupes débarquées, un des angles de la ville désigné pour l'assaut, quand sir Henry Pottinger donna l'ordre de suspendre les hostilités. Le 29 août 1842, le traité de Nan-king fut signé à bord du vaisseau *le Cornwallis*.

Par ce traité, le gouvernement chinois s'engageait à payer dans l'espace de trois ans une contribution de guerre d'environ cent vingt millions de francs, à ouvrir au commerce les ports de Canton, Amoy, Fou-tchou-fou, Ning-po et Chang-haï, à céder enfin aux Anglais l'île de Hong-kong, qu'ils occupaient déjà. De son côté, le gouvernement britannique promettait de restituer l'île de Chou-san et celle de Ko-long-seu, dans la rade d'Amoy, dès que l'entier payement de la contribution stipulée aurait eu lieu. Le 20 septembre, vaisseaux, navires à voiles et navires à vapeur, bâtiments de guerre et bâtiments de transport, tout avait appareillé. La flotte redescendait le Yang-tse-kiang; cette terrible apparition, qui avait semé l'effroi sur sa route, semblait s'évanouir comme s'évanouissent les fantômes évoqués par un rêve; les murs noircis de Chin-kiang-fou gardaient seuls les traces du sanglant passage des barbares. Les populations rendues à leurs travaux oublièrent bientôt ce funèbre souvenir. Dans les autres parties de l'empire, la retraite des étrangers fut célébrée comme une victoire. Les levées appelées des bords du fleuve et du lac Po-yang, les soldats venus du Kiang-si, du Hou-pé, du Hou-nan, reprirent sur les barques le chemin de leurs provinces. Ces vaillantes troupes, qui n'avaient pas vu l'ennemi, n'en revenaient pas moins triomphantes. Chaque détachement avait sa bannière arborée à l'un des mâts de la jonque, et les chants dont ces guerriers faisaient retentir les rives étonnées du Yang-tse-kiang commençaient par ces mots : « Ce drapeau déployé, les ennemis ont pris la fuite! » L'impression produite par cette guerre ne fut donc point aussi durable qu'on eût pu le penser. Tant de défaites réitérées n'humilièrent les armes de l'empereur qu'aux yeux des populations sur lesquelles avaient directement pesé les faciles succès des barbares. La plupart des Chinois ne virent dans l'expédition anglaise que le triomphe passager d'une bande de rebelles, qu'une incursion de pirates sur quelques points désarmés du territoire. Sous les murs de Canton, les Anglais avaient semblé battre en retraite; ils se retiraient encore sans tenter d'entrer dans Nan-king. Ces deux circonstances contribuèrent à sauver pour quelque temps la puissance morale des Tartares.

Les Anglais n'abusèrent point de leur victoire; ils pouvaient tout exiger, une sage politique leur conseilla la modération. Ils ne poursuivaient point en Chine le but qu'ils avaient atteint dans l'Inde; ils ne voulaient pas occuper une portion du Céleste Empire, mais verser jusqu'au fond de ses provinces leurs tissus de coton et de laine. Ils ne demandaient que l'extension et la sécurité du commerce; il fallait donc se montrer facile sur les autres conditions, et n'imposer au gouvernement chinois que des engagements qu'il ne fût pas tenté de rompre. Le grand point, en effet, était non pas d'obtenir un traité avantageux, mais d'amener les mandarins à ne plus avoir la volonté de l'éluder. Pendant quelques années, on put croire que ce résultat était acquis. Les difficultés qui survinrent entre les deux pays semblèrent naître bien moins de la mauvaise foi des autorités chinoises que du défaut de discipline qui paralysait leur action sur certaines parties turbulentes du territoire. La conservation momentanée de Chou-san, ce gage que l'empereur avait hâte de retirer des mains des barbares, contribuait à rendre les négociations plus faciles et le vice-roi de Canton plus conciliant; mais quand Chou-san eut été évacué, il fallut répondre aux lenteurs étudiées de la diplomatie chinoise par des menaces ou des démonstrations. Il fallut affecter d'être prêt à recommencer la guerre, tout en ayant la ferme intention de ne la point entreprendre. C'est ainsi qu'on a vu, depuis le traité de Nan-king, les Anglais perdre insensiblement le prestige qu'ils avaient gagné par leurs victoires, reculer sans cesse dans leurs prétentions, opposer à la ruse une patience exemplaire, et ne point oser, malgré la conscience de leur force, affronter la responsabilité d'une seconde rupture. C'est à cette longanimité même que nous serions tenté de reconnaître la profondeur de leurs desseins. S'ils n'ont point osé reprendre les armes, quand le soin de leurs intérêts semblait les y inviter, c'est qu'ils ont compris qu'une nouvelle guerre, avec toutes ses conséquences si funestes à leur commerce, doit avoir un but plus considérable qu'un nouveau traité de Nan-king qui pourrait être aussitôt violé que conquis.

CHAPITRE V.

Les missions catholiques dans l'extrême Orient. — La marine française dans les mers de Chine.

Tandis que l'Angleterre assurait si laborieusement sa prépondérance commerciale en Chine, que faisait la France pour fonder son influence morale dans ces contrées lointaines? Les intérêts qu'elle avait à y protéger ne le cédaient point par l'ancienneté de l'origine aux intérêts commerciaux. Du jour où l'Europe moderne, se frayant une route inconnue à l'ancien monde, put entrer en communication avec le Céleste Empire, la vieille civilisation de la Chine se trouva en présence des deux forces qui la sollicitent encore aujourd'hui : les ports de l'extrême Orient virent apparaître à la fois le commerce européen et la religion chrétienne, les marchands portugais et les missionnaires catholiques.

On sait avec quelle rapidité grandit et s'écroula l'Église fondée au Japon par l'apôtre des Indes. Vers la même époque, les successeurs de saint François-Xavier annonçaient l'Évangile à la Chine, et pénétraient dans le palais des empereurs. Les membres de la compagnie de Jésus présidèrent le *tribunal des mathématiques*, et portèrent la robe des mandarins. La bienveillance du souverain favorisa les progrès de cette illustre mission, et la naissante Église s'assit sur le terrain mouvant de la faveur impériale. Il fallait user de ménagements envers la religion politique de l'empire, lutter avec les envieux que suscitait la faveur du prince, subir le contre-coup des révolutions de palais, résister aux rivalités des autres ordres qui essayaient de porter à leur tour les lumières de la foi dans le Tong-king, dans les provinces du Fo-kien, du Che-kiang et du Kouang-toung. Ce premier édifice, ébranlé par des dissensions intestines, s'abîma sous les coups de la persécution. Les missionnaires le relevèrent; mais cette fois ils ne comptèrent point, pour l'affermir, sur l'appui du bras séculier. Ils cherchèrent ailleurs qu'à la cour des auxiliaires et des prosélytes. L'œuvre de l'Évangile s'accomplit en Chine comme aux temps de la primitive Église. Ce fut aux pauvres gens des campagnes, aux pêcheurs, qui n'avaient d'autre demeure que l'Océan ou les bords des fleuves, que ces hommes dévoués allèrent révéler les espérances d'une autre vie. Les conversions ne se comptèrent plus par milliers, mais les convertis résistèrent aux tortures et à la mort. Les néophytes chinois eurent la foi des anciens jours. Ce troupeau d'élite s'accrut lentement, au fond des provinces les plus reculées de l'empire, dans le Su-tchuen, dans le Hou-kouang, sur les confins de la Tartarie. L'Europe lui vint en aide; une association pour la propagation de la foi prit naissance en 1820 dans la ville de Lyon, et établit sa direction centrale à Paris. Les souscriptions arrivèrent bientôt de toutes les contrées catholiques. Sans atteindre les recettes fabuleuses des sociétés protestantes, la nouvelle association vit son avenir assuré. Près de cinq cent mille francs furent affectés par le conseil central à l'entretien des missions répandues sur le vaste territoire de la Chine et de la Tartarie, dans la Cochinchine et dans le Tong-king, dans le royaume de Siam et dans la presqu'île de Malacca, des montagnes du Thibet aux frontières de l'Inde anglaise.

En Chine, cinq ordres religieux s'étaient partagé et se partagent encore les travaux de l'apostolat : les franciscains, les dominicains, les jésuites, les lazaristes et les prêtres des Missions étrangères. Quatre-vingts missionnaires et cent trente prêtres indigènes parcouraient dix diocèses, dont le moindre était plus étendu que la France. Chaque diocèse était administré par un vicaire apostolique, évêque *in partibus*, assisté quelquefois d'un évêque coadjuteur. Au conseil de la Propagande, dont les membres résidaient à Rome et étaient nommés par le Saint-Siége, appartenait la direction générale des missions; aux divers ordres religieux, la disposition des ressources qu'ils devaient à la piété des fidèles. Les missionnaires portugais avaient conservé la province du Kouang-toung; les Espagnols avaient le Fo-kien, ravagé en 1837 par la persécution; les Italiens occupaient le rude territoire du Chan-tong et du Chan-si, le Hou-kouang, souvent désolé par la famine, le Kiang-nan, province riche, pacifique et pleine d'avenir. C'est dans le Kiang-nan qu'acceptant la juridiction d'un prélat italien, les pères de la compagnie de Jésus étaient venus réclamer les débris de leur héritage. Depuis la destruction de cette célèbre société, les enfants de saint Vincent de Paul avaient succédé aux jésuites dans le diocèse de Pe-king. Ils donnaient des évêques au Ho-nan, au Che-kiang, au Kiang-si. L'établissement des Missions étrangères, fondé en 1663, sous le règne de Louis XIV, illustré par de nombreux martyrs et l'éclat non interrompu de ses longs services, supportait seul le fardeau de quatre vicariats apostoliques : le Su-tchuen, livré aux angoisses de la misère et de la faim; le Yun-nan, malsain et marécageux; le Kouei-tcheou, où l'Évangile pénétrait pour la première fois; le Leau-tong, au climat de fer. Dans le royaume annamite, une décision pontificale avait partagé le Tong-king en deux vicariats, l'un à l'orient, l'autre à l'occident. Le premier, qui confine à la Chine, était entre les mains des dominicains espagnols; le second, ainsi que le vicariat de la Cochinchine et du Camboge, avec le vicariat tout récent de la Corée, était confié à la société qu'on était sûr de trouver au premier rang dans cette œuvre d'abnégation, à la société française des Missions étrangères.

Outre le clergé indigène, les missionnaires avaient encore de précieux auxiliaires dans les catéchistes chinois. De ces catéchistes, les uns, astreints au célibat, accompagnaient les prêtres européens dans le cours de leurs visites, ou parcouraient eux-mêmes les districts éloignés pour administrer le sacrement du baptême, présider aux funérailles, découvrir ou réformer les abus; les autres étaient généralement des pères de famille choisis parmi les chrétiens les plus instruits. Le missionnaire les chargeait d'entretenir les nouveaux fidèles dans leur foi par des lectures pieuses et des exhortations familières. On comptait trois cent mille chrétiens environ dans l'empire chinois, trois cent quarante mille dans les deux vicariats du Tong-king, quatre-vingt mille dans celui de la Cochinchine, quelques milliers à peine en Corée. C'était une bien faible partie de l'immense population qu'on voulait convertir; mais, il faut le répéter, la plupart de ces fidèles étaient des chrétiens comme l'Europe n'en connaît plus guère. Ils avaient confessé la foi par l'exil, par la torture, ou tout au moins par la pauvreté volontaire. Les uns avaient gémi pendant des années entières au fond de l'Asie centrale, sur les confins du Turkestan et de la Sibérie; d'autres, agenouillés dans le prétoire, avaient bravé le bâton des bourreaux; d'autres avaient fui dans les montagnes, abandonnant aux satellites tout ce qu'ils possédaient. Il avait donc fallu obtenir de cette race craintive qu'elle osât braver les édits sans cesse renouvelés des mandarins; il avait fallu apprendre à ces natures cupides l'horreur de l'usure; il avait fallu renverser le respect des traditions, abolir les coutumes les plus chères à ce peuple et en apparence les plus saintes, l'éloigner des tombeaux de ses pères, comprimer ses instincts invétérés et exalter son attachement aux nouvelles croyances jusqu'au courage et au dévouement du martyre. Pour faire des chrétiens de ces hommes, il avait fallu les transformer.

Comment les missionnaires avaient-ils opéré ce prodige? Par l'exemple de leur propre vie et l'exemple de leur propre foi. Ils n'avaient point offert à ces pauvres gens les dogmes du christianisme comme une théorie ou un système, mais comme une histoire qu'ils tenaient eux-mêmes pour avérée, et ce témoignage, ils s'étaient montrés prêts à le sceller de leur sang. Ils ne se donnaient point pour des hommes à miracles, mais leur constance et leur résignation étaient un miracle renouvelé chaque jour aux yeux de ces néophytes qui n'avaient jamais rien rêvé de semblable. En moins de trente ans, le vicariat du Hou-kouang fut arrosé du sang de trois prêtres européens, un franciscain et deux lazaristes français, MM. Clet et Perboyre; dans la seule année 1838, la persécution immola en Cochinchine vingt-trois martyrs : trois évêques, deux missionnaires, neuf prêtres indigènes, cinq catéchistes et quatre fidèles. Tout servait de prétexte à la haine des persécuteurs. Ils affectaient de confondre les chrétiens, au Tong-king et dans le Camboge, avec les rebelles; en Chine, avec la secte des Pe-lien-kiao, qui avait jadis renversé la dynastie mongole, et qui, grossie de tous les vagabonds de l'empire, conspirait encore la ruine de la dynastie régnante. On accusait ces hommes doux et inoffensifs des pratiques les plus révoltantes, de bâtir des maisons pour y séduire les femmes, d'arracher les yeux aux malades, de recevoir des mains du prêtre un pain confectionné avec des ingrédients mystérieux. La prière en commun, les onctions faites sur les yeux des mourants, le sacrement de l'eucharistie, avaient donné naissance à ces fables ridicules, qui puisaient un certain crédit dans l'extrême ignorance des masses et dans l'aveugle aversion du peuple pour les étrangers.

Ce fut au milieu de ces épreuves si cruelles pour les missions catholiques que la guerre vint à éclater entre l'Angleterre et la Chine. La France ne vit d'abord dans l'ouverture des hostilités qu'une raison d'exercer une surveillance plus active sur les projets d'agrandissement d'une puissance rivale. Quand elle s'aperçut que l'intégrité de l'empire chinois n'était pas menacée, quand elle dut renoncer à lutter contre la prépondérance commerciale de l'Angleterre et des États-Unis, elle crut un instant que son rôle était terminé. Ce rôle venait au contraire de s'ouvrir. La pente naturelle de notre politique, quel que soit le gouvernement qui la dirige, a toujours été de prendre parti pour les opprimés. Il y avait en Chine des victimes et des bourreaux; il y avait là aussi des compatriotes qui faisaient honorer le nom de notre pays, des prêtres qui avaient mérité l'admiration du monde chrétien. Notre conduite pouvait être prévue d'avance : au moment où le drapeau tricolore semblait devoir se retirer de ces mers, rebuté par la stérilité de nos relations commerciales, une politique plus prévoyante l'y retenait, en l'appelant à couvrir la cause de la civilisation et de la liberté religieuse.

Ce fut à la corvette française *la Danaïde*, commandée

par M. Joseph de Rosamel, qu'appartint l'honneur de montrer notre pavillon sur les côtes de la Chine à l'époque même où l'escadre anglaise venait chercher à Canton le traité qu'elle croyait avoir conquis dans le golfe de Pe-tche-ly. M. de Rosamel était appelé à se mouvoir au milieu de circonstances d'autant plus difficiles qu'elles étaient imprévues, et soulevaient à chaque pas les questions les plus délicates de droit international. La loyale fermeté de cet officier fut appréciée par le plénipotentiaire anglais, et M. de Rosamel put assister à l'entrevue qui eut lieu dans la rivière de Canton, au mois de mai 1841, entre le commissaire impérial et le capitaine Elliott. A la vue de ce jeune capitaine, que les Anglais entouraient de tant d'égards, Ki-chan parut comprendre le rôle qui, dans ces conjonctures, pouvait être dévolu à la France; mais déjà le parti violent l'avait emporté à Pe-king : Ki-chan avait été rappelé et dégradé; le capitaine Elliott lui-même était désapprouvé; toute médiation était devenue impossible. Une nouvelle campagne ne tarda pas à s'ouvrir. M. de Rosamel suivit à Chou-san l'escadre anglaise, et ne voulut quitter les mers de Chine qu'en apprenant l'arrivée de la frégate *l'Érigone* à Manille.

Nul n'était mieux préparé que le commandant de *l'Érigone*, M. le capitaine de vaisseau Cécille, pour le double rôle que les circonstances allaient imposer au représentant de la France dans ces parages. Il fallait se montrer à la fois marin entreprenant et négociateur habile. La guerre, un instant suspendue, allait recommencer avec plus d'activité que jamais. Arrivé à Macao, M. Cécille sut attirer vers lui les regards des autorités chinoises éperdues, et donner de sages conseils sans sortir de la plus stricte neutralité. En cachant la vérité à l'empereur, les mandarins s'exposaient à perdre l'empire. Le péril si pressant leur avait ouvert les yeux, il ne fut point difficile de les convaincre de l'impuissance de la Chine, de la nécessité de traiter avant que de nouveaux triomphes eussent rendu les Anglais plus exigeants ; mais ce qui n'était donné à aucune éloquence, c'était d'inspirer à ces fonctionnaires un courage inconnu dans des cours serviles : braver le courroux du souverain pour l'éclairer sur les dangers que courait son trône était une perspective que nul d'entre eux n'osait envisager. Les destinées de la Chine purent donc s'accomplir. Les Anglais remontèrent le Yang-tse-kiang ; le point vulnérable de l'empire fut découvert, et l'on sut désormais où devaient porter les coups pour qu'on les sentît à Pe-king. Accueilli avec une distinction toute particulière par l'amiral sir William Parker, qui aimait jusque dans l'officier d'une marine rivale l'homme de mer habile et résolu, le commandant Cécille put suivre, avec sa frégate, l'escadre anglaise à Wossung. Invité à assister à la conclusion du traité qui fut signé à bord du *Cornwallis*, il remonta sur une jonque à Nan-king, et fut présenté par l'amiral anglais aux commissaires impériaux.

Peu de jours après la signature de ce traité, une corvette française venait jeter l'ancre au milieu de la flotte britannique. C'était *la Favorite*, commandée par M. Page. A l'honneur de notre marine, cet officier avait entrepris de réaliser seul, sans autre secours que quelques instructions vagues et un grossier croquis de la carte du capitaine Béthune, ce que l'escadre anglaise, avec toutes ses ressources, n'avait point exécuté sans péril. Le capitaine Page ne se laissa détourner de son dessein ni par les difficultés qu'il rencontra sur sa route, ni par les sérieux dangers auxquels fut exposée *la Favorite*. Il réussit, et les Anglais apprirent une fois de plus qu'ils n'avaient point seuls dans les entreprises maritimes le privilége de l'audace et de la constance.

Le traité de Nan-king ne stipulait que les principales conditions de la paix. Ce fut à Canton, par une convention débattue entre les commissaires de l'empereur et sir Henry Pottinger, que furent déterminés les nouveaux tarifs de douane et les règlements de commerce. La taxe la plus considérable, celle que prélevait sur les navires européens la cupidité des autorités de Canton, le *kam-sha*, qui s'élevait à plus de 12 000 francs par navire, fut définitivement abolie. On ne maintint que les droits impériaux et le droit de navigation, fixé à 3 francs 75 centimes par tonneau. Les objets importés et exportés furent soumis à une taxe modérée qui ne dépassa pas 5 ou 10 pour 100 de la valeur conventionnelle attribuée à ces marchandises. Jamais conditions plus libérales n'avaient été faites en aucun pays au commerce étranger ; il importait de mettre la France en mesure d'en profiter. Le commandant de *l'Érigone* se hâta de revenir à Macao. Les Anglais se montraient disposés à n'exiger aucun avantage exclusif ; ils avaient même fait insérer dans leur traité commercial un article qui étendait aux autres nations les stipulations obtenues en faveur du commerce britannique ; mais il ne pouvait nous convenir d'accepter un semblable état de choses et de n'être admis sur les marchés de la Chine qu'en vertu de cet acte de dédaigneuse munificence. M. Cécille et plus tard M. de Ratti-Menton, nommé consul de France à Canton, s'empressèrent tous deux de réclamer pour les négociants français une complète participation aux priviléges dont jouiraient les sujets des autres puissances dans le Céleste Empire. Le 10 septembre 1843, les droits de la France furent solennellement reconnus et consignés dans une communication officielle adressée par

Ki-ing et Ki-kong à M. Guizot, alors ministre des affaires étrangères. Une mission diplomatique confiée à M. de Lagrené vint bientôt convertir en un traité solennel cette convention provisoire.

Le traité conclu à Wam-poa le 24 octobre 1844 ne pouvait être, comme celui que venait d'obtenir quelques mois auparavant le plénipotentiaire américain, que la reproduction du traité anglais. Sur le terrain commercial, le principe d'égalité établi par les Chinois écartait avec habileté toute prétention nouvelle ; mais on pouvait porter sur un terrain moins ingrat l'immense influence qu'assurait au plénipotentiaire français l'éclat d'une mission appuyée par des forces imposantes. Ce fut alors que quelques personnes songèrent à obtenir la révocation des édits promulgués contre les chrétiens. Cette démarche n'avait pas été prévue dans les instructions données à M. de Lagréné ; elle était digne de la France et des hommes qui la représentaient dans ces mers lointaines ; elle honore également ceux qui en conçurent la pensée et ceux dont l'habileté en assura le succès. L'empereur Tao-kouang avait ouvert son règne par de nouveaux édits de proscription contre la religion chrétienne : il fallait l'amener à les déchirer à la face de l'empire. Avant la guerre, il ne se fût point trouvé un mandarin pour lui conseiller une pareille mesure ; mais la voix des étrangers était devenue toute-puissante, et leur influence opérait des miracles. Le vice-roi du Kouang-tong et du Kouang-si, Ki-ing, chargé de traiter avec les négociateurs européens, accueillit avec un empressement inattendu les premières ouvertures de M. de Lagrené. Dans la convention qui devait intervenir entre les deux puissances, on ne s'écarta point des bases admises par les Anglais et les Américains. Le traité de Nan-king n'avait ouvert aux Européens que cinq ports ;

les étrangers demeuraient exclus du reste de l'empire, et les missionnaires ne furent point exceptés de cette interdiction générale. Les Anglais cependant avaient exigé que tout étranger saisi dans l'intérieur du pays ne fût justiciable que du consul de sa nation. Cette cause était applicable aux missionnaires et les mettait à l'abri d'arrêts sanguinaires ; mais c'était là, aux yeux de ces hommes intrépides, une conquête sans importance ; quelques-uns d'entre eux n'acceptaient même qu'à regret ce gage de sécurité qui les menaçait de la concurrence des sectes protestantes. Ce que tous demandaient comme un bienfait inappréciable, c'était la liberté pour les sujets de l'empire d'embrasser la foi catholique et d'en professer ouvertement le culte extérieur. On ne pouvait faire de cette tolérance religieuse un article du traité qui allait engager les deux nations; on pouvait la solliciter comme une faveur. La France ne jeta point son épée dans la balance ; elle réclama les droits de l'humanité avec le langage modéré qui convenait à la cause qu'elle s'était chargée de défendre ; elle suivit avec persévérance des négociations pacifiques, et vit ses efforts couronnés d'un plein succès. Trois édits impériaux furent accordés aux sollicitations de notre ambassadeur : le premier permettait à tous les Chinois d'embrasser la religion chrétienne ; le second donna pour marque distinctive du christianisme le culte de la croix et des images ; le troisième prescrivit la restitution des églises bâties depuis le règne de l'empereur Kang-hi, de celles du moins qui n'auraient point été converties en pagodes ou en édifices d'utilité publique. Un cri de joie parti du sein de l'Église de Chine, depuis si longtemps opprimée, salua dans l'apparition de ces édits la promesse d'un meilleur avenir. Une ère nouvelle s'ouvrait pour les missions, et notre marine, appelée à défendre l'œuvre de notre diplomatie, devait bientôt, par la force même des choses, chercher à en développer les conséquences.

On était fondé à espérer que les états tributaires de la Chine suivraient cet empire dans la voie des concessions religieuses. Si la cour de Pe-king eût obéi à une autre impulsion que celle de la crainte, s'il se fût opéré un renversement complet de la politique impériale, l'exemple de l'empereur eût entraîné sans doute le souverain du royaume annamite et celui de la Corée : la contagion eût peut-être gagné le Japon ; mais, dans l'édit de tolérance accordé aux chrétiens chinois, on ne vit, hors de l'empire comme au sein de l'empire même, que le résultat des obsessions étrangères, qu'une nouvelle humiliation imposée au Fils du Ciel. On ne songea donc qu'à se mieux garder contre cette intervention importune de l'Occident. L'amiral Cécille ne se laissa point décourager par les dispositions ouvertement hostiles des États tributaires de la Chine, et n'en épia qu'avec plus de soin l'occasion de faire pénétrer la clémence jusqu'au sein de ces monarchies barbares. Au mois de février 1843, il avait appris que cinq missionnaires français condamnés à mort étaient détenus dans les cachots du Hué-fou, capitale et siége du gouvernement annamite. Il se préparait à se rendre à Tourane, quand la corvette *l'Héroïne* arriva sur la rade de Macao. Ce bâtiment devait, en retournant à Bourbon, visiter plusieurs ports placés sur sa route, Tourane en particulier. Le capitaine Favin-Levêque reçut tous les renseignements qui pouvaient faciliter la délivrance des prisonniers. Fier d'avoir à remplir une si belle mission, cet officier en assura le succès par la fermeté de ses demandes et la modération de sa conduite. Les mandarins comprirent qu'ils avaient devant eux un homme inébranlable que toutes leurs lenteurs ne parviendraient pas à lasser, et dont ils ne se débarrasseraient qu'en se décidant à le satisfaire. MM. Berneux, Charrier, Galy, Miche et Duclos furent remis au commandant de *l'Héroïne*. En Cochinchine, ce furent les premières victimes arrachées aux bourreaux. Deux années après cette heureuse expédition, Mgr Lefebvre, évêque d'Isauropolis, fut arrêté à son tour par les autorités cochinchinoises. Le capitaine de la corvette *l'Alcmène*, M. Fornier-Duplan, chargé par l'amiral d'une lettre pour le roi Thieu-tri, se rendit à Tourane, et, après une assez longue négociation, obtint la liberté du vicaire apostolique de la Cochinchine. Ce double service rendu par notre marine aux missions catholiques eut un salutaire effet. On cessa de rechercher si activement les prêtres européens, quand on eut reconnu que leur arrestation ne manquait jamais d'attirer sur les côtes du royaume annamite ce qu'on voulait éloigner avant tout, les navires de guerre étrangers.

La mission de Corée ne méritait pas moins d'intérêt que celle de Cochinchine. Depuis un demi-siècle, il y avait des chrétiens en Corée. L'Évangile y avait été apporté par un prêtre chinois venu de Pe-king ; en 1801, le gouvernement fut averti de la présence d'un étranger dans le royaume, et la persécution dispersa les membres épouvantés de cette chrétienté naissante. Ce fut vers 1834 que la Propagande confia aux Missions étrangères le soin de développer les germes de foi déposés par ce prêtre-martyr. La Corée fut érigée en vicariat apostolique. Le premier évêque, Mgr Bruguière, n'atteignit la frontière de son diocèse qu'après des prodiges de persévérance. Il mourut sans avoir pu y pénétrer. Deux missionnaires, MM. Maubant et Chastan, et un nouvel évêque, Mgr Imbert, furent plus heureux. Ils franchirent sur la glace le Ya-lo-kiang, le fleuve du Canard-Vert, qui se jette sur les confins du Leau-tong dans la mer Jaune, et arrivèrent jusqu'à Seoul, capitale de la Corée. De nombreuses conversions récompensaient déjà leur courage, quand les progrès de la secte proscrite furent dénoncés à la cour. Dans une seule séance, quarante chrétiens furent condamnés à mort; un système de visites domiciliaires, qui rendait cinq familles responsables pour un seul individu, fut organisé dans les huit provinces. On voulait à tout prix découvrir les trois Européens qu'on savait cachés dans le pays. Les missionnaires pensèrent que le moment était venu de sacrifier les pasteurs pour sauver le troupeau : ils se livrèrent aux satellites, qui avaient perdu leurs traces, et furent mis à mort le 21 septembre 1839.

Ce ne fut qu'à la fin de 1842 que ces désastreuses nouvelles arrivèrent en Chine. Un nouvel évêque fut nommé par le Saint-Siége : ce fut Mgr Ferréol. Ce prélat parvint jusqu'à la frontière ; mais les guides chrétiens venus à sa rencontre refusèrent de l'introduire en Corée. Depuis la dernière persécution, la surveillance des autorités était devenue plus active. Des postes de soldats échelonnés de distance en distance gardaient toutes les issues. Un jeune diacre coréen, élevé dans le séminaire de Macao, où il avait été envoyé par les premiers missionnaires, André Kim, fut plus heureux que l'évêque : il parvint à se glisser en Corée entre les nombreux postes de la frontière et à pénétrer dans la capitale. Ce chrétien intrépide résolut alors d'aller chercher Mgr Ferréol à Chang-haï et de l'amener par mer sur les côtes de la péninsule, que les autorités coréennes croyaient suffisamment gardées par l'absence de toutes relations maritimes entre la Corée et la Chine. Plein d'ardeur et d'espoir, il réunit quelques néophytes, gagna la côte, se jeta avec ses compagnons dans une mauvaise barque, et, capitaine improvisé, se lança en haute mer, cherchant à l'aide d'une méchante boussole les rivages du Céleste Empire. Tout devait être aquilon pour le frêle esquif. Un coup de vent le surprit au milieu de la mer Jaune ; le gouvernail fut brisé : les Coréens se croyaient perdus : André seul avait conservé toute sa confiance. Ces nouveaux Argonautes rencontrèrent heureusement, au milieu de ce pressant péril, une jonque chinoise qui se chargea, moyennant la promesse d'une assez forte somme, de prendre leur bateau à la remorque et de le conduire jusqu'à Chang-haï. Quelques jours plus tard, Mgr Ferréol élevait au sacerdoce le courageux diacre, et montait avec un autre missionnaire, M. Daveluy, sur la barque qui venait d'accomplir ce miraculeux voyage. A la fin de 1845, le prélat et ses compagnons entraient furtivement dans Seoul, où la piété des chrétiens coréens leur avait préparé un asile.

A côté de la Corée, les îles Lou-tchou devaient, comme une dépendance de l'empire japonais, attirer l'attention de la Propagande. La corvette *l'Alcmène* avait, au mois d'avril 1834, porté dans ces îles un missionnaire catholique, M. Forcade. Les communications constantes que les Lou-tchou entretiennent par Nafa avec le Japon semblaient un moyen indirect d'entrer en relation avec cet empire. L'amiral Cécille eût voulu trouver à Nafa un port d'entrepôt pour le commerce avec le Japon, le Saint-Siége un point de départ pour une mission autrefois florissante et qu'il tenait à honneur de rétablir. Le missionnaire porté aux îles Lou-tchou par *l'Alcmène* venait d'être nommé évêque de Samos et vicaire apostolique du Japon. La police se fait trop bien dans l'empire japonais pour qu'on y puisse tenter ces introductions clandestines qui ont réussi en Corée et en Cochinchine. Les premiers pas du missionnaire sur ces côtes interdites l'auraient conduit infailiblement à un martyre stérile. Néanmoins, si l'on parvenait à se créer quelques relations dans le pays, si l'on se procurait des guides japonais, comme on avait eu des guides chinois et coréens, il était certain que du sein des missions s'élanceraient à l'instant des hommes pour lesquels ces menaces de mort ne seraient qu'une séduction de plus. Ce sont ces relations, ce sont ces guides que M. Forcade était venu chercher à Nafa, quand l'amiral avait envoyé *l'Alcmène* aux îles Lou-tchou pour y sonder le terrain des intérêts commerciaux ; mais l'amiral et le missionnaire devaient voir leur espoir également déçu. Le gouvernement du Japon ne voulait point autoriser de rapports, si indirects qu'ils pussent être, entre ses sujets et d'autres Européens que ceux qu'il admettait une fois l'an à Nangasaki. M. Forcade n'en parvint pas moins à exploiter la curiosité des gardes chargés de le surveiller. Au bout de six mois, il parlait avec facilité la langue du pays. Ce fut l'unique succès qu'il pût obtenir : le gouvernement oukinien, sans le persécuter, avait très-habilement fait le vide autour de lui. Dès que le missionnaire sortait de la *bonzerie* qui lui avait été assignée pour demeure, ses gardes le suivaient, faisaient fermer les portes et éloigner les curieux. Ce n'était point à ces natures molles et pusillanimes qu'on pouvait faire accepter les vérités du christianisme.

Si la Chine se montrait momentanément bienveillante, l'empire annamite, la Corée, les îles Lou-tchou, moins accessibles, provoquaient, on le voit, de nouveaux efforts et devaient entretenir l'activité de notre marine. L'amiral Cécille, parti de Macao dans les premiers mois de 1845, se rendit d'abord aux îles Lou-tchou et mouilla dans le port d'Ounting. Mgr Forcade, qui devait être sacré à Manille, fut reçu à bord de *la Cléopâtre*, et deux nouveaux missionnaires, MM. Leturdu et Adnet, occupèrent sa place à Nafa. La division se dirigea, en quittant Oun-king, vers les côtes du Japon. Le port de Nangasaki, les îles de la Corée, virent successivement apparaître le pavillon français. L'amiral eut besoin, pendant cette croisière, de toute son expérience pour guider ses navires à travers les mille dangers de la route, de toute sa modération pour ne point user des forces imposantes qu'il tenait dans sa main. Il pensa que, s'il fallait respecter les barrières que ces peuples ombrageux ont élevées entre eux et le reste du genre humain, il n'était point inutile de déployer quelquefois sous leurs yeux l'appareil de notre puissance. Nos baleiniers vont exercer leur périlleuse industrie jusque dans ces mers lointaines ; nos missionnaires vont y porter les lumières de la foi : oserait-on regretter la pression morale qui peut leur rendre ces côtes moins inhospitalières ? Cette campagne ne fut point, du reste, sans fruit pour la science. *La Sabine*, commandée par M. Guérin, marin consommé et manœuvrier intrépide, avait reçu à son bord trois ingénieurs hydrographes, MM. Delaroche-Poncié, Estignard et Delbalat. Ces ingénieurs levèrent les plans des ports de Nafa et d'Ounting. Les îles semées sur la route des Lou-tchou aux côtes du Japon, de Nangasaki aux côtes de la Corée, îles pour la plupart inconnues ou mal déterminées, occupèrent enfin sur nos cartes la position que la nature leur assigna dans ces mers orageuses.

Cette expédition du nord fut la dernière campagne de l'amiral Cécille dans les mers de la Chine. Il y avait près de cinq ans que, capitaine de vaisseau et commandant de *l'Érigone*, il était arrivé pour la première fois à Macao. Pendant cette longue station, il avait vu se développer des événements d'une immense portée. Il en avait suivi et souvent pressenti le cours. Livré à ses propres inspirations, il dut prendre conseil des circonstances et assumer une responsabilité que l'absence d'un agent accrédité auprès du gouvernement chinois lui faisait un devoir d'accepter. Ce n'est que dans de rares occurrences que la marine voit ainsi s'agrandir son horizon ; mais on nous permettra de constater, du moins par cet exemple, que l'exercice du commandement, précédé des sérieuses études qu'exige le métier de la mer, n'est point une si mauvaise initiation à l'intelligence et à la pratique des affaires.

Au mois de février 1847, l'amiral Cécille transmit le commandement de la station de l'Indo-Chine à M. le capitaine de vaisseau Lapierre. Il ne pouvait remettre cette station en des mains plus loyales et plus capables. M. Lapierre venait de commander le vaisseau *le Suffren* sous les murs de Tanger et de Mogador, dans ces brillants combats dont le souvenir est si cher à la France, quand il arbora son guidon à bord de la frégate *la Gloire.* Toute la marine le connaissait pour un noble cœur et rendait justice à son caractère ferme et élevé. L'expérience n'avait point éteint chez lui l'esprit d'entreprise et la résolution. L'amiral lui léguait deux missions délicates : la première, de paraître à Tourane pour y réclamer Mgr Lefebvre, qui, rentré en Cochinchine, y avait été une seconde fois arrêté; la seconde, de se présenter sur les côtes de Corée pour essayer d'y obtenir quelques garanties en faveur de nos missionnaires. M. Lapierre se félicita de l'heureux début que lui avait réservé l'amiral. Il avait conservé sous ses ordres la corvette *la Victorieuse*, commandée par M. Rigault de Genouilly. Assuré du concours de cet officier distingué, qui, attaché depuis plus de trois ans à la station de l'Indo-Chine, en possédait toutes les traditions, le commandant de *la Gloire* ne douta point du prompt succès de ses démarches. Malheureusement les

Cochinchinois étaient aussi mobiles dans leurs dispositions que les autres peuples de l'extrême Orient. Dans ces esprits pusillanimes et cauteleux, la crainte et la fureur ont tour à tour le dessus. Pour s'épargner de nouvelles réclamations, le roi Thieu-tri avait fait relâcher Mgr Lefebvre, et ce prélat avait déjà pris sur une jonque le chemin de Singapore. Il semblait qu'à l'arrivée de *la Victorieuse*, qui avait devancé *la Gloire* dans la baie de Tourane, le gouvernement annamite dût se montrer empressé de se faire un mérite auprès des officiers français de cet acte spontané de clémence. Les mandarins repoussèrent au contraire toute tentative de communication. M. Lapierre arriva sur ces entrefaites : il éprouvait les plus vives inquiétudes sur le sort de Mgr Lefebvre, qu'il savait sous le coup d'un arrêt de mort, et dont il cherchait en vain à obtenir quelques nouvelles. Cinq corvettes de guerre cochinchinoises, toute la marine militaire du royaume, étaient à l'ancre dans le fond de la baie et se disposaient à prendre la mer. Il fallut menacer les mandarins de s'opposer au départ de ces bâtiments, pour obtenir qu'ils voulussent bien accepter une lettre et se charger de la faire parvenir à Hué-fou. Pour réponse, les conseillers du roi Thieu-tri préparèrent à nos officiers une infâme trahison. Quand on n'a point étudié de près le caractère de ces barbares, quand on n'a pas suivi les événements de ces trois années de guerre pendant lesquelles les Chinois, sans cesse battus, furent sans cesse les agresseurs, on a peine à comprendre que le gouvernement annamite ait pu passer si subitement d'un excès de terreur à un excès d'audace ; mais ces corvettes mouillées dans la baie de Tourane avaient été construites sur des modèles européens et semblaient par leur masse supérieures à *la Victorieuse :* on avait entassé sur chacune d'elles un millier de soldats, on avait rassemblé en outre des jonques dans la rivière, on en avait appelé d'autres points de la côte, et toutes ces jonques étaient chargées de troupes. On se proposait, en un mot, d'attaquer deux navires avec une armée : comment n'eût-on pas cru au succès ?

La seule chose qu'on n'eût point prévue, c'était la promptitude du commandant Lapierre à prendre une détermination vigoureuse. Dès que ce brave officier eut reconnu les préparatifs hostiles dirigés contre la division française, il fit embosser *la Gloire* et *la Victorieuse*, et ordonna aux mandarins de faire rétrograder les jonques qui manœuvraient pour mettre nos bâtiments entre deux feux. Si ces jonques entraient dans la rade, il prendrait l'initiative des hostilités ; les jonques continuèrent à s'avancer, et le 15 avril 1847, à onze heures du matin, l'action s'engagea entre nos navires et les corvettes. Le feu des Cochinchinois était vif, mais mal dirigé : les boulets français, au contraire, portaient tous. Bientôt les cinq corvettes étaient complétement réduites. Le peu de profondeur du mouillage avait forcé *la Gloire* de combattre à grande portée de canon ; *la Victorieuse*, petite corvette de 22 caronades, avait pu serrer l'ennemi de plus près. M. Lapierre voulut décerner à cette corvette l'honneur de la journée, et sut rendre un juste hommage aux excellentes dispositions prises par M. de Genouilly. On s'empressa, dès que le combat fut terminé, de mettre à terre les blessés cochinchinois qui pouvaient être débarqués sans danger ; on conserva les autres à bord de *la Gloire*, où les soins les plus empressés leur furent prodigués. La division française n'avait plus rien à faire à Tourane ; elle s'était bornée à repousser une agression insensée. Sans chercher à pousser plus loin ses avantages, M. Lapierre s'empressa de revenir à Macao. L'impression produite en

Cochinchine par cet acte de vigueur n'en fut pas moins salutaire. Partout on vantait le courage des Français pendant l'action, leur humanité après la victoire ; partout on blâmait ouvertement le roi Thieu-tri et l'on raillait sa folie[1]. Celui-ci cependant faisait élever de nouveaux forts à Tourane, construisait de nouveaux navires et lançait un édit de proscription contre les Français; mais ces mesures étaient loin de le rassurer. Sur les faux avis qu'une division française était arrivée à Singapore, il tomba malade et mourut au bout de sept jours, le 4 novembre 1847. Son second fils lui succéda sous le nom de Tu-duc (postérité vertueuse), et, malgré quelques velléités de persécution qui signalèrent les premiers jours de son règne, les chrétiens recueillirent bientôt, sous ce prince plus éclairé que son père, les fruits du combat de Tourane.

M. Lapierre avait dignement rempli à Tourane la première des deux missions que lui avait léguées l'amiral Cécille; la seconde, dont les côtes de la Corée étaient le but, présentait des difficultés de navigation toutes particulières. On n'a encore jusqu'à ce jour pu réunir sur l'hydrographie de la Corée que des données bien incomplètes. Les

[1] Voici, du reste, sur cette affaire, la version des Cochinchinois telle qu'on peut la lire dans un journal anglais imprimé à Singapore, le *Straits-Times* du 21 octobre 1848 : « Le commodore Lapierre avait reçu des mandarins l'ordre de prendre les provisions, le bois et l'eau qui lui étaient nécessaires, et de mettre sous voiles dans l'espace de trois jours. S'il s'y refusait, le roi ferait tirer sur les bâtiments français par ses navires et par ses forts. En effet, tout fut préparé pour l'attaque ; quatre jonques de guerre partirent de Hué-fou ; les forts se disposaient à les soutenir. Le commodore prit ombrage de ces mesures, et jura qu'on ne le mettrait pas à la porte avec si peu de cérémonie. *Le troisième jour, les navires du roi et les forts ouvrirent le feu sur les bâtiments français.* Les forts avaient une artillerie trop faible et tiraient de trop loin. Le commodore *répondit à l'instant*, détruisit quatre navires et tua plus de douze cents hommes. »

navires qui conduisirent lord Amherst à Pe-king en 1816, la frégate *l'Alceste* et le brick *la Lyra*, ont tracé de leur route à travers l'Archipel un croquis rapide et vague; le capitaine Basil Hall y avait joint la rélation de ce voyage. Il indiquait comme un mouillage sûr la baie qui porte son nom; c'est sur ce point que le 9 août 1847 se dirigeaient *la Gloire* et *la Victorieuse*. La corvette était à un mille en avant, sondant et signalant le fond; le vent du sud-ouest soufflait avec force, la mer était grosse; les deux navires étaient emportés par un sillage rapide, bien qu'ils eussent deux ris pris aux huniers. Tout à coup les signaux et la manœuvre de *la Victorieuse* indiquent que la route est dangereuse à tenir. On veut serrer le vent, revenir sur ses pas; mais le courant contraire et la grosse mer repoussent la frégate et la corvette. Chaque bordée les enfonce davantage dans l'impasse où elles sont engagées; elles s'échouent. C'était le moment de la haute mer et la veille de la nouvelle lune; la mer baissa ce jour-là de dix-huit pieds, le lendemain de plus de vingt et un. La corvette demeura complétement à sec; la frégate n'eut plus autour d'elle que quelques pieds d'eau. Aucun effort humain ne pouvait sauver ces deux navires, bientôt ouverts et brisés par la vague. Ce fut alors que l'on vit ce que peuvent le sang-froid et la sérénité des chefs. La division française était perdue; la chance avait tourné contre elle : il fallait remettre à d'autres temps les regrets que ce désastre pouvait inspirer. Ce qui était urgent, c'était d'assurer le salut de plus de sept cents hommes, dont l'existence dépendait des mesures qu'allaient adopter les deux capitaines. On chercha d'abord un refuge sur une des îles voisines, sur l'île Ko-koun. On s'y établit sans difficulté avec les vivres et les armes qu'on avait sauvés du naufrage, et on s'occupa immédiatement de s'y retrancher. Bientôt les Coréens arrivèrent du continent; ils furent étonnés de trouver les naufragés en si bon état de défense, et promirent d'apporter du riz, qu'on menaça d'aller chercher soi-même, si cette promesse n'était pas réalisée. On avait songé en effet à traverser le bras de mer qui sépare l'île Ko-koun de la terre ferme, et à gagner Pe-king, ou du moins un des ports du Leau-tong; mais on voulut tenter d'abord une autre chance. Deux embarcations furent confiées à MM. Delapelin et Poidloue, lieutenants de vaisseau; ces officiers partirent successivement pour Chang-haï dans des canots pontés à la hâte, emportant les vœux et l'espoir des deux équipages.

C'était une traversée de cent vingt lieues à accomplir dans des embarcations qui n'avaient jamais été destinées à affronter les périls d'une pareille navigation. Plus d'une fois les frêles esquifs furent sur le point d'être submergés; ils atteignirent enfin le port. Le 5 septembre, quinze jours après le départ du premier canot, les naufragés entendirent des coups de canon qui signalaient l'approche de la division anglaise, accourue au secours des équipages français. Le brave capitaine Macqu'hae, dont notre marine ne saurait oublier le nom, avait réuni la frégate *le Dœdalus*, les bricks *l'Espiègle* et *le Childers*, et, conduit sur le lieu du sinistre par MM. Delapelin et Poidloue, il venait offrir à nos compatriotes de les transporter en Chine. Le 12 septembre, les équipages de *la Gloire* et de *la Victorieuse* avaient évacué l'île Ko-koun, et les navires anglais reprenaient le chemin de Hong-kong.

Les exemples de cette réciprocité de dévouement abondent depuis quelques années dans l'histoire des deux marines, ils prouvent combien les vieilles haines nationales tendent à s'effacer; mais ici l'empressement de l'escadre anglaise à secourir la nôtre avait une portée plus grande, une signification qui ne put échapper au gouvernement coréen. Les ministres, qui avaient ordonné la mort des trois prêtres français, y virent avec inquiétude les premiers symptômes de cette solidarité européenne qui ne pouvait manquer de se produire dans l'extrême Orient et d'y placer sous une égide commune les intérêts de la civilisation. Les Anglais ne sont pas si uniquement préoccupés de leurs intérêts matériels qu'on le suppose ; ils nous envient très-sincèrement le rôle qui nous est échu en Chine, et en partageraient volontiers l'honneur avec nous. Sans répudier cet utile concours, la France se doit cependant de ne pas laisser tomber en d'autres mains le patronage que lui a déféré d'une voix unanime la catholicité reconnaissante, et qui ne saurait être exercé avec une complète efficacité que par une puissance catholique. Heureusement, dans cette occasion même, la ferme contenance des marins français après leur malheur, cet appareil militaire qu'ils déployaient encore sur l'île où ils s'étaient réfugiés, ne contribuèrent pas moins que les prompts secours qu'ils reçurent de Chang-haï à inspirer plus de circonspection aux persécuteurs. Les autorités coréennes, qui montraient autrefois un acharnement sans exemple à poursuivre les missionnaires européens, se demandèrent ce qu'elles feraient de ces étrangers une fois qu'elles seraient parvenues à les saisir. Les mettre à mort ne semblait plus possible; les jeter dans les prisons de Seoul, c'était appeler encore une fois les navires français sur les côtes de la presqu'île. La prudence, cette qualité instinctive des peuples de l'Orient, commandait donc aux Coréens de ne point s'engager à la légère dans ces poursuites dangereuses : les conseils de la cour de Pe-king tendirent à les confirmer dans ces dispositions. La politique du cabinet impérial était d'éviter autant que possible les réclamations de nos agents et de ne point donner prise à l'exercice de ce protectorat, dont chaque acte rappelait tristement une des faiblesses de la diplomatie chinoise[1]. En s'engageant à promulguer dans les provinces de l'empire les édits de tolérance, on n'avait cru faire aux solli-

[1] Une pièce très-authentique, qui fut communiquée à M. le commandant Lapierre au mois de juin 1847, donnera une idée des sentiments qu'apportèrent les mandarins chinois dans les négociations ouvertes à Wam-poa entre le vice-roi Ki-ing et M. de Lagréné. Voici le texte traduit de cette circulaire confidentielle adressée par le vice-roi du Fo-kien aux officiers de cette province : « Nous avons reçu la dépêche de Son Excellence le vice-roi de Canton, Ki-ing, dans laquelle le vice-roi nous fait connaître que l'ambassadeur français, M. de Lagréné, revenu à Canton, accuse le gouvernement chinois d'avoir violé la convention qui vient d'être conclue avec la France. L'ambassadeur a été informé que les mandarins du Hou-pé et du Kiang-si continuaient à maltraiter les chrétiens malgré les édits de l'empereur : c'est pour cela que le vice-roi Ki-ing s'est rendu à Bocca-Tigris pour traiter de nouveau cette affaire de la religion chrétienne. — Il faut, dit-il, laisser les chrétiens libres d'adorer Dieu, d'honorer la croix, les images, d'élever des chapelles, de prêcher leur doctrine, de réciter des prières; mais on ne permet pas aux missionnaires européens de pénétrer dans l'intérieur de l'empire. Telles sont les conditions du nouveau traité. — J'ai ouï dire que la France était le plus puissant royaume de l'Europe; l'année passée, en effet, l'ambassadeur français se montra ici avec une flotte bien capable de résister à la flotte anglaise. Prenez donc garde de maltraiter les chrétiens.... Les Français ne font pas très-grand cas de leur commerce; mais ils voudraient répandre la religion chrétienne dans le monde entier pour en acquérir de la gloire. Vous devez recommander à vos officiers inférieurs, aux soldats, aux satellites, de ne commettre aucun acte imprudent vis-à-vis des chrétiens, de peur d'irriter les Français et d'attirer de grands malheurs sur l'empire... Insensiblement nous en reviendrons à surveiller la perfidie des chrétiens. Vous devez tenir cette lettre secrète, et si vous quittez le poste que vous occupez en ce moment, vous la remettrez en main propre à votre successeur, en lui recommandant de ne la communiquer à personne, et en lui faisant comprendre la nécessité d'exiger de ses subalternes les plus grands ménagements envers les chrétiens. Sans ces précautions, on attirerait d'incalculables malheurs sur nos provinces maritimes. »

citations de notre ambassadeur qu'une concession sans importance. On s'aperçut bientôt que, de toutes les concessions arrachées par l'influence étrangère, celle-ci était la plus grave et serait la moins facilement éludée.

Dans le Fo-kien, dans le Kiang-nan, dans le Che-kiang, partout où pouvait atteindre notre marine, les vice-rois s'étaient empressés de donner une grande publicité aux édits; dans le Su-tchuen, dans le Yun-nan, dans le Houpé, dans le Kiang-si, on se flatta d'éviter la promulgation promise, et les chrétiens eurent à subir les violences et les avanies accoutumées. C'était méconnaître un engagement pris avec la France et appeler des protestations qui ne se firent pas attendre. M. l'amiral Cécille, M. Lefebvre de Bécourt, consul accrédité auprès du gouvernement chinois, M. le commandant Lapierre, se chargèrent successivement de réclamer la complète et sincère exécution des décrets de l'empereur. Le gouvernement français s'occupa enfin d'assurer à cette salutaire vigilance une portée plus efficace encore, en confiant le soin de l'exercer à un agent revêtu d'un caractère essentiellement politique. M. Forth-Rouen reçut, avec le titre de ministre de France, la mission d'aller recueillir et défendre l'héritage de M. de Lagrené.

Pour attacher la France à la conservation de son influence morale en Chine, nous n'avons pas besoin d'évoquer des calculs positifs qui paraîtraient aujourd'hui prématurés : nous ne demandons point que le patronage des chrétiens chinois devienne dans nos mains un levier politique; mais nous ne pouvons oublier que le jour où l'unité du Céleste Empire viendrait à se dissoudre, le jour où l'Europe serait appelée à intervenir d'une façon plus directe et plus pressante dans les affaires de l'extrême Orient, la France serait la seule puissance européenne dont le nom pût être invoqué avec confiance par une partie de la population chinoise. Les intérêts commerciaux peuvent naître pour nous en Chine de la moindre modification apportée dans nos tarifs, du plus léger changement qui se produira sur les marchés de l'Asie : les intérêts politiques sont déjà créés. L'Orient est plein de sourdes et mystérieuses rumeurs. Tout indique que cette vieille société est profondément remuée et tremble sur sa base. Il ne dépend point de la France de fermer ces vastes perspectives; il est de son devoir de les envisager avec sang-froid et de méditer le rôle qu'elles lui réservent. Nous pouvons ne point presser de nos vœux ce moment d'inévitable expansion, nous pouvons ajourner nos désirs à des temps plus prospères; mais si jamais, accomplissant la parole de l'Écriture, la race de Japhet vient s'asseoir sous la tente des races sémitiques, l'Europe doit s'y attendre, la France doit l'espérer, les missions catholiques nous auront gardé notre place à ce nouveau foyer de richesse et de grandeur.

CHAPITRE VI.

Différends entre les Européens et les Chinois au moment de l'arrivée de *la Bayonnaise*. — Le gouverneur Amaral et la ville de Macao.

Appelée à remplacer la frégate *la Gloire* et la corvette *la Victorieuse*, *la Bayonnaise* atteignait les rivages du Céleste Empire au moment où de graves complications venaient de prêter un nouvel intérêt à cette station lointaine. Le traité de Nan-king avait consacré l'admission des étrangers dans les cinq villes maritimes ouvertes au commerce européen : Amoy, Fou-tchou-fou, Ning-po et Chang-haï voyaient les consuls anglais résider au centre de la cité chinoise; mais à Canton, la ville intérieure demeurait fermée aux barbares. Ce n'était même point sans courir quelques dangers que les sujets de Sa Majesté Britannique pouvaient se montrer dans la campagne ou dans les faubourgs. Plus d'une fois ceux d'entre eux qui avaient osé s'aventurer au delà de l'enceinte des factoreries s'étaient vus en butte aux insultes et aux violences de la population chinoise. Sir John Davis avait succédé en 1844 à sir Henry Pottinger. Lassé de ces outrages réitérés, il avait voulu châtier l'insolence des Cantonnais. Le 3 avril 1847, la garnison de Hong-kong s'était embarquée sur deux navires à vapeur et deux bricks. Remontant le Chou-kiang, elle avait surpris les forts du Bogue, encloué cent quatre-vingts pièces de canon et menacé la ville de Canton d'un bombardement; mais quand le plénipotentiaire anglais avait vu ce grand entrepôt du commerce européen à sa merci, il avait reculé devant les conséquences de sa facile victoire. N'osant incendier Canton, n'ayant point assez de troupes pour l'occuper, sir John Davis avait dû accepter, comme unique résultat de sa campagne, la convention que les mandarins s'étaient hâtés de lui offrir. Cette convention ajournait au 6 avril les difficultés auxquelles avait donné naissance la délicate interprétation du traité de Nan-king; elle n'apportait aux négociants anglais aucune garantie nouvelle contre les violences populaires. La soudaine apparition des *barbares aux cheveux rouges* sous les murs de Canton avait, au contraire, réveillé l'animosité de la population turbulente qui habite les rives du Chou-kiang. Le 5 décembre 1847, six Anglais furent assassinés sur les bords du fleuve, à trois milles à peine des factoreries européennes, par les habitants du village de Houang-chou-ki.

Le gouvernement des deux provinces du Kouang-si et du Kouang-tong se trouvait alors confié au vice-roi Ki-ing, le plus honnête Tartare qui ait jamais porté la plume de paon et le bouton rouge. Membre de la famille impériale et l'un des signataires du traité de Nan-king, Ki-ing avait compris l'impuissance des armes chinoises et les obstacles presque insurmontables qui s'opposaient à l'introduction de l'organisation militaire et de la tactique des Européens dans le Céleste Empire. Convaincu qu'il pourrait par une conduite prudente et d'opportuns sacrifices désarmer l'humeur agressive de l'Angleterre, il avait inauguré en Chine la politique des concessions. Ce Reschid-pacha de l'Empire Céleste, adversaire patient du parti opiniâtre qui reconnaissait le vieux Lin pour son chef, eût peut-être réussi à maintenir des rapports bienveillants entre la Grande-Bretagne et la Chine, si les passions de la populace cantonnaise ne fussent venues sans cesse déconcerter ses efforts. Après le sinistre drame de Houang-chou-ki, il s'était empressé de promettre une réparation complète au plénipotentiaire. Le 21 décembre, quatre Chinois, le bâillon à la bouche, furent conduits sur le théâtre même de cet affreux événement. Là, en présence de la foule contenue par un détachement de soldats anglais et de troupes chinoises, en présence des officiers désignés par le gouverneur de Hong-kong, le bourreau fit tomber ces quatre têtes accordées par le vice-roi à la nécessité d'une sanglante expiation.

Ki-ing s'était flatté de l'espoir qu'une satisfaction aussi prompte suffirait pour étouffer cette malheureuse affaire. Six Anglais, il est vrai, avaient succombé; mais, en se défendant, ils avaient blessé deux de leurs agresseurs. Si ces deux Chinois ne survivaient pas à leurs blessures, l'exécution de quatre coupables devait être considérée, suivant le vice-roi, comme une réparation suffisante. Fidèle au principe admis par la législation du Céleste Empire, le vice-roi de Canton aurait ainsi payé la vie de six Anglais par celle de six Chinois. Sir John Davis repoussait avec indignation un pareil marché, et n'en réclamait que plus vivement la recherche et la punition de tous les complices qui avaient trempé dans ce guet-apens.

L'étrange prétention du vice-roi était faite pour soulever des doutes non moins étranges. Les Anglais de Hong-kong n'avaient point approuvé en général les brusques exécutions de Houang-chou-ki. « Ne devait-on point craindre, disaient-ils, que dans son empressement à établir une compensation du sang versé, à sacrifier tête pour tête, le vice-roi n'eût substitué aux véritables coupables des criminels condamnés pour d'autres délits et déjà destinés au supplice? » Ce soupçon offensant apparaissait au fond des exigences du plénipotentiaire. Ki-ing invoquait, pour se défendre de cette odieuse imputation, cinq années de relations loyales et honorables avec les Européens; cependant l'agitation de la province, en réduisant à l'impuissance son autorité, n'avait-elle pu lui suggérer une fraude, familière aux mandarins du Céleste Empire? On savait que, depuis l'expédition du 3 avril, des bandes de *braves* s'étaient formées dans chaque village pour repousser par la force des armes les barbares qui oseraient débarquer sur les rives du fleuve. Les *anciens* des villages, assemblés dans la *salle des ancêtres*, avaient décidé que pour l'entretien de ces milices rurales chaque famille fournirait son contingent d'hommes et de subsides. Les *braves* étaient nourris à frais communs, pourvus d'un chapeau de bambou, d'une pique et d'un double sabre. Vingt de ces *braves* formaient une section sous les ordres d'un chef qui portait un gong; quatre-vingts composaient une compagnie, à la tête de laquelle marchaient un porte-drapeau et un tambour. C'était à ces levées de volontaires qu'appartenait la bande d'assassins qui avait immolé les Anglais débarqués près de Houang-chou-ki, et il avait dû être plus facile en effet de trouver les victimes exigées dans les prisons de Canton que d'aller les chercher au milieu de ces bataillons indisciplinés.

Livré à ses tendances naturelles, sir John Davis eût, à l'exemple de Ki-ing, pratiqué la politique de conciliation. Longtemps surintendant du commerce britannique à Canton, initié aux mœurs et aux coutumes chinoises, dont il avait fait une étude approfondie, il n'ignorait point tous les embarras qui assiégeaient le malheureux vice-roi du Kouang-si et du Kouang-tong. Il comprenait qu'en poussant trop loin ses exigences, il courait le risque d'attirer la colère impériale sur la tête du seul homme d'État qui pût servir en Chine les intérêts de la civilisation européenne. Malheureusement sir John Davis se trouvait lui-même en présence d'opinions passionnées, dont il subissait involontairement l'influence, et qui ne laissaient point une entière liberté d'action à sa politique. Les négociants de Hong-kong, cruellement déçus dans les espérances qu'avait éveillées le traité de Nan-king, ne cessaient de répéter qu'il fallait une nouvelle campagne pour briser les obstacles qu'opposaient aux progrès du commerce maritime la mauvaise foi des autorités chinoises et la persistante hostilité des populations. Un système de taxes conraire à l'esprit du traité de Nan-king, un réseau de douanes intérieures avaient pu seuls préserver, suivant eux, l'industrie chinoise du sort qu'avait fait à l'industrie des Indes la concurrence écrasante des machines britanniques. C'était dans cette résistance, à leur gré déloyale, que les fabriques de Manchester et de Birmingham devaient chercher le secret de tous leurs mécomptes. La valeur des tissus de coton et de laine importés en Chine sous le pavillon de la Grande-Bretagne s'était, depuis la conclusion de la paix, élevée de 31 millions de francs à 66 millions; mais ce mouvement factice, loin d'être un signe de prospérité, n'était pour les manufactures de la métropole que le triste présage de banqueroutes imminentes. L'ardeur irréfléchie des spéculateurs avait doublé le chiffre, et non pas le profit des échanges. Les pertes éprouvées par la plupart des maisons anglaises dans ces transactions doublement onéreuses ne pouvaient être évaluées à moins de 35 à 40 pour 100 de la valeur totale des marchandises importées et des cargaisons de retour. Cette fâcheuse situation du commerce anglais devait le rendre plus sensible encore aux provocations de la populace chinoise; si le gouverneur de Hong-kong hésitait à engager son pays dans les chances incalculables d'une nouvelle rupture, les négociants qui l'entouraient étaient loin d'éprouver les mêmes scrupules.

La vivacité de lord Palmerston contribuait aussi à jeter sir John Davis hors de la voie que lui aurait tracée sa circonspection habituelle. L'impétueux secrétaire d'État ne voulait point que l'Angleterre pût déchoir en Chine, par la faiblesse de son plénipotentiaire, du haut rang qu'elle avait conquis par de récentes victoires. Plus d'une fois, la correspondance du *Foreign-Office* avait trahi l'impatience et le mécontentement du ministre. Cette correspondance, qui fut publiée par ordre de la Chambre des communes, avait arraché aux hésitations de sir John Davis la malencontreuse expédition du 3 avril; elle lui inspirait encore en cette occasion des exigences contraires à ses vues personnelles. Décidé à déployer enfin cette vigueur qu'on affectait sans cesse de lui recommander, sir John Davis, au moment où *la Bayonnaise* atteignait le but de son long voyage, venait de demander de nouvelles troupes au gouverneur général de l'Inde. Déjà, sur son invitation, les négociants anglais avaient évacué les factoreries pour se retirer à Hong-kong, et tout faisait présumer que l'ouverture des hostilités suivrait de près l'arrivée des renforts attendus. Ces circonstances critiques nous promettaient le spectacle d'importants événements, et donnaient un singulier caractère d'opportunité au débarquement du nouveau ministre de France à Macao.

La retraite des négociants anglais à Hong-kong coïncidait avec d'autres complications qui n'étaient pas moins graves, et qui devaient aussi se dénouer pendant notre station sur les côtes de Chine. Au moment même où sir John Davis, investi de toute la puissance qui s'attache au nom redouté de l'Angleterre, luttait péniblement contre les embarras de sa situation, un homme qui n'avait d'autres ressources que sa propre énergie, le gouverneur portugais de Macao, venait d'arrêter sur le penchant de sa ruine la colonie mourante dont le commandement lui avai· été confié. L'affluence des Anglais dans la ville portugaise pendant la guerre qui les contraignit à s'éloigner de Canton n'avait rendu à cette colonie qu'une prospérité éphémère, dont la source se trouva brusquement tarie le jour où le pavillon de la Grande-Bretagne eut été arboré sur les rivages de Hong-kong. A dater de cette époque, le déficit toujours croissant du budget colonial n'avait cessé de menacer d'un prochain abandon cet établissement, à l'entretien duquel la métropole ne pouvait plus consacrer les fonds nécessaires. Ce fut au milieu de ces circonstances critiques qu'à la fin de l'année 1845, le capitaine de vaisseau Amaral fut nommé par la cour de Lisbonne au gouvernement de la province de Timor, Solor et Macao.

On rencontre souvent chez les peuples qui, après avoir accompli de grandes choses, se sont affaissés sous le poids des vicissitudes politiques, de ces hommes qui, par la noblesse et l'élévation de leur nature, attestent encore la séve du vieux tronc et la vigueur antique du caractère national. A ces hommes, il n'est point donné de se mouvoir sur de vastes théâtres ; il leur est à peine accordé d'ennoblir par leur courage et leur persévérance les événements peu considérables auxquels leur nom se trouve associé. Officier d'une marine qui n'était plus qu'un fantôme, Amaral avait su marquer tous les actes de sa carrière d'un cachet de glorieuse énergie. Pendant la guerre que le Portugal soutint en 1823 contre le Brésil, il avait, à l'âge de dix-huit ans, commandé une des colonnes qui enlevèrent d'assaut l'île d'Itaparica. Ce fut dans cette brillante affaire qu'il eut le bras droit emporté par un boulet de canon. Plus tard, dans la campagne qui mit la couronne sur le front de dona Maria, il servit avec distinction sous les ordres de sir Charles Napier. Au milieu des agitations qui ébranlèrent si souvent les gouvernements de la Péninsule, son esprit chevaleresque ne méconnut jamais la véritable ligne du devoir. Il resta fidèle à ses premières convictions, fidèle à la reine qu'il avait juré de servir et de défendre. Envoyé sur les côtes méridionales de l'Afrique pour y réprimer la traite des noirs, il se montra encore à la hauteur d'une aussi délicate mission et sut imposer le respect des couleurs portugaises aux croiseurs britanniques, trop portés, dans l'excès de leur zèle, à fouler aux pieds cette vieille gloire. En arrivant à Macao, il trouva le port désert, le trésor vide, les soldats découragés et sans solde. Sur sa proposition, la franchise du port fut immédiatement proclamée par le gouvernement portugais. Les navires et les produits étrangers furent admis à Macao aux mêmes conditions qu'à Hong-kong et à Singapore. La douane chinoise, habituée à fonctionner sur les quais portugais comme sur une portion du territoire céleste, dut se borner désormais à prélever sur les marchandises sortant des entrepôts des droits qui, acquittés ainsi à l'avance, assuraient à ces marchandises un libre débarquement à Canton.

Au début de son administration, Amaral eut à combattre à la fois les protestations des mandarins et l'opposition du corps municipal qui, sous le nom de Sénat, avait jusqu'alors partagé avec le gouverneur de Macao l'autorité suprême; mais il fallut que toutes les résistances ployassent devant cette ferme volonté que les nécessités publiques investissaient des honneurs périlleux de la dictature. Le revenu des douanes avait été de tout temps la seule ressource de la colonie. En décrétant la franchise du port, il était nécessaire de subvenir aux dépenses de l'établissement par de nouveaux impôts. Amaral promit d'y pourvoir. Il ne voulut point accepter la concession de Macao, telle que l'avaient faite des empiétements successifs : il revendiqua dans leur intégrité les droits qu'après la dispersion des pirates qui infestaient jadis l'embouchure du Chou-kiang, le Portugal avait obtenus de la reconnaissance de l'empereur Kang-hi. Moyennant le payement d'une rente de 500 taëls (3 750 francs), la péninsule de Macao devait appartenir tout entière au gouvernement portugais. Les Chinois avaient eux-mêmes marqué les limites de cette concession par l'établissement de la barrière élevée en travers de l'isthme qui relie cette péninsule montueuse à l'extrémité méridionale de la grande île de Hiang-shan. Au sud de cette barrière commençait le territoire portugais qu'avaient, grâce à la faiblesse des prédécesseurs d'Amaral, insensiblement envahi les tombeaux et les clôtures des sujets du Céleste Empire. On ne comptait dans Macao que cinq mille chrétiens, Portugais ou métis ; mais cette ville renfermait, avec les trois villages situés en deçà de la barrière, une population d'au moins vingt-cinq mille Chinois. Cette population turbulente, gouvernée par un délégué subalterne du vice-roi de Canton, n'avait jamais subi le fardeau d'aucune taxe. Amaral refusa de l'affranchir des charges qui allaient peser sur la population chrétienne. L'impôt équitablement réparti embrassa l'ensemble des propriétés sans tenir aucun compte de la nationalité du propriétaire. Les rentes prélevées sur les habitations des Chinois comme sur les demeures des Européens, les droits de patente et d'ancrage, la ferme de certains monopoles, la vente de quelques lots de terrain réduisirent le déficit du budget colonial à 40 000 piastres, dont les négociants de Hong-kong se chargèrent de faire l'avance, et que le gouvernement portugais s'empressa de leur rembourser.

L'avenir financier de la colonie était assuré ; mais une grande émotion régnait à Macao. Le gouverneur portugais ne pouvait ignorer quel sourd mécontentement grondait au sein de cette population chinoise, trois fois plus nombreuse que la population chrétienne et enveloppée par les mêmes murailles. Il devait craindre que les autorités de Canton ne prêtassent volontiers leur concours à un soulèvement qui vengerait leur orgueil offensé. Il aurait donc à contenir la population entière de Macao tout en résistant à la population d'une province qui compte vingt-sept millions d'habitants. Dans cette lutte inégale, des Chinois seraient, il est vrai, les seuls adversaires de la garnison portugaise ; mais pouvait-on oublier les terribles révoltes qui avaient mis en si grand péril les colonies de Batavia et de Manille ? pouvait-on oublier la ruine du premier établissement fondé par les Portugais dans les mers de Chine, la soudaine destruction de cette ville florissante que des colons belliqueux avaient élevée vers le milieu du seizième siècle sur les côtes du Che-kiang, et, qu'on vit disparaître dans une seule nuit de surprise et de trahison? Amaral n'avait, pour faire face aux dangers qui le menaçaient, que trois cents baïonnettes recrutées à Goa et commandées par quelques officiers européens. Avec des forces plus considérables, un de ses prédécesseurs, surpris en plein jour par une sédition populaire, s'était vu obligé de s'enfermer dans les forts et de livrer pendant quarante-huit heures la ville de Macao aux violences des Chinois soulevés. D'autres fois il avait suffi d'un ordre des mandarins pour faire évacuer par tous les sujets du Céleste Empire le territoire concédé aux étrangers et pour affamer par une sorte d'interdit la population portugaise. Si une crise pareille, imprudemment provoquée, venait à éclater, avait-on songé aux moyens d'en sortir ?

Amaral ne se laissait point ébranler par ces tristes souvenirs : il avait sans doute déployé une singulière audace dans ses innovations, mais il ne s'était point lancé dans des témérités irréfléchies. Il savait que la guerre de l'opium était un grand fait dont il fallait tenir compte. Les victoires des Anglais avaient été un triomphe moral pour tous les Européens. Après avoir longtemps accablé les barbares d'un ignorant mépris, les Chinois étaient plutôt portés depuis quelques années à s'exagérer leur puissance. Le vice-roi de Canton ne pouvait plus d'ailleurs songer à réduire les Portugais par la famine. L'établissement de Hong-kong et la colonie de Manille auraient fourni aux habitants de Macao les provisions que l'interdit des mandarins leur eût refusées. Il n'y avait réellement à redouter qu'un soulèvement de la populace. Amaral avait prévu cette attaque et l'attendait de pied ferme. Ses soldats, régulièrement payés et maintenus dans le devoir par une discipline sévère, mais toujours paternelle, lui étaient entièrement dévoués. Ils aimaient dans leur chef cette énergie enjouée, ce modeste sourire qui semblait défier l'orage, et puisaient leur confiance bien moins dans les discours du gouverneur de Macao que dans la calme sérénité de son regard.

La crise attendue vint enfin. Au mois d'octobre 1846, quelques heures avant le lever du soleil, pendant que la ville était plongée dans le repos, un corps formidable de Chinois débarqua dans le port intérieur. Ces bandits, rassemblés par les bateliers que le gouverneur venait de soumettre au payement d'un nouvel impôt, gravirent lestement les rampes qui conduisent des quais du port vers le centre de la ville. Déjà ils se croyaient maîtres de Macao, quand leurs cris imprudents et le fracas du gong, par lequel ils appelaient leurs compatriotes aux armes, éveillèrent quelques habitants, qui coururent prévenir le gouverneur. Amaral rassemble à l'instant une poignée de soldats, et se porte, avec une pièce de campagne, vers l'entrée d'une rue étroite qui domine la place du Sénat. Les Chinois venaient de déboucher sur cette place; ils se précipitent en tumulte vers les Portugais : une volée de mitraille les arrête. Un instant, ils semblent vouloir reformer leurs rangs éclaircis ; mais bientôt, chargés à la baïonnette, ils se jettent dans les rues tortueuses du bazar et se hâtent de regagner leurs bateaux, que foudroyait déjà l'artillerie de quelques chaloupes canonnières. Dès le lendemain, le gouverneur ordonne aux Chinois d'ouvrir leurs boutiques; à la milice urbaine, qui était accourue au secours de la garnison, de déposer ses armes. En quelques heures, la fermeté de son attitude, le calme de ses dispositions ont rétabli la tranquillité dans la ville et effacé les derniers vestiges de l'insurrection. Amaral veut qu'il ne reste aucun souvenir de cette crise; affermi d'ailleurs dans la voie où il s'est engagé par le succès qu'il vient d'obtenir, il poursuit avec persévérance l'accomplissement de ses réformes. Entre Chinois et Portugais, les rôles sont désormais intervertis; c'est le gouverneur de Macao dont les exigences vont, à dater de ce jour, envahir nécessairement une portion du terrain que les autorités chinoises s'efforceront inutilement de défendre; lutte ingrate, efforts obscurs, dans lesquels fut dépensé autant d'énergie qu'il en avait fallu autrefois pour conquérir Malacca ou Calicut ! De plus grands intérêts, de plus vastes perspectives semblèrent plus d'une fois inviter Amaral à laisser son œuvre inachevée. Député aux cortès, il avait un prétexte légitime pour rentrer dans sa patrie ; mais déjà, quand *la Bayonnaise* arriva sur les côtes de Chine, on pouvait prévoir que cet homme opiniâtre ne consentirait à quitter son poste que lorsqu'il aurait vu les Portugais aussi maîtres dans Macao que les Anglais l'étaient dans Hong-kong.

Amaral ne se dissimulait point cependant que le temps des grandes destinées était à jamais passé pour Macao. Son ambition ingénieuse ne rêvait point d'impossibilités. Il pensait que cet établissement pourrait un jour concentrer le cabotage actif qui s'exerce entre les côtes méridionales de la Chine, le golfe du Tong-king et l'île de Haïnan. Il croyait surtout qu'il fallait faire de Macao le contre-poids de Hong-kong, l'asile ouvert à tous les pavillons européens. Malgré les doctrines libérales qui avaient présidé à la fondation de la colonie anglaise, Macao était demeuré le séjour de tous les étrangers que le soin de leurs intérêts commerciaux n'obligeait point impérieusement à résider sur le territoire britannique. Le climat, assaini par les brises du large, y attirait même, pendant une partie de l'été, les négociants ou les fonctionnaires anglais, qui abandonnaient à l'envi leurs somptueuses demeures pour venir respirer à Macao l'air vif de l'Océan, et goûter un instant sur cette calme péninsule le plaisir d'échapper au tracas des affaires et aux exigences de la vie officielle. Des convenances politiques, qu'il est facile d'apprécier, avaient aussi retenu au sein de l'établissement portugais les consuls accrédités auprès du gouvernement chinois. On n'eût pu condamner ces agents à végéter dans l'enceinte des factoreries de Canton, et l'on eût hésité à grouper autour du pavillon britannique, à placer pour ainsi dire à l'ombre de ce drapeau dominateur le lion de Castille, les trois couleurs de France et les étoiles des États-Unis. Macao était donc un asile heureusement ouvert à toutes les influences qui ne voulaient point s'effacer complétement devant la prépondérance de l'Angleterre Sous ce rapport, le paisible comptoir, si longtemps résigné à toutes les humiliations que lui imposait l'insolence des mandarins, avait des droits sérieux aux sympathies des puissances européennes. Déjà les Américains avaient établi dans cette ville de vastes magasins pour le ravitaillement de leur division navale. Amaral ne doutait pas que les Espagnols et les Français ne suivissent bientôt cet exemple. C'était dans ce concours des étrangers qu'il voyait l'avenir d'une colonie signalée autrefois par ses prohibitions jalouses. Pour retenir cette population nomade à Macao, aucun soin ne lui paraissait superflu. Il voulait aplanir l'âpre territoire qu'il avait enfin reconquis, et songeait à tracer de larges routes au pied des collines granitiques que couronnent les forts da Penha et do Monte. En tout autre pays, ce terrain tourmenté n'eût point été digne de pareils travaux : mais, dans le midi de la Chine, sur ces côtes fermées par la turbulence des populations aux promenades des Européens, ce petit coin de terre avait bien sa valeur et méritait sans doute les soins qu'on pouvait prendre pour l'embellir.

Ce qui manque surtout à la colonie de Macao, ce qu'il n'était point au pouvoir d'Amaral de lui donner, c'est une rade spacieuse et sûre, qui, comme celle de Hong-kong, puisse abriter au besoin des escadres. Le port intérieur, étroit canal compris entre la côte occidentale de la péninsule et l'île de Lappa, n'est accessible, dans les marées ordinaires, qu'aux navires dont le tirant d'eau ne dépasse pas quatre mètres. Les grands bâtiments de commerce et les navires de guerre doivent mouiller à près de trois milles de la ville, en face des côtes abruptes de Typa et de Ko-ho. Ce n'est qu'à cette distance du rivage que la rade extérieure offre une profondeur de cinq ou six mètres ; en avant de ce plateau sous-marin, incessamment exhaussé par les alluvions du Chou-kiang, s'étend une triple ceinture d'îlots granitiques ; mais cette barrière incomplète ne brise qu'à demi la violence des flots que soulève pendant l'hiver la mousson de nord-est. L'agitation de la mer continue donc à entraver les communications de ce lointain mouillage avec la ville de Macao.

Heureusement les bateaux chinois ne se laissent pas facilement arrêter par la tempête. Chaque matin, quelle que pût être la violence du vent, l'équipage de *la Bayonnaise* voyait sortir du port un bateau à la poupe renflée qui traçait un large sillon sur les eaux vaseuses de la rade. Le vaillant esquif se frayait un pénible passage à travers les lames saccadées que heurtait la marée contraire. Après deux ou trois heures d'un patient louvoyage, il cinglait enfin à pleines voiles vers *la Bayonnaise.* Nous frémissions du choc qui semblait menacer la frêle embarcation ; mais à peine le large gouvernail suspendu à la poupe avait-il offert une oblique surface au sillage, que la barque obéissante pivotait soudain sur elle-même et venait se ranger à côté de la sombre masse contre laquelle nous avions craint de la voir se briser. C'est alors que les voiles de rotin, divisées en bandes parallèles par de longues perches de bambou, tombaient lourdement au pied des mâts, que les nattes rigides s'entassaient l'une sur l'autre comme les plis d'un immense éventail, et que les bateliers aux jambes nues, aux vastes chapeaux coniques, s'évertuaient à saisir la corde qu'on leur avait jetée des porte-haubans de la corvette. Au milieu du désordre apparent, des clameurs confuses qui président aux plus habiles manœuvres des Chinois, apparaissait bientôt un nouveau personnage, montrant sa figure calme et grave à l'entrée du dôme de bambou sous lequel il avait sommeillé jusqu'alors à côté de ses dieux lares. Une longue robe de coton bleu retenue sur le côté droit par cinq boutons de métal, une petite calotte noire surmontée d'un nœud rouge, faisaient reconnaître dans cet impassible passager un des membres industrieux de la classe moyenne qui, sans avoir conquis dans les concours littéraires le droit de porter la robe et le bonnet des mandarins, se distingue toutefois de la classe inférieure, sinon par la richesse, du moins par l'ampleur de son costume. Avant de poser la triple semelle de ses souliers de soie sur les taquets fixés à la muraille du navire, l'honnête citoyen du Céleste Empire attendait patiemment que le bord du bateau ne fût plus séparé que par un étroit espace du flanc de la corvette. Quand il jugeait le moment favorable pour accomplir son ascension périlleuse, il franchissait lestement ce Rubicon et gagnait sans encombre le passe-avant de *la Bayonnaise*. Son arrivée ne manquait jamais d'attirer sur le pont une foule empressée qui venait se grouper autour de lui. Cet homme important était le *comprador*, le fournisseur chinois de la station française de la division américaine. Chaque jour il apportait, avec les provisions destinées à l'équipage, les divers objets qu'il s'était chargé de faire venir de Canton ou de choisir dans les bazars de Macao.

Ayo, — tel était le nom de notre comprador, — n'avait pas craint d'enfreindre les sévères édits du Fils du ciel et de s'égarer un jour loin de la terre des fleurs. Embarqué à bord d'un navire américain, il avait visité les rivages du nouveau monde, et avait acquis pendant ce long voyage, sur la configuration de notre planète, sur la puissance des divers États qui s'en partagent l'étendue, des notions dont l'exactitude contrastait singulièrement avec les idées confuses qui amusent encore aujourd'hui la crédulité de ses compatriotes. Ayo était peu versé dans la lecture des *King* et autres ouvrages de Confucius ; mais la morale est dans les traditions aussi bien que dans les livres ; elle est surtout dans ces lumières naturelles qui viennent d'une conscience droite et honnête. Actif et industrieux, poursuivant avec ardeur des profits légitimes, Ayo n'eût point voulu s'abaisser aux supercheries qui déshonorent le petit commerce de Canton. Il vivait entouré d'une famille laborieuse, qu'il gouvernait avec la gravité et l'autorité absolue d'un patriarche. Vénéré de ses nombreux descendants, qui promettaient à son tombeau le religieux hommage de deux générations, cet homme, auquel le stigmate de l'émigration interdisait à jamais l'ambition des honneurs littéraires, était peut-être un des habitants les plus heureux et les plus éclairés de la Chine. Affranchi depuis longtemps des préjugés de son enfance, désabusé des fables du bouddhisme et des rites superstitieux de la nécromancie chinoise, il témoïgnait cependant une modeste déférence envers les opinions généralement admises par la société au milieu de laquelle il vivait. Ce philosophe sceptique avait conservé pour son pays et pour les traditions de ses ancêtres un attachement passionné qui avait dû, malgré ses constantes relations avec nos missionnaires, contribuer à l'éloigner de la foi catholique. Il appréciait sincèrement les avantages de notre civilisation, mais il défendait avec chaleur les antiques coutumes du Céleste Empire. Ce qu'il enviait surtout à l'Occident, c'était l'équité et la moralité de l'administration. Il lui semblait que si le ciel eût voulu rendre à la Chine les paternels mandarins de la dynastie des Thang ou de la dynastie des Ming, si on avait pu proscrire la vénalité des offices et les exactions des fonctionnaires subalternes, il n'y aurait point eu sur la terre de gouvernement plus parfait que celui qui siégeait à Pe-king, d'institutions plus bienfaisantes que celles dont la Chine jouissait depuis près de trois mille ans. Ce type intéressant de la bourgeoisie chinoise avait écouté patiemment les critiques et les railleries des étrangers sans rien perdre de ses tendances conservatrices. Victime résignée des abus qu'il déplorait, il s'occupait d'échapper de son mieux à la rapacité des mandarins et n'en continuait pas moins de considérer comme le meilleur des systèmes politiques celui sous lequel avaient vécu ses pères et devaient vivre ses fils.

Le bateau de notre obligeant comprador épargnait de pénibles voyages à nos embarcations. Il était rare qu'il quittât la corvette sans emporter de nombreux passagers. La mousson lui prêtait des ailes dès qu'il s'agissait de retourner au port, et, poussé par une forte brise, il laissait bientôt tomber l'ancre devant la plage que défendent les batteries de San-Francisco et de Bomparto. Un essaim de *tankas*, petites barques presque aussi larges que longues et bien différentes des sveltes pirogues de la Malaisie, se détachaient alors des cales de granit pour venir nous offrir leurs services. Deux femmes composent tout l'équipage de ces tankas. La plus âgée supporte les plus rudes fatigues. Debout sur la poupe, c'est elle qui, d'une main nerveuse, manie la longue rame aux vibrations rapides, moteur habituel de toutes les barques du Céleste Empire; sa compagne, assise à la proue, effleure à peine le sommet de la vague du tranchant de son aviron. Ces pauvres créatures, véritables *gitanas* de la mer, n'ont d'autre abri contre les ardeurs dévorantes de l'été ou les rudes intempéries de l'hiver que le toit de bambou de leurs tankas; déshéritées de leur place au soleil, elles passent leur vie dans ces cabanes flottantes où leur industrie a su transporter les douceurs du foyer domestique. Quelques planches mobiles recouvrent, pendant le jour, le lit sur lequel elles reposent; près de la poupe petille le fourneau destiné aux apprêts de leur frugale cuisine ; au fond d'une obscure retraite, les génies protecteurs aspirent l'encens des bâtonnets ou le parfum du sam-chou, et gravement assis sur la natte de rotin, promenant autour d'eux de tranquilles regards, les marmots au teint cuivré attendent en silence l'écuelle de riz promise.

Quand nous avions fait choix de la barque qui devait nous déposer sur le rivage, — choix difficile au milieu des appels empressés et des protestations bruyantes de tant de joyeuses batelières, — la tanka à laquelle était échu cet honneur nous conduisait en quelques minutes au pied de l'une des cales de la *Praya-Grande*. Une longue rangée de maisons, aux massives arcades, cachant sous un badigeon jaune les injures du temps, se déploie sur ce vaste quai constamment battu par les vagues, et rappelle encore une prospérité depuis longtemps disparue. La Praya-Grande est la promenade favorite des étrangers qui résident à Macao, Anglais, Américains, Espagnols, Parsis de Bombay, à la robe longue flottante, qui, par leurs traits fortement prononcés, leur costume et leur démarche solennelle, rappellent les Arméniens de Smyrne et de Constantinople ; mais nous n'avions que trop d'occasions de contempler l'uniforme tableau de cette mer déserte et boueuse que sillonnent lourdement les grossiers *sampans* des pêcheurs : nous avions hâte de détourner nos yeux des îles de Typa et de Ko-ho, groupe aride dont les sommets dénudés entouraient notre mouillage, et sur lesquelles la fureur des typhons ne respecte que quelques sapins rabougris ou de maigres bruyères. Nous cherchions donc, en débarquant, un chemin qui pût nous soustraire à cet aspect monotone. Le plus souvent nous sortions de la ville, et nous tournions nos pas vers l'isthme sablonneux qui forme la limite des possessions portugaises. Macao et Calcutta sont à peu près sous le même parallèle. Il ne faut pas s'attendre cependant à trouver sur le territoire concédé aux Européens par l'empereur Kang-hi la somptueuse végétation des tropiques. Un seul palmier y languit obscur, à l'un des angles les plus abrités de la ville. Le vent du nord, aussi vif, aussi froid que dans les mers de la Grèce, dessèche sur ces côtes qu'il dévaste les germes qu'ont fait éclore les humides ardeurs de l'été. Aussi, les deux chaînes de collines entre lesquelles se trouve pressé l'inégal territoire de Macao ne sont-elles pas moins dépouillées de verdure que le front chauve des Cyclades ou des promontoires de la Morée. La chaîne septentrionale n'est qu'une immense nécropole où reposent huit ou dix générations de Chinois; mais, au pied de ces montagnes, les villages de Monchion, de Patane et de Mongha égayent de leurs toits aux angles relevés et de leurs maisons aux briques bleuâtres la plaine qui vient doucement mourir vers la plage du port intérieur. Entre l'enceinte du port de Macao et ces populeux villages, autour des jardins consacrés à la culture de l'igname, du *pe-tsai* ou des patates sacrées, quelques touffes de bambou épargnées par les typhons font encore flotter comme de vertes banderoles les longues feuilles attachées à leurs tiges flexibles; l'hibiscus mêle aux fragiles rameaux du ricin ses feuilles sombres et ses corolles cramoisies. Plus loin, un peu au delà des limites marquées par la barrière chinoise, le pin de Norvége couvre d'un chétif ombrage quelques dunes de sable que les vents ont amoncelées sur le bord de la mer.

Lassés de parcourir sans relâche cette route invariable, il nous arrivait quelquefois de suivre les sentiers qui serpentent autour du massif granitique dont le fort de Guia occupe le sommet. Ces sentiers nous rendaient la vue de la mer, mais avec un horizon agrandi, avec les nombreux îlots qui s'étendent à l'est de la pointe de Montanha, avec le pic audacieux de Lantao qu'on voyait apparaître au-dessus d'un épais rideau de nuages. Les Parsis, graves et patients spéculateurs que le commerce de l'opium a fixés à Canton et à Macao, ont choisi une des anfractuosités les moins accessibles de cette montagne pour y dresser les larges dalles de leurs tombeaux, monuments austères, uniformes et semblables dans leur nudité à la pierre antique du sacrifice. Du funèbre et solitaire asile réservé à ces pieux adorateurs du soleil, nous apercevions la baie peu profonde où vinrent débarquer les Hollandais vers le milieu du dix-septième siècle. Les Portugais, qu'ils avaient entrepris de chasser de Macao, étaient à cette époque de rudes adversaires. Après une action sanglante, ils repoussèrent l'ennemi qui les avait tenus quelque temps assiégés, et le fort do Monte, destiné à renfermer une garnison considérable, fut bâti par les prisonniers que dans cette journée épargnèrent les vainqueurs.

Dès qu'abandonnant la campagne, on cherche à pénétrer dans l'intérieur de Macao, on s'étonne qu'on ait pu trouver l'emplacement d'une ville sur les pentes que couvre aujourd'hui la cité portugaise. Il a fallu le concours des capitaux européens et de l'industrie chinoise pour tracer des rues au milieu de ces blocs confusément entassés, pour niveler des places au fond de ces ravins ou au sommet de ces escarpements, pour orner de brillants parterres ce roc nu que le figuier des Banyans avait seul enlacé jusqu'alors de ses racines multipliantes. Parmi les jardins dont l'opulente fantaisie des négociants anglais a doté Macao, il en est un que le voyageur ne saurait oublier de visiter. Les caramboliers et les acacias protégent du doux frémissement de leur ombre ce frais observatoire d'où l'œil découvre l'étroit canal du port intérieur, les îles nombreuses dont les plans se succèdent et se confondent dans le lointain, et les blanches murailles de Caza-Branca. C'est au sommet de cette colline, alors solitaire et sauvage, que l'auteur des *Lusiades* venait, dit-on, méditer ou se recueillir. Les rochers consacrés par la tradition, et dont un soin importun a défiguré la sévère simplicité, n'ont gardé cependant aucune empreinte de ce poétique passage. Le silence même, le silence si cher au poëte, n'habite plus cet asile. L'écho, qui ne s'éveillait autrefois que pour redire les strophes immortelles, est sans cesse troublé aujourd'hui par l'aigre répercussion des pétards. Il n'est pas de peuple au monde dont la gaieté ou la dévotion soient plus bruyantes que celles des Chinois. Qu'une jonque déployant ses lourdes voiles et prête à sortir du port veuille invoquer la protection de la vierge Kouan-yn, qu'un joyeux ou lugubre cortége circule dans les rues, et soudain, aux éclats retentissants du gong, vous entendrez se mêler le petillement de longs chapelets d'artifices suspendus à l'extrémité d'un bambou. Ces incessantes détonations vous poursuivront jusqu'au fond des plus secrètes retraites, et viendront vous arracher brusquement à vos méditations ou à vos rêveries.

Il faut en convenir d'ailleurs, si les Chinois ne se chargeaient d'égayer par leurs cris, par leurs salves, la taciturnité de la cité portugaise, on pourrait se croire dans une ville abandonnée ou tombée en léthargie. Les cinq mille habitants qui composent la population chrétienne de Macao sont aussi sédentaires, mais plus silencieux que le grillon du foyer. Leurs femmes ne quittent leurs appartements que pour aller visiter les églises. On soupçonnerait à peine leur existence, si les jours de fête on ne les voyait apparaître en longues files indolentes, traînant sur le pavé leurs pantoufles de maroquin et voilant à demi leurs figures blafardes sous les plis de la *capa* nationale. La blanche laine du voile encadre comme un linceul ces traits quelquefois gracieux et réguliers, mais toujours immobiles. Il semble que le mélange des races, la langueur du climat, ou peut-être une constante réclusion aient engourdi la circulation du sang dans ces veines glacées et sous ce tissu morbide. Les hommes ont renoncé à lutter contre l'active industrie des Chinois, et se résignent à une existence misérable et précaire pour ne pas affronter cette redoutable concurrence. Des familles entières vivent de l'agiotage de quelques caisses d'opium ; la plupart ne connaissent d'autres ressources que l'inépuisable charité de certains négociants portugais. Il y a peu d'années encore, ces descendants dégénérés des Perez de Andrade et des Antonio de Faria jouissaient si humblement de leur droit de cité, ils se courbaient si bas sous la main de l'autorité chinoise, que, si la métropole les eût abandonnés à eux-mêmes, on les eût vus peut-être, acceptant un joug devenu inévitable, se confondre insensiblement avec les sujets du Céleste Empire ; mais l'arrivée d'Amaral avait changé en quelques mois l'aspect de la colonie. L'orgueil portugais avait reparu sur ces fronts humiliés, et la garde urbaine promettait de seconder activement, si son concours devenait nécessaire, la faible garnison recrutée à Lisbonne et à Goa.

Malgré l'impulsion donnée par Amaral à la population portugaise, Macao n'en a pas moins conservé toute la physionomie d'une ville chinoise. On ne rencontre en effet que des Chinois dans le quartier même qu'habitent les Européens. Des groupes au milieu desquels l'homme du peuple, le *couli*, se fait reconnaître à son humble tunique de toile brune, à la longue tresse de cheveux tournée autour de sa tête, entourent la boutique de quelque marchand ambulant, abrité sous un immense parasol. C'est là que se débitent le riz gonflé dans l'eau bouillante, les viandes et le poisson déjà découpés. Des portefaix gravissent les rampes escarpées, haletant sous le lourd fardeau suspendu à une perche flexible, ou traversent la place emportant d'un pas rapide et ferme la riche *senhora* enfermée dans sa chaise. Ce Chinois dont la tête est ceinte d'un linge blanc, et qui se dirige à la hâte vers le promontoire de San-Francisco, s'occupe d'accomplir les premiers rites des funérailles. La mort vient de visiter le toit de ses pères : l'eau qu'il va puiser à la fontaine lavera le visage du défunt ; les lingots de papier qu'il doit brûler au bord de la source apaiseront par une fraude hardie les génies irrités, et payeront en fumée le prix qui leur est dû. Mais n'essayez pas de vous engager dans ces rues étroites qui vous conduisaient d'ordinaire de la Praya-Grande vers la Praya-Manduco. Ces ruelles sont encombrées par une foule compacte qu'attirent les apprêts solennels d'un mariage. Les pétards éclatent, les cymbales retentissent, et la châsse discrète qui doit enfermer la fiancée sous ses panneaux de laque rouge tout chargés de dorures vient de s'ébranler au milieu des lanternes, des parasols et des gais étendards. Au moment où le joyeux cortége débouche sur la *praya* du port intérieur, tout mouvement paraît s'arrêter dans cette ruche active. Le forgeron appuie son lourd marteau sur l'enclume, le menuisier dépose son rabot près de la planche de camphre qu'il allait aplanir. Déjà cependant le cortége, rapidement entraîné à la suite de la chaise nuptiale, a tourné l'angle vers lequel s'élèvent les magasins que protége le pavillon des États-Unis. Les travaux un instant suspendus, sont repris avec plus de ferveur, et le bourdonnement d'une infatigable industrie remplit de nouveau ce quartier habité par la population ouvrière.

Macao était pour nous le premier échantillon du Céleste Empire. On comprend qu'au milieu de tant de longues robes et de tuniques, au milieu de tant de têtes rasées, de figures olivâtres, de fronts quadrangulaires, nous ne pouvions nous mouvoir sans attacher un prix infini à nos moindres impressions. C'était presque un événement pour nous que d'avoir rencontré une de ces femmes aux pieds mutilés, à la démarche chancelante, que l'on voit quelquefois, des fleurs dans les cheveux, du fard sur les joues, se glisser le long des murailles, péniblement appuyées sur le manche de leur parasol. Au bout de quelques mois, nos yeux s'habituèrent à des spectacles plus étranges. Nous cessâmes de nous regarder à Macao comme des voyageurs, et cette ville hospitalière ne fut plus pour nous un objet de curieuse investigation : ce fut le nid où nous venions nous abattre après nos longues croisières dans les mers de l'Indo-Chine, le refuge où nous attendaient des amitiés fidèles, ce que nos matelots enfin avaient appelé *la petite France.*

CHAPITRE VII.

Le Chou-kiang et la ville de Canton.

En apprenant que le pavillon français venait de reparaître sur les côtes de la Chine, le vice-roi de Canton avait témoigné une satisfaction qu'on pouvait croire sincère. Il se montra empressé à recevoir le représentant d'une puissance qu'il avait toujours trouvée bienveillante envers le Céleste Empire, et cet empressement abrégea notre premier séjour sur la rade de Macao. *La Bayonnaise* ne pouvait conduire jusqu'à Canton le successeur de M. de Lagrené, M. Forth-Rouen ; mais elle se tint prête à remonter le Chou-kiang jusqu'au mouillage de Wampoa. C'est à ce mouillage que s'arrêtent les navires étrangers, et que des bateaux chinois viennent chercher les marchandises qu'ils transportent dans la capitale du Kouang-tong ou dans l'intérieur de la province. On compte soixante-quinze milles de Macao à Wampoa, neuf seulement de Wampoa jusqu'à Canton.

Le 12 janvier, portant au grand mât le pavillon du ministre de France, *la Bayonnaise* appareillait de la rade de Macao et ouvrait encore une fois ses larges voiles à la brise. Le ciel était bleu et pur, l'air vif, le soleil radieux. Le vent du nord avait balayé les humides vapeurs que la mousson rassemble dans le canal de Formose, et qu'elle roule ordinairement le long des côtes méridionales de la Chine. Inclinée sous ses huniers et ses basses voiles, obligée de louvoyer pour entrer dans le fleuve, la corvette courait une première bordée vers l'île de Lantao, et traversait rapidement l'embouchure du Chou-kiang. Quinze milles séparent l'île de Lantao de la côte orientale de l'île Hiang-Chan. Une seconde bordée nous conduisit près de l'île Lin-tin, qui, située plus au nord, à dix-huit milles du mouillage que nous venions de quitter, vit longtemps les lingots du Céleste Empire s'échanger contre le funeste produit des campagnes du Bahar et des plaines de Bénarès. Déjà pourtant la marée ramenait vers Canton les eaux limoneuses qui s'étaient épanchées jusqu'au groupe des Lemma. Secondée par le courant, *la Bayonnaise* atteignit bientôt le montueux promontoire qui termine la presqu'île de Chuen-pi. Sur ce point, le lit du Chou-Kiang se resserre ; la largeur du fleuve entre ses deux rives n'est plus que de deux milles à peine. Non loin de là s'ouvrent entre la pointe d'Anung-hoy et les îlots de Wan-tong les célèbres *portes du Tigre,* l'étroit passage du Bogue, dominé par trois forts, menacé par deux cents embrasures. C'est sur la presqu'île de Chuen-pi qu'un patriotique espoir avait, dit-on, marqué en 1844 l'emplacement destiné aux factoreries françaises. Les Américains, auxquels leur constitution interdit tout établissement extérieur, applaudissaient à notre ambition, et semblaient promettre leur concours à la colonie nouvelle. La cour de Pe-king, encore humiliée sous le coup de sa récente défaite, n'eût point osé nous refuser ce lambeau du céleste territoire : elle nous eût vus peut-être avec une secrète satisfaction arborer un drapeau rival en face du drapeau britannique ; désabusée des lointaines possessions, occupée de plus généreux desseins, la France refusa de sanctionner par son exemple les envahissements que laissait entrevoir l'avenir, et ne voulut demander à la Chine d'autre sacrifice que celui d'injustes édits de proscription.

Avant d'avoir dépassé la pointe de Chuen-pi, nous eussions pu oublier que nous étions à cinq mille lieues de l'Europe. La Grèce et la Provence ont aussi ces longues chaînes de montagnes arides et dévastées, ces îlots épars, ce ciel d'un bleu mat et dur, cet aigre mistral qui faisait ployer notre corvette sous ses soudaines rafales; mais, dès que la baie à laquelle l'amiral Anson a imposé son nom se déploya devant nous entre la pointe de Chuen-pi et celle d'Anung-hoy, les bords du fleuve nous offrirent un de ces spectacles étranges qui, sur les côtes du Céleste Empire, rappellent si souvent au voyageur l'espace qu'il a franchi et la distance qui le sépare de notre hémisphère. L'escadre chinoise était mouillée sous les forts qui couronnent le sommet de la presqu'île. Si les témoignages historiques manquaient pour établir le singulier esprit d'immobilité de la race chinoise, les lourdes jonques que nous avions sous les yeux auraient suffi pour l'attester. Les vaisseaux de Néarque devaient être des machines moins primitives. Ces longues caisses rectangulaires, au milieu desquelles trois espars à peine dégrossis ressemblent moins à des mâts qu'à des arbres morts, feraient sourire les momies qui dorment sous la pyramide de Chéops. La poupe, étagée comme un château de cartes, porte pour écusson le dragon impérial aux replis verdâtres, à la gueule sanglante. La proue est ornée de pavois écarlates et de deux yeux hagards qui donnent à ces masses informes je ne sais quelle apparence de phoque effarouché. Les ancres en bois de fer, dont la patte unique paraît fixée à la verge par les tours compliqués du nœud gordien, l'énorme gouvernail maintenu dans sa large jaumière par deux câbles attachés au talon et passant sous la carène, l'épais tissu ligneux qui remplace les voiles, les lanternes aux écailles de placunes, les sabords à peine assez larges pour livrer passage à la volée des grossiers canons de fonte, tout étonne et confond dans ce bizarre assemblage, monument incontestable de l'étrange entêtement des Chinois, curieux spécimen de l'enfance de la navigation. Les grandes jonques de commerce qui visitent annuellement les ports de Singapore et de Batavia, de Bangkok dans le royaume de Siam, ne diffèrent en rien de ces jonques de guerre. On a peine à comprendre que de pareils navires puissent accomplir d'aussi longues traversées ; mais la nature complaisante s'est chargée de résoudre ce problème. Ces jonques, incapables de lutter contre les vents contraires, une mousson les emporte, une autre les ramène. Arrivées près des côtes, si la brise cesse de les favoriser, elles attendent patiemment le secours de la marée : le courant les entraîne alors avec les algues qui flottent à la surface, avec les troncs d'arbres qui s'en vont en dérive. Les mêmes charpentiers qui ont osé façonner ces arches grossières ont fait cependant descendre des chantiers de Wampoa les rapides cutters, les légers schooners qui sillonnent la rivière sous les couleurs anglaises ou américaines. Ce sont eux qui ont construit les bateaux mandarins qu'on voit fendre l'onde sous les coups pressés de quarante avirons. Comment ces mains industrieuses n'ont-elles pas imité les navires des barbares si souvent mesurés par les employés du *hoppo*[1] ? Les rites qui protégent la vieille civilisation chinoise, l'obstination routinière commune à toutes les populations maritimes, n'ont pas permis ce premier progrès, qui eût ouvert la porte à de plus importantes réformes. Les constructeurs qui depuis vingt siècles ont rejoint dans la tombe les vieux architectes des trirèmes pourraient donc recon-

[1] Le chef des douanes chinoises.

naître encore dans les jonques du Céleste Empire les modèles légués par leur génie aux races futures.

Le passage du Bogue n'a pas un kilomètre de large. Bien qu'il existe un passage étroit à l'ouest des îlots de Wan-tong, ce double goulet, défendu par des feux bien dirigés, ne serait pas impunément franchi par une escadre. Il ne suffit pas malheureusement de braquer des canons sur une passe pour en interdire l'approche, il faut aussi que des bras exercés soient prêts à manier ces terribles instruments de destruction. Pour éloigner les barbares des *eaux intérieures*, les Chinois ont pensé qu'il suffisait de les intimider. Rien ne leur a coûté pour atteindre ce but, ni la pierre, ni la fonte. Après avoir érigé des batteries sur tous les sommets, sur toutes les pointes qui en pouvaient recevoir, ils ont, au pied des collines d'Anung-hoy, élevé de massives murailles dont le courant du fleuve vient laver les solides assises. Derrière ces murailles percées de nombreux sabords se trouve rassemblée plus d'artillerie qu'il n'en faudrait pour foudroyer toutes les flottes du monde ; mais ce formidable appareil ne doit pas compter sur le concours des soldats chinois. C'est à l'aspect menaçant des canons qu'est laissé le soin de mettre l'ennemi en déroute. Les mandarins n'ont voulu s'assurer ici qu'une victoire morale, et ils n'en ont jamais cherché d'autre pendant la guerre de 1840.

Ce fut un moment plein d'intérêt que celui où nous laissâmes cette importante batterie derrière nous. Bien que la brise fût fraîche, dans ce canal étroit le vent ne pouvait soulever de bien grosses vagues. Sur les flots aplanis du Chou-kiang, *la Bayonnaise* volait sans roulis ni tangage, semblable à ces lutins des nuits qui courent sur l'herbe des prés sans la froisser. On eût dit que, lancée à toute vitesse vers la côte, l'imprudente corvette allait, de son beaupré, pourfendre la montagne ; pourtant, dès que le gouvernail avait tourné sur ses gonds, dès que l'écoute du foc avait relâché la toile captive, on voyait la docile carène s'élancer vers la rafale qui la courbait sous son souffle, se redresser pendant que les huniers dégonflés venaient se coller le long des mâts, puis bientôt, inclinée sur son autre flanc, raser les assises granitiques d'Anung-hoy et cingler plus rapide encore vers l'île au double sommet, dont la structure bizarre rappelle aux marins chinois l'apparence d'un tigre accroupi.

Jusqu'alors notre navigation avait été facile ; mais il nous restait vingt-cinq milles à parcourir pour gagner le mouillage de Wampoa. Les rives du Chou-kiang, rapprochées l'une de l'autre par d'incessantes alluvions, avaient changé d'aspect. Ce n'était plus que dans le lointain qu'on apercevait les coteaux couronnés de quelques bouquets d'arbres, et qu'on voyait les vallons cultivés serpenter entre les plis de la montagne. Autour de nous s'étendaient de vastes rizières déjà couvertes d'une verdure naissante et bordées d'un long rideau de litchis ou de bananiers. Le canal, rétréci par ces empiétements d'une infatigable culture, était en outre obstrué par des bancs nombreux. De l'île du Tigre à Wampoa, il présentait deux barres que *la Bayonnaise* ne pouvait franchir qu'au moment de la haute mer. Le pilote chinois que nous avions pris à Macao s'était adjoint, en passant devant Anung-hoy, un second pilote habitué à la navigation du cours supérieur du fleuve. De petits bateaux, montés par un seul homme et mouillés de chaque côté du chenal, nous indiquaient la limite où devaient s'arrêter nos bordées. Ces pilotes chinois sont si habiles, leurs précautions sont si bien prises, que, malgré la quantité considérable de navires qui, depuis deux siècles, remontent ou descendent la rivière, on ne cite qu'un seul naufrage dans le Chou-kiang, celui d'un vaisseau de la Compagnie des Indes, qui se perdit sur une roche à l'entrée du canal de Wampoa. Ce fut donc sans avoir une seule fois labouré le fond qu'après trente heures de louvoyage et plus de soixante virements de bord, nous laissâmes enfin tomber l'ancre près de l'île Danoise, île montueuse et élevée qui sépare du canal de Wampoa et de la rivière des Jonques le bras méridional du Chou-kiang.

Dans les îles de la Malaisie, les teintes riches et variées, les lignes hardies du paysage captivent seules et absorbent l'attention. Sur les côtes de Chine, ce n'est plus la nature libre et fière, mais l'activité humaine que le voyageur admire. Trois cents navires européens visitent annuellement le mouillage de Wampoa. Autour de ces navires s'agite sur le fleuve et sur les deux rives tout un peuple qui ne vit que du superflu des barbares. Des milliers d'embarcations circulent dans les canaux qu'on voit de tous côtés se perdre dans les terres. Le mouillage de Wampoa est la rade de Canton, et Canton est demeuré, malgré l'ouverture des ports du nord, le principal entrepôt du commerce extérieur de la Chine. Le mouvement des échanges s'y élève chaque année, sans compter le trafic illicite de l'opium, à plus de 140 millions de francs. Les navires anglais occupent ordinairement l'entrée du canal et viennent mouiller près de l'île Danoise. C'est là qu'au milieu des nombreux *clippers*, on aperçoit souvent les larges *country-ships* de Bombay, qui, par leur tonnage, par l'élévation de leur batterie et de leur mâture, n'eussent point déparé les flottes marchandes que la Compagnie des Indes expédiait autrefois dans les mers de l'extrême Orient. Plus à l'ouest, et non loin du village de Wampoa, les rivaux déjà redoutables du commerce britannique font flotter le pavillon étoilé des États-Unis. *Le Samuel Rus-*

sell, *l'Aigle*, *le Sea-Witch*, offrent aux regards curieux du marin leurs coques longues, effilées, aux coutures imperceptibles, noires, brillantes comme un plateau de laque. Les Américains ne consacrent encore que soixante navires au commerce de la Chine, ils ne transportent des rivages du Céleste Empire dans les ports de l'Union qu'une valeur de 50 millions de francs ; mais l'avenir est à eux, et toutes leurs opérations révèlent l'admirable confiance qui fait la force de cette race entreprenante. C'est en face du mouillage des navires américains que s'est établi le naissant arsenal de Wampoa. De nombreux bâtiments y trouvent déjà, pour réparer leurs avaries, plus de facilités qu'ils n'en rencontreraient à Macao ou à Hong-kong. Le Chinois ne connaît point d'obstacles, dès que l'appât du gain a stimulé son industrie. S'il faut des bassins pour recevoir les carènes ébranlées par la tempête, il creusera des bassins dans l'argile de la rive. Une vase compacte servira de porte à ce dock improvisé, dans lequel le Léviathan européen a pu s'introduire à l'aide de la marée montante. Dès que les réparations seront achevées, le grossier barrage, attaqué par la pioche, disparaîtra comme par enchantement, et le navire, soulevé de nouveau par la marée, viendra reprendre son poste au milieu du fleuve.

Malgré l'intérêt que le spectacle de cette activité devait nous inspirer, Wampoa était trop près de Canton pour que notre impatience nous permît de nous y arrêter longtemps. Aussi, dès le lendemain de notre arrivée, nous empressâmes-nous de monter à bord du *Firefly*, véritable mouche à feu, microscopique *steamer* qui faisait alors deux voyages par jour entre Wampoa et Canton. Pendant que nous remontions rapidement la rivière des Jonques, nos yeux ne cessaient de se porter d'une rive à l'autre et de contempler les verdoyantes rizières qui s'étageaient sur le penchant des coteaux, les villages qui n'apparaissaient qu'à la dérobée entre les haies de bambous, les temples à demi cachés sous les vastes rameaux du figuier des Banyans, les tours qui dressaient dans le lointain leurs toits superposés et leurs galeries polygonales. Tout indiquait déjà l'approche d'une grande ville, d'un centre important de population. C'est ainsi que nous atteignîmes le barrage jeté, pendant la guerre de 1840, à l'issue de la rivière des Jonques. A peine eûmes-nous dépassé cette barrière impuissante et les forts si souvent humiliés qui la défendent, que les mâts rouges des mandarins, les premières maisons des faubourgs bâtis sur pilotis et suspendus pour ainsi dire au-dessus du fleuve, les massifs escadrons des jonques rangées côte à côte, les blanches bannières agitées par la brise, le flot toujours grossissant des tankas, vinrent nous apprendre que nous touchions au port. Canton, en effet, ne tarda point à se montrer à nos regards, non plus enfoui au sein des lourdes murailles qui, enveloppant la cité tartare, ne nous avaient laissé apercevoir que les arêtes des toits entassés, non plus rampant dans la fange sur les bords souvent inondés du Chou-kiang, mais tel que nous l'avions rêvé, tel que les artistes chinois aiment à représenter la Venise du Céleste Empire : — dans le fond, les imposants édifices des factoreries européennes, les mâts de pavillon des consuls, et les couleurs fièrement déployées de l'Angleterre, du Danemark et des États-Unis ; — sur le premier plan, la ville des cent mille bateaux, la *ville flottante*, avec ses avenues de palais aux façades dorées, aux verts et délicats treillages, avec ses longues rues de chaumières aux lambris de sapin et aux toits de bambou ; pittoresque quartier, éblouissant de couleurs, étourdissant de mouvement et de bruit, fantastique comme un conte arabe ou comme une décoration d'opéra. De ce vaste faubourg symétriquement aligné sur ses ancres, chaque jour, aux premiers rayons du soleil, s'échappe un peuple immense qui va jeter ses filets dans le fleuve ou cultiver les riches campagnes de la plaine.

Notre *steamer* cependant s'est frayé un passage à travers les tankas qui encombrent les abords du quai. De la proue il écarte les plus opiniâtres, et vient enfin déposer ses passagers à l'entrée du vaste *square*, planté d'arbres, au milieu duquel est arboré le pavillon des États-Unis. Le consul américain, M. Paul Forbes, nous attendait près du débarcadère. Nous connaissions depuis quelques jours à peine ce consul étranger : aucun de nous pourtant n'eût voulu refuser la gracieuse hospitalité qu'il nous avait offerte. Il y avait une telle cordialité empreinte sur sa loyale physionomie, une sympathie si vraie, si naturelle dans son regard, qu'on se sentait invinciblement entraîné par cette bienveillante confiance qui, dès le premier jour, se livrait tout entière. Fier de son pays, plein de foi dans les grandes destinées réservées aux États de l'Union, portant dans son amour et dans ses convictions patriotiques l'énergie et l'enthousiasme exalté d'une croyance religieuse, M. Forbes ignorait ces mesquines passions qui divisent trop souvent au delà des mers les exilés européens. Il aimait dans la France l'antique foyer des sciences et de la littérature, la grande patrie intellectuelle, commune à tous les cœurs généreux, chère à tous les esprits délicats. Que de fois nous l'avons entendu associer dans ses espérances, chimériques peut-être, mais toujours nobles et grandioses, notre patrie et la sienne, la vieille Gaule et la jeune Amérique ! Bien des illusions se sont déjà évanouies depuis cette époque ; bien des rêves complaisamment caressés oseraient à peine se produire aujourd'hui. Ce qui est resté ineffaçable, ce qui a survécu aux illusions et aux rêves, c'est le souvenir d'une amitié vraie et sûre, c'est la mémoire d'un dévouement sympathique et désintéressé, c'est la gratitude profonde pour les services rendus.

Les Chinois ne se sont jamais montrés prodigues envers les étrangers ; mais c'est surtout à Canton que leur politique circonspecte leur commandait de mesurer d'une main avare l'espace accordé aux commerçants européens. Neuf ou dix hectares d'un sol marécageux, qu'il a fallu consolider à grands frais, supportent les magasins voûtés et les larges façades à deux étages des factoreries. Ces édifices, construits en granit et en briques, sont divisés en treize groupes distincts par des rues transversales. Deux de ces rues, perpendiculaires au cours du fleuve, *Old-China street* et *New-China street*, sont occupées par des boutiques chinoises. C'est là que se trouvent rassemblés les boîtes et les plateaux de laque, les porcelaines, les bronzes, les ivoires sculptés, les mille objets d'un prix infini ou d'un bon marché fabuleux sortis des mains industrieuses des ouvriers cantonnais ; c'est là que nous avions hâte d'aller échanger contre de curieuses futilités les dollars poinçonnés que nous avions apportés de Macao. Nous prîmes à peine le temps de jeter un coup d'œil sur les chambres que nous avait destinées M. Forbes, et, tournant sur la droite, nous sortîmes du jardin américain pour entrer dans *Old-China street*.

On nous avait assuré que le moment de notre arrivée servirait merveilleusement nos projets d'acquisition. L'approche de l'année nouvelle devait rendre les marchands chinois plus accommodants, et prêter, disait-on, un charme irrésistible au tintement argentin de nos dollars. Une loi formelle oblige en effet les sujets du Céleste Empire à balancer leurs comptes et à terminer leurs affaires

Tome Ier, page 139.

La boutique de Sâo-qua à Canton.

avant que la lune de janvier ait montré son premier croissant à l'horizon. Cependant, lorsque après deux ans et demi de station nous eûmes appris à mieux connaître ces marchands rusés et lymphatiques, dont aucun délai n'épuise la patience, nous comprîmes qu'un Chinois peut au besoin comprimer l'élan de sa cupidité. Quand bien même, débiteur insolvable, il verrait le bambou du *tché-s-hien* levé sur ses épaules, quand bien même le petillement de tous les pétards de *Physic street* viendrait lui annoncer que ses heureux voisins sont libres et n'ont plus qu'à se réjouir, il ne laissera pas ses prix fléchir d'un *sapec*, si un imprudent enthousiasme lui a fait entrevoir le succès probable de ses prétentions ; mais nous étions en Chine de nouveaux débarqués, et nous devions acquitter l'inévitable tribut auquel nous condamnait notre inexpérience.

Entre tous ces marchands, celui qui captiva le mieux notre confiance et dont la boutique se vit assaillie par les plus nombreux chalands fut le vénérable Sao-qua, vieillard au chef branlant, à la queue grisonnante, chaudement enveloppé dans la longue robe ouatée qui venait se croiser sur sa poitrine. Son habile étalage mettait chaque objet en lumière, et faisait valoir l'un par l'autre tous ces vases précieux montés sur des trépieds de bois aux délicates ciselures, dont les branches pressaient de leurs gracieuses efflorescences un bronze contemporain des Ming, une amphore de Nan-king, une coupe en corne de rhinocéros chargée de pampres et d'oiseaux, un cornet d'ébène incrusté de nacre, une pierre de jade admirablement travaillée. Il n'est pas nécessaire de savoir parler le dialecte mandarin ou le patois de Canton pour se faire entendre des marchands de *China street*. Il suffit de posséder une légère connaissance de la langue anglaise. L'anglais est devenu la langue commerciale de l'Extrême-Orient, non pas, gardez-vous de le croire, cet âpre et rude idiome qui s'échappe en sifflant des gosiers britanniques, mais l'anglais adouci, amendé, aux faciles syllabes, aux molles désinences, véritable fruit exotique greffé sur un sauvageon. Les Chinois emploient sans effort ce doux parler créole, cet italien de souche portugaise et saxonne. On dirait, en vérité, qu'ils prennent plaisir à laisser tomber de leurs lèvres ce flot de liquides voyelles, et à se reposer ainsi de la fatigante psalmodie de leur propre langage. Expressif et concis comme un hiéroglyphe, excellant à condenser les pensées, à débarrasser la phrase des particules oisives, l'anglo-chinois est une langue qui a déjà ses règles et son dictionnaire, qui aura peut-être un jour sa littérature[1]. Le digne Sao-qua connaissait toutes les ressources de cet insinuant idiome. Il ne pouvait donc manquer de nous fasciner par son éloquence. Il avait cru devoir accepter l'honorable surnom de *Talkee true, l'homme vrai*, que les Anglais avaient décerné, disait-il, à sa vieille loyauté et à sa farouche franchise. Avec quel abandon, avec quelle familiarité câline le vieux fumeur d'opium penchait sa face jaune et amaigrie sur l'épaule de l'acheteur hésitant, mais tenté, et lui disait de cet air qui n'appartient qu'au marchand qui se sacrifie : *You ale my fliend*, — *me talkee true*, — *foty tolla.* Vous êtes mon ami, — je suis l'homme vrai, — quarante dollars !

[1] Je ne veux citer qu'un seul échantillon de ce dernier-né des dialectes modernes. Nous demandions un jour à notre pilote, pendant un voyage que nous fîmes à Chou-san, si le vent, qui depuis plusieurs jours nous retenait au mouillage, ne deviendrait pas bientôt plus favorable. Voici sa curieuse réponse : *Pilot no can sabee. — Joss makee pigeon;* ce que vous prononcerez ainsi : *Païlot no can sabi. Djos méki pidgeon,* et ce que je me permettrai de traduire en mauvais anglais par ces mots : *Pilots cannot know. — God makes that business.* — Qu'en peut savoir le pilote? — C'est l'affaire du bon Dieu.

Les soieries fabriquées dans le Kiang-nan et chargées de broderies dans les faubourgs de Canton, les boîtes de laque toutes couvertes de ces figurines dorées qu'il faut admirer à la loupe, ne nous exposèrent pas à de moins dangereuses séductions que les porcelaines et les bronzes d'*Old-China street.* L'atelier de Lam-qua fit aussi passer sous nos yeux ses peintures à la gouache, dont l'éclat velouté semble avoir été ravi à l'aile des papillons. Il nous fallut plus d'une heure pour choisir et rassembler dans le même album des dieux brandissant la foudre, des guerriers vidant leurs carquois, des damnés subissant les affreux supplices de l'enfer bouddhique, des mandarins assis sur leurs chaises curules, des nymphes qui, semblables aux fabuleux oiseaux de paradis, n'ont point de pieds pour se poser sur la terre et se balancent doucement dans l'espace. Nous nous arrêtâmes enfin quand nos bourses furent vides ; mais, avant de prendre congé des marchands de *China street*, c'est ici le lieu de leur rendre une tardive justice. Non moins adroit, non moins souple que le juif du Levant, quand il s'agit de se défaire de sa marchandise, le marchand chinois, dès que le marché est conclu, se montre aussi probe, aussi scrupuleux que le plus respectable Osmanli de Constantinople. On peut se reposer complétement sur lui du soin d'emballer les objets achetés, le payer sans crainte à l'avance, ou lu remettre un billet pour le comprador de *M. Foxi* (M. Forbes).

Old-China street et *New-China street* sont des rues larges, régulières, pavées de grandes dalles de granit et bordées de chaque côté de boutiques à un seul étage : ces rues ne sont guère fréquentées que par des Européens. Aussi, à les voir silencieuses et presque désertes, on ne soupçonnerait point la foule immense qui s'agite à quelques pas de ce quartier paisible, le rapide courant d'hommes et de marchandises qui traverse *Physic street*. Cette longue rue, voie étroite et tortueuse au milieu de laquelle circule sans cesse une multitude affairée, serpente de l'est à l'ouest, entre le terrain des factoreries et les îles confuses du faubourg occidental. C'est dans *Physic street* qu'un luxe ingénieux rassemble les oranges mandarines à la peau flasque et cramoisie, les pamplemousses d'Amoy dont le burin a découpé l'écorce, à côté des poires du Chan-tong et des jujubes du Pe-tche-li; c'est là que de larges cuves contiennent les poissons encore vivants du Chou-kiang, et que les paniers de rotin enferment les chiens fauves destinés à la table des Lucullus de Canton. Là aussi des canards fumés et aplatis, comme si on les avait passés au pressoir, des épaules de chat enfilées en chapelets, des grappes de rats desséchés se montrent appendus à la devanture des boutiques auprès des quartiers de bœuf et de mouton, auprès de ces cochons engraissés comme des *poussahs*, dont les reins paraissent avoir fléchi sous un coup de bâton et dont le ventre traîne souvent jusqu'à terre. Quel mouvement, quel pêle-mêle dans cette rue, la plus bruyante des rues de Canton! Craignez, si vous vous aventurez sans guide au sein de ce *maëlstroom*, d'être emporté par la foule au milieu d'un labyrinthe de rues si uniformes, si semblables entre elles avec les enseignes verticales dont chaque boutique est flanquée, que le fil d'Ariane ou la rencontre heureuse de quelque honnête mandarin pourrait seule vous rouvrir le chemin des factoreries.

Jamais une femme chinoise ne se montre à pied dans *Physic street*; jamais le bouton des mandarins n'apparaît au milieu de cette cohue. Les femmes aux petits pieds et les mandarins ont leurs chaises et leurs porteurs, quoique ce ne soient pas les seuls habitants qui usent de cet aristocratique véhicule. Il n'est si pauvre bachelier qui ne monte parfois dans son équipage au siége de bambou et aux stores de rotin : vous verrez alors l'humble *sieou-tsai* courbé au fond de cette cage étroite, emporté par deux vigoureux *coulis*, fendre la foule comme un grand seigneur et tout renverser sur son passage. Le droit de malmener ainsi les passants n'est pas à Canton un privilége. Ce droit appartient aux puissants dignitaires que précède le hideux vacarme de leurs bourreaux et de leurs licteurs; il appartient aussi à ces portefaix au torse nu qui soutiennent de leurs deux bras ramenés en arrière un bâton plat appuyé sur leurs larges épaules, — levier flexible aux extrémités duquel pendent également balancées les vastes corbeilles remplies de légumes ou les viviers ambulants promenés dans tous les quartiers de la ville. Point de querelles cependant, point de lutte entre ces hommes qui se poussent, se pressent et se heurtent : la patience est le trait le plus saillant du caractère chinois. Un riche marchand demeurera paisiblement assis à son comptoir, pendant que, dans sa boutique, sous sa maigre moustache, un mendiant importun viendra frapper l'un contre l'autre deux morceaux de bambou et lui déchirera le tympan par le plus épouvantable charivari. Il se laissera ainsi assourdir au milieu des comptes qui absorbent son attention, au milieu du marché le plus intéressant et le plus débattu, sans qu'il lui échappe un geste de violence ou un signe d'emportement. Parfois il se délivre de cette persécution par le sacrifice de quelques *sapecs* ; mais plus souvent encore nous avons vu le flegme de l'assiégé lasser la crécelle de l'assiégeant, et l'aveugle vaincu aller chercher, du bout de la baguette qui lui sert à diriger ses pas, le seuil d'une boutique moins inhospitalière.

Des calculs basés sur la consommation journalière du riz dans la capitale du Kouang-tong ont porté à douze cent mille âmes la population de cette cité industrieuse. La *ville flottante* renferme à elle seule, assure-t-on, trois cent mille habitants ; neuf cent mille vivent sur la terre ferme. Une muraille crénelée, haute de huit ou dix mètres, enveloppe l'espace qu'occupèrent autrefois les Tartares-Mantchoux, lorsque, après onze mois de siége, ils s'emparèrent, le 24 novembre 1650, de cette place forte, la dernière qui subit leur joug. C'est dans cette ville intérieure que résident le vice-roi et les autorités de la province ; c'est aussi à l'abri de cette enceinte que se retire chaque soir la portion la plus riche et la plus respectable de la population. Les marchands de Canton n'habitent leurs boutiques que pendant le jour ; la nuit venue, ils s'empressent de regagner, les uns dans la ville fermée, les autres dans les faubourgs, les demeures plus commodes et plus vastes où les attendent les joies de la famille et le repos si bien dû à leurs laborieuses journées. En dépit du traité de Nan-king et des réclamations de sir Henry Pottinger, l'accès de la ville intérieure n'avait point cessé de demeurer interdit aux barbares. Une nouvelle convention, seul résultat de l'expédition de sir John Davis en 1847, avait ajourné la solution de cette question délicate au 6 avril 1849. Il nous fallut donc renoncer à visiter la cité tartare, mais nous voulûmes du moins faire le tour de cette ville qui refusait de nous ouvrir ses portes. Partis des factoreries au point du jour, sous la conduite d'un missionnaire américain que son zèle méthodiste avait habitué à ces courses aventureuses, nous traversâmes rapidement le faubourg occidental, tournâmes vers l'est pour franchir les arides coteaux qu'ont envahis, au nord de la ville, d'innombrables sépultures, et, sortis sans encombre de ce champ des morts, nous gravîmes la colline sur laquelle sir Hugh Gough, le 24 mai 1841, avait établi son quartier général. De ce point culminant, nous découvrions le lointain horizon des montagnes, les vertes vallées aux plans indéfinis, les nombreux embranchements du fleuve et les joyeux hameaux dispersés dans la plaine. A notre droite s'étendait le camp de manœuvre consacré au tir de l'arc et de l'arquebuse; à gauche, les fertiles jardins que borne la rivière. On voyait les voiles jaunes glisser au milieu des prairies, les robustes *coulis* se hâter le long des sentiers, les *tigres* du Céleste Empire se promener, la pique sur l'épaule, devant la porte de l'*éternel repos*. C'était un panorama plein de vie et d'étrangeté; mais la ville tartare, protégée par sa haute ceinture, ne nous laissa voir que les échafaudages à la cime desquels s'établissent les guetteurs de nuit et l'espèce d'acropole que domine de son gracieux clocher la *pagode aux cinq étages*. Notre guide s'empressa de nous arracher aux charmes de ce spectacle. Il avait remarqué, disait-il, que les Chinois n'inquiétaient jamais un voyageur en marche, mais s'attroupaient facilement autour du promeneur indécis qui s'arrêtait sur la route. Ahasvérus eût pu, suivant lui, traverser avec impunité la Chine entière. Il nous fallut donc reprendre notre course haletante, et regagner les factoreries en passant au milieu du faubourg qui s'appuie à la face méridionale de l'enceinte.

Le vice-roi qui réside à Canton gouverne les deux provinces du Kouang-si et du Kouang-tong; il étend sa juridiction sur quatre cent sept mille kilomètres carrés, — les quatre cinquièmes de la surface de la France, — et se trouve investi de la direction suprême de vingt-sept millions d'âmes. La Chine renferme ainsi neuf royaumes distincts, séparés de la ville impériale par d'énormes distances que la difficulté des communications rend plus considérables encore. Canton, situé à deux mille kilomètres environ, à trente jours de route de Pe-king, est, comme la capitale du Su-tchuen, comme celle du Kiang-nan, comme celles des dix-huit autres provinces groupées deux à deux sous le gouvernement d'un vice-roi, le siége d'une administration qui n'a besoin de recourir qu'en de rares occurrences à la source d'où émane en Chine toute autorité. Malgré cette complète délégation de pouvoirs, *le Fils du Ciel* n'a jamais vu les grands dignitaires de l'empire lever l'étendard de la révolte et affecter le rôle si souvent usurpé par les pachas musulmans. Le servilisme général des esprits, le dévouement pusillanime des mandarins, ont dû contribuer à éteindre ces ambitions viriles et ces pensées de rébellion; mais le mécanisme du gouvernement est aussi fait pour les prévenir. Les mandarins ne sont jamais employés dans la province qui les a vus naître, et ils exercent rarement leurs fonctions plus de trois années. Le pouvoir est en outre partagé entre plusieurs officiers indépendants les uns des autres, dont le concours est nécessaire pour tous les actes importants, et qui doivent déférer au jugement de la cour les affaires sur lesquelles ils n'ont pu s'accorder. Ainsi, à côté du vice-roi, entouré de tout l'éclat de l'autorité suprême, fastueux fonctionnaire dont le traitement annuel est de 120 000 francs, vient se placer le lieutenant-gouverneur, le *fou-yuen*, dont la juridiction n'embrasse qu'une seule province, mais qui ne subit en aucune façon le contrôle du gouverneur général. Ce dernier ne peut, sans l'aveu du *fou-yuen*, appliquer le *wang-ming*, ce droit de vie et de mort en vertu duquel, dans les cas urgents, un criminel est immédiatement exécuté, sans qu'il soit besoin de demander à Pe-king la confirmation de la sentence. Le commandement de la force armée est confié à un général tartare qui répond seul de la défense de la ville. L'administration des finances appartient au directeur général des douanes, au receveur général des contributions et au surintendant général des salines ; celle de la justice est réservée au juge criminel, qui n'est assisté des autres autorités de la province que lorsqu'il s'agit de prononcer la peine capitale. Tel est le personnel auquel est dévolue la haute administration de la vice-royauté et de la province. Sous le contrôle de ces grands fonctionnaires s'exerce le gouvernement du département et du district. Le département est placé sous les ordres d'un magistrat civil qui remplit, avec des attributions plus étendues, des fonctions analogues à celles de nos préfets. Chaque district a son sous-préfet, revêtu, comme le magistrat du département, de pouvoirs à la fois administratifs et judiciaires. Le département de Kouang-tcheou, dont Canton fait partie, est divisé en quatorze districts, et la ville de Canton ressort des deux districts de Pouan-you et de Nan-haï. Les sous-préfets nomment dans chaque commune un maire chargé de la police et des levées des impositions. Ces maires sont des agents très-subalternes, qui portent rarement le bouton des lettrés, et que le sous-préfet soumet sans façon à la bastonnade. Dans les campagnes cependant, s'il y a quelques travaux publics à entreprendre ou une affaire grave à décider, ce sont eux qui président le conseil des anciens et qui dirigent les délibérations. L'administration chinoise est, on le voit, peu compliquée : quatorze mille mandarins civils suffisent à gouverner trois cent soixante et un millions d'âmes ; mais cette simplicité de ressorts, en accumulant d'immenses prérogatives sur la même tête, a dû entraîner à sa suite les inconvénients inhérents aux administrations despotiques, — la vénalité de la justice et les plus odieuses exactions dans la perception des impôts. Les tribunaux mettent pour ainsi dire à l'encan la sentence qui condamne ou celle qui absout. Les Chinois sont soumis au payement d'une taxe personnelle imposée à chaque habitant en proportion de son revenu, depuis l'âge de vingt ans jusqu'à celui de soixante ; ils doivent en outre acquitter une contribution foncière prélevée sur les produits du sol, et fixée au dixième, au vingtième, au trentième de la récolte, suivant la qualité de la terre. Ces impôts modérés sont presque toujours doublés ou triplés par la cupidité des mandarins.

Le peuple chinois ne cherche point en général dans l'insurrection un remède à ses maux. Son naturel pacifique s'oppose à ces levées de boucliers. De tout temps cependant la Chine méridionale s'est montrée moins disposée que les autres provinces à se soumettre aux vexations des autorités. Le Kouang-si et le Kouang-tong sont le grand embarras de la dynastie mantchoue. C'est surtout dans les nombreux villages disséminés autour de Canton qu'on a vu plus d'une fois les résistances municipales triompher de la puissance des mandarins. Pendant la guerre de l'opium, les habitants de ces villages osèrent prendre les armes, et les apparences de succès qu'ils obtinrent alors sur les troupes anglaises ont contribué à augmenter leur orgueil et leur turbulence. C'est au moment où les troupes tartares avaient été contraintes de se renfermer dans la ville, au moment où une partie de la rançon de Canton était déjà embarquée à bord des navires anglais, que les *braves*, formés en masses menaçantes, vinrent planter leurs étendards en face des hauteurs qu'occupait sir Hugh Gough. Il suffit d'une charge vigoureuse pour disperser ces bandes irrégulières, que quelques compagnies poursuivirent de village en village ; mais un affreux orage succéda, vers le coucher du soleil, à la température accablante de la journée, et vint changer la face des choses. Les Anglais n'avaient que des fusils à pierre, et la pluie avait rendu ces armes complétement inutiles. Sir Hugh Gough dut songer à se replier vers ses positions. Les Chinois se rallièrent et suivirent la colonne anglaise dans son mouvement de retraite. On vit ces levées populaires déployer alors une audace qu'on n'était guère en droit de leur supposer. Plus d'une fois, lorsque la colonne était obligée de rompre ses rangs pour passer un ruisseau ou pour défiler à travers les rues étroites d'un village, les soldats eurent à soutenir des combats corps à corps. Au milieu de l'épais brouillard qui couvrait la campagne, une compagnie de cipayes se sépara du gros de la colonne et fut obligée de se former en carré pour ne pas être entamée par l'ennemi. L'obscurité était déjà complète, la tempête redoublait de violence : ce faible détachement ne pouvait opposer aux nombreux assaillants qui le harcelaient que les baïonnettes de ses fusils. Les Chinois avaient réussi à traîner sur une éminence très-rapprochée une petite pièce d'artillerie dont l'effet eût été terrible sur ce carré immobile. Les cipayes se croyaient perdus, quand heureusement deux compagnies de soldats de marine, armés de fusils à percussion, vinrent les dégager. Le surlendemain, les Anglais évacuaient les hauteurs de Canton, et les *braves* étaient libres d'attribuer à la terreur qu'inspirait leur courage la retraite précipitée des barbares. Des placards affichés jusque sur les murs des factoreries ont souvent mentionné ce prétendu triomphe ; les proclamations adressées à la population des campagnes l'ont plus d'une fois rappelé avec orgueil, et il eût fallu une plus terrible leçon que celle du 3 avril 1847 pour en effacer le souvenir. On comprendra facilement combien cette confiance présomptueuse devait enhardir l'animosité du peuple de Canton et rendre plus difficile encore la tâche pacifique qu'avait acceptée le vice-roi Ki-ing. Ce malheureux mandarin, assailli de mille réclamations par le gouverneur de Hong-kong, ne pouvait y faire droit qu'aux dépens de sa popularité. Chacune des concessions que lui arrachait le désir d'éviter une nouvelle collision irritait et soulevait contre lui les passions de cette populace, qui haïssait plus les barbares qu'elle ne les redoutait.

Depuis notre arrivée à Macao, nous n'avions pu étendre nos observations au delà des classes inférieures de la société chinoise ; le jour était enfin venu où nous allions nous trouver en présence du gouverneur général de Canton, l'homme d'État le plus éminent du Céleste Empire. Ki-ing n'aurait pu se permettre de recevoir dans son palais, situé au milieu de la cité tartare, l'envoyé d'une puissance étrangère. Le mandarin Po-tin-qua, fils d'un marchand qu'avait enrichi le fructueux commerce des hanistes, mit à sa disposition pour cette entrevue la maison de campagne qu'il possédait sur les bords du fleuve, et ce fut vers cette villa chinoise, qui déjà dans une occasion semblable avait reçu M. de Lagrené, que la marée montante emporta, le 19 janvier, dès huit heures du matin, la nouvelle légation de France et les officiers de *la Bayonnaise*. Le bateau-mandarin à bord duquel nous nous étions embarqués près du quai des factoreries, nous eût conduits sans fatigue jusqu'aux sources du Chou-kiang. Ce bateau de plaisance portait sur sa large plate-forme un vaste édifice, aux cloisons capricieusement découpées, dont l'intérieur était partagé en deux salons ornés de délicates incrustations de rotin et d'ivoire. Circulant sur les bords extérieurs de la plate-forme, l'équipage, armé de longues perches, maintenait au milieu du fleuve ou dirigeait d'une rive à l'autre la lourde nef, qui dérivait entraînée par le courant. Au bout d'une heure notre bateau s'engageait dans un canal creusé à travers les alluvions récentes de la rive gauche et nous déposait à l'entrée du parc de Po-tin-qua. Débarqués sur la berge du canal, nous pénétrâmes dans un de ces jardins aimés des Chinois où, au-dessus des flaques d'eau verdâtre, serpentent les ponts aux lignes brisées qui unissent par un double rang d'arcades, des îlots factices et des collines en miniature. Le ciel était gris et sombre ; les arbres du parc se montraient pour la plupart dépouillés de leur feuillage ; les intempéries de plusieurs hivers avaient effacé depuis longtemps les brillantes couleurs dont on pouvait apercevoir encore la trace sur les galeries vermoulues des ponts et sur la façade fanée du pavillon dans lequel nous attendait le vice-roi Ki-ing. Ce kiosque aux corniches retroussées, aux moulures bizarres, s'élevait, soutenu par huit piliers de granit, du sein d'un étang fétide, dont les eaux dormaient sous les larges feuilles des nénufars. Il y avait je ne sais quelle apparence de déclin et de vétusté répandue sur tout ce paysage, qui suffisait pour lui imprimer un cachet de maussade tristesse.

Le vice-roi nous reçut avec toutes les démonstrations empressées de la politesse chinoise, démonstrations imitées à l'envi par les nombreux mandarins dont le gouverneur général de Canton était entouré. Il y a loin de la familiarité obséquieuse, de la curiosité impertinente dont les fonctionnaires chinois firent preuve dans cette entrevue, à la dignité naturelle, à la réserve si pleine de convenance et de bon goût qu'on rencontre d'ordinaire chez les officiers turcs. On a peine à prendre au sérieux ces hommes d'État qui jouent avec les revers de votre habit, en étudient les parements brodés, et ne voient dans les lettres de créance d'un ambassadeur qu'un parchemin curieusement illustré qu'il faut se hâter de soumettre à l'examen de tous les familiers de bas étage qui assistent en Chine aux conférences les plus secrètes. Ki-ing, aussi peu sérieux, il faut en convenir, aussi peu grave dans ses allures que les mandarins subalternes qui s'empressaient auprès de ses hôtes, devait avoir alors environ soixante ans. Sa taille droite, sa démarche assurée, semblaient lui promettre une verte vieillesse, et sous les plis efféminés de sa longue robe chinoise, on pouvait encore deviner l'intrépide Tartare qui avait plus d'une fois percé de son épieu les tigres ou les ours dans les forêts de la Mantchourie. La physionomie du vice-roi ne répondait point d'ailleurs à notre attente. On y pouvait reconnaître un caractère général de simplicité et de bienveillance; mais il eût été difficile d'y trouver l'expression d'une intelligence supérieure et de lire sur ce front peu développé, dans ce regard terne et indifférent, l'habileté politique dont Ki-ing avait donné tant de preuves pendant les négociations de 1842 et au milieu des complications qui avaient suivi le traité de Nan-king. Membre de la famille impériale, Ki-ing avait dû cependant, comme le plus humble des Chinois, conquérir par son mérite personnel le rang élevé qu'il occupait dans l'empire. Les emplois publics sont rarement dévolus en Chine aux parents de l'empereur. La plupart de ces princes, dont le nombre s'est considérablement accru depuis deux siècles, végètent dans l'oisiveté, souvent dans la misère, et n'ont d'autres ressources que la faible pension qui leur est accordée. Le despotisme courbe toutes les têtes sous le même niveau. Chacun, en Chine comme en Turquie, est le fils de ses œuvres et de la faveur impériale. Le mot de parvenu ne serait point compris des Chinois. Il existe, il est vrai, dans le Céleste Empire des titres de noblesse héréditaires qui, baissant d'un degré à chaque génération, ne sont complétement éteints qu'à la cinquième; mais ces titres ne confèrent aucun privilége. Ils n'ont de valeur qu'autant que le souverain en confirme le lustre par une nouvelle investiture. Les membres de la famille impériale, les nobles Chinois ont aussi peu d'influence sur les affaires de l'État que les riches particuliers qui obtiennent, par leurs libéralités envers le trésor public, le bouton et le rang de mandarin. Parmi les grands officiers de l'empire, il en est peu qui puissent se vanter d'une illustre origine. Le conseiller intime du vice-roi, le mandarin à l'influence duquel la rumeur publique attribuait en partie l'habileté diplomatique de Ki-ing, Houan, était né dans le Chan-tong de parents obscurs. Parvenu au rang de mandarin du second ordre, membre du collége impérial des Han-lin, il s'était vu accusé par ses ennemis de malversation et de partialité vénale dans les examens qu'il était chargé de présider. Une sentence rigoureuse l'avait précipité du faîte des honneurs au bas de l'échelle officielle. Avec cette patience résignée dont les Orientaux ont seuls le secret, Houan était occupé, quand il nous fut présenté par le vice-roi, à gravir de nouveau les nombreux degrés qu'il avait si brusquement descendus. Le bouton bleu décorait déjà son bonnet de feutre encore veuf de la plume de paon. On eût pu remarquer toutefois une certaine teinte de mélancolie empreinte sur ce front intelligent qui semblait garder la trace de la foudre impériale. Au milieu des figures basses et serviles qui entouraient le vice-roi, le regard expressif, la physionomie noble et régulière du conseiller intime inspiraient une sympathie si invincible, que chacun de nous se fût senti disposé à prendre parti pour le fonctionnaire dégradé contre ses accusateurs. Ki-ing, il faut le dire à sa gloire, n'avait point abandonné son protégé. A la confiance absolue qu'il ne craignait point de lui témoigner en public, on pouvait juger que le vice-roi protestait intérieurement contre un arrêt qui n'avait probablement frappé dans la personne de Houan qu'un des champions de cette cause modérée dont on n'osait encore attaquer le chef.

Il n'y a point en Chine de conférence diplomatique sans banquet. Un dîner de trente couverts nous attendait dans une salle basse précédée d'un péristyle à colonnes et mal éclairée par les rayons obliques qui tombaient d'en haut sur une cour intérieure. Bien enveloppés de leurs chaudes pelisses, les mandarins défiaient la température humide et froide dont nous préservait très-imparfaitement le maigre tissu de nos habits d'uniforme. Un dîner chinois n'est plus une nouveauté; mais c'est toujours une affreuse chose, on pourrait ajouter un affreux souvenir, pour des estomacs européens. Le dessert seul eût pu trouver grâce à nos yeux, et c'est par le dessert que nous débutâmes. Deux longues rangées de pyramides, hautes à peine de trois ou quatre pouces et composées d'amandes, de sucreries, de fruits secs et de fruits confits, nous offrirent, au moment où nous entrâmes dans la salle du festin, un coup d'œil gracieux qui eût fait bondir de joie une réunion de bambins parisiens ou une assemblée de jeunes magots de la Chine. Après cet innocent service apparurent les réchauds d'étain chargés d'aliments inconnus, les plats de métal tout fumants des nauséabondes vapeurs de l'huile de ricin et de la graisse fondue; puis, devant chaque convive, les domestiques déposèrent bientôt des bols remplis jusqu'au bord d'œufs de faisan ou de pigeon, de boules gélatineuses, de lambeaux d'holothuries, de filaments blanchâtres craquant sous la dent comme des cordes à violon. Il fallait arroser ces sinistres mélanges de tasses de thé sans sucre ou de tasses de *sam-chou*, boisson tiède et empyreumatique obtenue par la distillation du riz. De prétendus vins de Champagne et quelques vins de Portugal ou d'Espagne circulaient au milieu de cet affreux pêle-mêle et ajoutaient leur poison européen à tous ces poisons indigènes. Puis, quand ce supplice gastronomique semblait achevé, quand chacun de nous avait reçu de Ki-ing, de Houan, de Po-tin-qua ou d'un autre convive quelque fragment emprunté par ces aimables épicuriens à leur propre assiette, quand nous avions tous, bon gré mal gré, fait honneur à ces offrandes habilement transportées au bout des bâtonnets, il nous fallut reconnaître que le véritable dîner n'était point encore commencé. Un gros de marmitons venait de se précipiter dans la salle, chargé, comme un régiment qui reviendrait de la maraude, de porcs et de moutons rôtis, de poules, d'oies, de canards, d'une basse-cour entière passée au fil de la broche. Ce fut en notre présence que les écuyers tranchants, appuyant la paume de leur sale main sur ces chairs saignantes, découpèrent les minces tranches de viande qu'ils vinrent nous offrir. Heureux les estomacs de fer qui purent résister à tant d'épreuves! heureux les cœurs qui ne se soulevèrent point de dégoût! Enfin le vice-roi eut pitié de ses hôtes; les bols de riz se montrèrent sur la table, et après cet hommage rendu à l'épi nourricier de la Chine, nous pûmes nous lever, rendant grâces au ciel de n'avoir pas succombé à notre premier dîner chinois. De tous les convives assis à ce banquet, celui qui fut le plus impitoyablement sacrifié, ce fut notre malheureux interprète, obligé de servir d'intermédiaire à toutes les plaisanteries, à toutes les questions, à toutes les prévenances qui se croisaient sans cesse d'un bout à l'autre de la table. Il n'y eut si mince mandarin qui, élevant des deux mains sa tasse pleine de samchou à la hauteur de sa bouche et imprimant à sa tête un balancement saccadé, ne se crût obligé de formuler un toast complimenteur à l'adresse de l'un d'entre nous. Le beau Houan, le représentant du *ti-mié* (de la *fashion* en Chine), se distingua surtout par son urbanité louangeuse. Il but, le flatteur, *à la barbe vénérable* d'un des officiers de *la Bayonnaise,* et attribua modestement soixante-dix ans à un homme qui en avait à peine trente; mais Houan connaissait le cœur humain, et son sourire plein de finesse et d'intention semblait dire à son interlocuteur : « Vous devinez que je vous flatte, mais je suis sûr que vous me le pardonnez! »

Au milieu de ces gracieux échanges, la confiance ne pouvait manquer de s'établir entre les enfants de *la terre des fleurs* et les aimables *Fa-lan-ça-is;* mais le jour baissait, et nous dûmes bientôt prendre congé du vice-roi. Les effusions qui nous avaient accueillis au moment de notre arrivée nous accompagnèrent jusqu'au bateau, à bord duquel le vice-roi voulut lui-même nous voir monter. Le jusant nous servit aussi bien que nous avait le matin secondés la marée montante, et, avant le coucher du soleil, nous avions regagné les factoreries.

L'envoi d'un agent diplomatique en Chine était une nouvelle sanction donnée par le gouvernement français au traité de M. de Lagrené. Aussi, dès cette première entrevue avec le ministre de France, les autorités de Canton durent-elles abandonner tout espoir de nous dérober cette précieuse conquête. C'est toujours une tâche ingrate que d'être obligé de négocier avec les hommes d'État de l'Orient. Le génie même des langues orientales sert admirablement ces diplomates de naissance à envelopper dans les nuages d'une métaphore continue la pensée à laquelle ils refusent à dessein la netteté et la précision. Plus d'une fois la patience des envoyés européens s'est épuisée dans des pourparlers stériles; mais dans cette occasion le ferme et noble langage que les mandarins entendirent dut les convaincre que si la France voulait rester fidèle au traité négocié en son nom par M. de Lagrené et n'y apporter aucune modification, elle n'était pas moins résolue à imposer à la Chine la stricte exécution de ses engagements. M. Forth-Rouen ne voulut point dissimuler au vice-roi la sensation profonde qu'avaient causée en Europe les promesses de tolérance religieuse qui avaient suivi le traité de Wampoa. Il sut lui laisser comprendre combien dans notre pensée ce grand intérêt dominait tous les autres, et combien il importait au maintien des bonnes relations, qui n'avaient jamais cessé d'exister entre les deux empires, que de pareilles promesses ne fussent pas rendues illusoires par le zèle exagéré des autorités secondaires.

A prendre comme sérieuses les assurances réitérées du vice-roi et des mandarins qui l'entouraient, toute idée de persécution eût été à jamais abandonnée vis-à-vis des chrétiens de la Chine. En aucun lieu la liberté de conscience n'eût été plus complète, plus absolue qu'au sein du Céleste Empire. Malheureusement, c'est en Chine surtout que les faits sont loin de répondre aux paroles. Les conquérants tartares qui règnent à Pe-king ne se sentent point assez affermis sur un trône que les sociétés secrètes ont failli renverser il n'y a guère plus d'un demi-siècle, pour voir avec indifférence grossir cette secte nouvelle dont les progrès leur semblent un danger pour leur couronne. Il existe toujours en Chine contre les chrétiens une persécution sourde, latente, qui n'attend que son heure pour éclater. Signalez aux mandarins de Canton les excès de pouvoir, les vexations journalières des autorités provinciales : ils trouveront, pour échapper à vos représentations, de faciles issues. Les Chinois arrêtés ne seront pas des chrétiens que l'on poursuit à cause de leurs croyances ou de leurs pratiques religieuses. Il n'y aura plus dans les prisons que des criminels, des voleurs ou des assassins, livrés régulièrement aux tribunaux et que la protection étrangère ne saurait essayer de couvrir. La tolérance du gouvernement chinois à l'égard des chrétiens du Céleste Empire ne saurait donc être entretenue que par une surveillance de tous les instants. Les réclamations incessantes des agents français sont aussi nécessaires au succès de la cause évangélique en ce pays que le zèle intrépide de nos missionnaires. Si la politique, qui décida la création d'un poste diplomatique à Canton, avait besoin d'être défendue, il suffirait pour justifier cette mesure de mentionner les succès obtenus par M. Forth-Rouen pendant sa longue et honorable gestion, et de montrer cette sécurité croissante dont les chrétiens des parties les plus reculées de la Chine, les néophytes du Su-tchuen et du Kouei-tcheou, furent redevables à ses persévérants efforts.

CHAPITRE VIII.

La baie de Cum-sing-moun et l'établissement de Hong-kong.

Quelques jours après l'entrevue du ministre de France et du vice-roi de Canton, *la Bayonnaise* vint reprendre son poste sur la rade de Macao. Nous avions pu apprécier à Wampoa le mouvement du commerce régulier de la Chine; il nous restait à étudier le commerce interlope, qui occupe le premier rang dans les échanges du Céleste Empire. A quinze milles du fort de San-Francisco, près du coude que forme l'île Hiang-chan à l'embouchure du Chou-kiang, l'île de Cum-sing-moun abrite un mouillage aussi sûr et plus vaste que le port intérieur de Macao. C'est là que la contrebande a fait élection de domicile. Chaque maison de commerce anglaise ou américaine entretient dans cette baie un dépôt flottant d'opium armé de canons et prêt à repousser par la force les visites des mandarins ou les attaques des pirates. L'île de Cum-sing-moun n'est pas, comme la péninsule de Macao ou l'île de Hong-kong, une possession officiellement européenne : une sorte de concession tacite l'abandonne complétement aux contrebandiers et aux barbares.

Partis de Macao sur le charmant cutter de M. Forbes, *le Gipsy*, nous atteignîmes en moins de deux heures la baie de Cum-sing-moun et vînmes demander l'hospitalité au *receiving ship* du capitaine Endicott. C'est à bord de ce dépôt flottant que nous pûmes comparer les diverses sortes d'opium que l'Inde expédie dans les ports de la Chine. Les Chinois savent distinguer du premier coup d'œil le Malwa, le Patna, le Bénarès, et l'opium que produit la Turquie. Depuis plus d'un siècle, l'espèce de pavot d'où s'extrait cette funeste drogue est cultivée dans la province de Malwa. La compagnie des Indes, en respectant la liberté d'une culture, d'où les rajahs tributaires tirent en grande partie leurs revenus, en a frappé les produits de droits énormes. Outre la contribution territoriale, elle perçoit pour chaque caisse de Malwa contenant 63 kilogrammes d'opium un droit de 400 roupies, environ 950 francs. La récolte de 1848, évaluée à 25 000 caisses, devait donc laisser entre les mains de la compagnie un revenu de 24 millions de francs. La province de Bahar et un des districts de la présidence du Bengale produisent les deux qualités d'opium connues sous le nom de Patna et de Bénarès. Dans ces deux provinces, le cultivateur, soumis à la surveillance la plus rigoureuse, livre aux employés de la compagnie, à un prix fixé à l'avance, l'opium qu'il a pu recueillir. La caisse de 74 kilogrammes, qui se vend communément de 1 800 à 2 000 francs à Calcutta, ne revient pas au gouvernement de l'Inde, tous frais compris, à plus de 960 francs. En 1847, l'exportation avait été de 24 990 caisses : elle fut de 22 877 en 1848, et l'on prévoyait qu'elle atteindrait en 1849 le chiffre de 36 000 caisses. Cet immense accroissement dans la production de l'opium du Bengale devait tendre à étouffer, dès son origine, la fabrication des produits indigènes, si jamais le gouvernement chinois, mieux éclairé sur ses intérêts, se montrait disposé à tolérer la culture du pavot dans les provinces du Yun-nan et du Fo-kien. Depuis 1830, l'importation de l'opium en Chine avait plus que triplé. En 1847, on évaluait à 120 millions de francs les sommes perçues pour la vente annuelle d'environ 40 000 caisses. Les bénéfices seuls de la compagnie s'élevaient à plus de 50 millions.

Chaque caisse d'opium renferme une centaine de boules de la grosseur d'un œuf d'autruche. Les fumeurs font bouillir l'opium, afin de le dégager de toutes les impuretés qui pourraient en altérer la saveur, et le recueillent à l'état liquide dans un godet de porcelaine : à leur pipe de bambou se trouve adapté un fourneau dont l'orifice n'est guère plus large que la tête d'une épingle. C'est à cet orifice qu'une aiguille d'acier présente la petite boule d'opium allumée à la flamme d'une bougie. Deux ou trois aspirations épuisent ces doses de narcotique que le fumeur, couché sur un divan, renouvelle jusqu'au moment où sa félicité est complète. Si l'on en croit la plupart des négociants européens, c'est l'abus et non l'usage de l'opium qui produit cet amaigrissement effrayant que l'on observe chez les fumeurs invétérés, mais il ne paraît que trop certain qu'un attrait invincible ramène sans cesse vers ce fatal plaisir le malheureux qui l'a goûté une fois. Les fumeurs modérés sont rares. Ceux au contraire que cette impérieuse habitude conduit au crime ou au désordre en abrégeant leur existence sont en très-grande majorité, surtout dans les provinces du littoral. Cet oubli de soi-même, cette intoxication que les peuples du Nord demandent aux liqueurs fortes, les Orientaux les ont cherchés dans la fumée de l'opium. La nature a créé des plaisirs et des goûts divers pour tous les climats; mais il faut confesser que le peuple qui a pu se laisser séduire par cette horrible saveur du laudanum était bien digne de trouver pour aiguiser son appétit l'affreux assaisonnement de l'huile de ricin.

Notre promenade à Cum-sing-moun nous réservait

d'ailleurs un double intérêt sur lequel nous n'avions pas compté : nous n'avions eu en vue que d'étudier une station d'opium, et nous trouvâmes l'occasion d'observer les campagnes chinoises. Le capitaine Endicott nous engagea vivement à ne pas retourner à Macao sur *le Gipsy*, et nous offrit des chevaux pour regagner, en traversant l'île de Hiang-chan, la péninsule que nous avions quittée le matin même. Nous ne pûmes résister à une offre aussi séduisante. Quatre chevaux furent embarqués dans une chaloupe; nous prîmes terre sur la côte occidentale de la baie, et nous nous dirigeâmes au grand galop vers un village chinois, dont les habitants, loin de paraître offensés de notre audace, nous saluaient en passant d'un sourire de bonne humeur. L'île de Hiang-chan nous rappelait l'aspect des champs de la Provence dans les premiers jours du printemps. Les arbres ne se montraient qu'à de rares intervalles, mais presque toujours groupés en délicieux bouquets de verdure. Nous pénétrons avec ravissement sous ces dômes pleins de fraîcheur. Ce qui égayait surtout le paysage, c'était la quantité innombrable de petits ruisseaux qui descendaient de tous côtés des collines pour arroser les rizières. Le riz ne se plaît que dans une vase liquide. Il faut que chaque champ soit entouré d'un boulevard de terre qui retienne les eaux et divise le sol en terrasses superposées les unes au-dessus des autres. Dans un coin croissent les jeunes pousses, qui, lorsqu'elles auront atteint neuf ou dix centimètres de hauteur, seront transplantées en petites touffes séparées par un intervalle de trente ou quarante centimètres. Il faut voir les femmes, les pieds dans la vase, se livrer du matin jusqu'au soir à ce pénible travail. La Providence a donné au cultivateur chinois deux infatigables auxiliaires : le buffle et la femme. Le buffle trace son sillon dans la fange la plus tenace; la

Tome Ier, page 162.

La culture du riz dans l'île de Hiang-chan.

femme suit par derrière et plante, sans jamais se lasser, les touffes de riz sur l'arête du sillon.

Nous traversâmes plusieurs villages avant d'atteindre Macao; une apparence générale d'ordre et de prospérité annonçait des populations paisibles, et, en effet, nous ne fûmes nullement inquiétés par les nombreux Chinois que nous rencontrâmes sur notre route. Souvent, au milieu des étroits sentiers qui se croisaient dans tous les sens, ces paysans pacifiques nous indiquèrent avec bienveillance la direction que nous devions suivre. Le chemin de Cumsing-moun à Macao est à peine tracé; plus d'une fois il fallut descendre de cheval. D'étroites vallées encaissées entre des montagnes ne communiquent entre elles que par des escaliers pareils aux échelles de Jacob. Nos chevaux cependant, enfants de la Nouvelle-Galles du Sud, vinrent à bout de ces difficultés. Avant le coucher du soleil, nous passâmes sous la voûte de la porte chinoise, et nous nous trouvâmes sur le territoire portugais.

La Chine dévoilait insensiblement ses mystères à nos regards curieux. Après Macao et Canton, nous avions hâte de visiter cette île de Hong-kong que le traité de Nanking avait ajoutée aux immenses possessions de l'Angleterre. Dans les premiers jours de février, *la Bayonnaise* appareilla de Macao, franchit en quelques heures les trente-sept milles qui séparent la ville portugaise de l'établissement anglais, et vint jeter l'ancre au milieu des nombreux navires mouillés sur la rade de Hong-kong. Nous avions trouvé à Macao une rade déserte, un port attristé par les souvenirs partout présents d'une grandeur qu'on ne verra point renaître; à Wampoa, le spectacle d'une ingénieuse activité avait frappé nos regards: nous devions admirer dans Hong-kong la puissance créatrice et la ténacité du génie britannique.

Quand on songe à ce qu'était cette île au moment où les Anglais y arborèrent leur pavillon, quand on considère ce qu'elle est devenue entre leurs mains, on cesse de s'étonner de la position que l'Angleterre occupe dans le monde. Le traité de Nan-king n'avait cédé aux barbares qu'une île inculte et inhabitée, qu'un bloc informe de granit. Ce bloc, dégrossi à l'aide de la mine et de la bêche, taillé, pour ainsi dire, au ciseau, l'œil des mandarins hésiterait aujourd'hui à le reconnaître. La brusque déclivité de la montagne obligea les premiers colons à bâtir leurs maisons sur le bord de la mer. Pendant quelques années, la ville anglaise ne se composa que d'une seule rue adossée à des escarpements inaccessibles; le quartier chinois, tout trébuchant sur ses pilotis enfoncés dans la vase, occupait l'extrémité occidentale de cette rue unique; du côté opposé, au delà d'une vallée marécageuse et malsaine, la seule vallée qui existât dans l'île, un vaste édifice semblait protester par son isolement contre la position assignée à la ville nouvelle. C'est là qu'une de ces familles princières de marchands, qui rappellent encore l'opulente aristocratie de Venise ou de Gênes, les Jardine et les Matheson entreprirent de fonder une ville à part, ville qui prit le nom de ses fondateurs, pendant que la cité commune recevait le nom de la reine. Celle-ci, au lieu d'aller rejoindre la ville des Matheson, tendit plutôt à se concentrer en gravissant les hauteurs. On avait une si grande confiance dans l'avenir de Hong-kong, que la concurrence s'arracha ces lots de terrain scabreux et en fit monter l'adjudication à des taux énormes. La situation géographique de la colonie pouvait d'ailleurs expliquer un pareil enthousiasme. Placée à l'entrée du canal des Lemma, à soixante-dix milles de Canton, Hong-kong commande complétement l'embouchure du Chou-kiang. Le détroit sinueux qui circule entre l'île et la terre ferme offre aux navires mouillés sur la rade une issue vers la haute mer et deux débouchés vers le fleuve. Le gouvernement de la reine ne pouvait choisir une meilleure position militaire ; ce n'est pas de ce côté que vinrent les déceptions. Mais on avait cru que le centre des affaires ne tarderait point à se déplacer et que l'influence des capitaux anglais attirerait forcément le mouvement commercial à Hong-kong ; il fallut renoncer à cet espoir. Aucun Chinois respectable ne voulut transporter sa famille, ses magasins, ses manufactures sur le territoire britannique. L'appât d'une absolue liberté ne séduisit que la lie de la population chinoise, et les affaires se firent comme par le passé, à Canton.

Ce désappointement ne fut pas pour la colonie l'épreuve la plus cruelle. La ville de Victoria, bâtie sur la côte septentrionale de Hong-kong, se trouve par sa position abritée des vents du large, qui, pendant la mousson de sud-ouest, purifient la péninsule de Macao. Les miasmes qu'y développent les chaleurs de l'été y restent concentrés et vicient l'atmosphère. Aussi, dès qu'on fouilla le sol, les fièvres typhoïdes vinrent-elles répandre le deuil dans la colonie ; la mortalité fut affreuse et la consternation générale. L'hiver cependant ranima les courages. Il n'est guère de colonie anglaise qui ne se soit fondée au prix de grands sacrifices, et la persévérance est une vertu essentiellement britannique. On ne se dissimula point qu'il faudrait probablement payer un nouveau tribut à la mousson prochaine ; mais on espéra diminuer, par de sages précautions, l'intensité du fléau. Pour atteindre ce but, le gouvernement et les particuliers unirent leurs efforts : des hôpitaux flottants furent établis sur la rade, des fondrières furent comblées, des terrains marécageux desséchés ; l'eau des ravins, contenue par des digues, ne vint plus inonder la ville basse et s'écoula entre deux murailles vers la mer. Un redoublement d'activité se manifesta dans cette colonie, qui semblait marquée du sceau de la destruction. Chaque hiver vit ainsi de nouvelles améliorations se réaliser, et chaque été vit diminuer la mortalité. La ville de Victoria, au moment où nous la visitâmes, présentait encore dans sa partie supérieure la véritable image du chaos. Partout des gouffres béants se montraient à côté des plus fastueux ou des plus élégants édifices ; on eût dit que le trident de Neptune venait de fendre le sein de la terre pour en faire jaillir cette cité industrieuse, et que l'abîme n'avait pas eu le temps de se refermer.

L'admiration que nous inspirait le spectacle de tant d'activité ne pouvait nous faire oublier cependant l'intérêt qui s'attachait au dénoûment de la grave question d'où pouvait sortir une nouvelle guerre entre l'Angleterre et la Chine. Les navires anglais dispersés sur les côtes du Céleste Empire se concentraient depuis un mois à Hong-kong. Quatre navires à vapeur, deux frégates, une corvette et trois bricks allaient s'y trouver réunis. Ces forces navales, suffisantes pour enlever les forts du Bogue et bloquer l'entrée du Chou-kiang, ne pouvaient se passer, si l'on voulait entreprendre une campagne plus sérieuse, du concours des troupes demandées à Poulo-Penang et à Calcutta. La garnison de Hong-kong ne se composait que de douze cents hommes, et dans le cas d'une expédition, il n'eût point été prudent d'affecter moins de quatre cents soldats à la garde de la colonie. Sir John Davis avait donc un prétexte très-plausible pour ne point brusquer l'ouverture des hostilités. Pendant ces délais inévitables, il avait mesuré d'un regard plus calme l'immense responsabilité qu'il allait encourir. Quel serait le but de sa nouvelle campagne ? Il n'y avait plus de canons à enclouer sur les bords du fleuve, l'expédition du mois d'avril s'était chargée de cette ridicule dévastation. Faudrait-il occuper les forts du Bogue ? Mais cette occupation ne pouvait avoir d'autre objet que le blocus de Canton, et la guerre de 1840 avait démontré combien cette mesure serait impolitique, si elle n'était impraticable. Le Céleste Empire se suffit à lui-même ; nous ne pouvons au contraire nous passer de ses produits. Voilà pourquoi la Chine peut braver des blocus qui n'auraient d'autre effet que d'assurer aux navires des États-Unis le bénéfice des transports effectués en temps ordinaire sur les bâtiments anglais. Aussi n'était-ce point là le plan suggéré au plénipotentiaire par la presse de Hong-kong. Les journaux de la colonie, échos des opinions les plus passionnées et les plus extrêmes, ne se contentaient point de formuler des exigences inadmissibles ; ils voulaient avant tout mettre à feu et à sang les quarante-deux villages qui se trouvent groupés autour de Canton. Il fallait, disaient-ils, faire justice de l'insolent mépris que ces populations turbulentes affichaient depuis deux siècles pour les barbares, inscrire dans ces mémoires rebelles le respect des traités et du droit des gens avec la pointe de la baïonnette, sceller, en un mot, *par une copieuse saignée*, — *a copious blood letting*, — la nouvelle alliance des deux peuples.

Ces sauvages déclamations ne pouvaient qu'épouvanter l'esprit modéré de sir John Davis et le ramener aux tendances naturelles de sa politique. Élevé dans les doctrines conciliantes de la compagnie des Indes, nourri de cet axiome : « Il faut que l'Angleterre vive en paix avec le Céleste Empire, » le plénipotentiaire, en tirant son épée, n'en avait point jeté le fourreau. Il avait toujours conservé le secret espoir qu'une transaction épargnerait à son pays la nécessité de ces faciles et sanglants triomphes dont les conséquences auraient pu trahir encore une fois de plus les prévisions des terroristes de Hong-kong. Le vice-roi, de son côté, se montrait prêt à seconder le retour de sir John Davis à des dispositions plus pacifiques. Depuis l'exécution des quatre criminels présentés aux Anglais comme les principaux coupables, onze autres Chinois avaient été arrêtés à Houang-chou-ki. Traduits devant les autorités compétentes, ces nouveaux accusés furent reconnus complices à divers degrés du meurtre des Européens assassinés le 6 décembre. L'un d'eux fut condamné à être décapité, un second à être étranglé. Une sentence de bannissement perpétuel ou temporaire fut portée contre les neuf autres. Malgré l'apparente condescendance de ces condamnations, l'équité des juges n'avait point cessé de prendre pour base le grand principe de la législation chinoise : l'exacte compensation du sang versé. Si la peine capitale n'atteignait que deux des prévenus, c'est que pour six Anglais victimes d'un guet-apens suivant sir John Davis, d'une querelle si l'on en croyait les autorités de Canton, le glaive de la loi ne pouvait frapper que six criminels. Accorder davantage, c'eût été renverser toutes les traditions du Céleste Empire. Il faut ajouter que le tribunal n'avait entendu rendre cette fois que des sentences provisoires auxquelles le *wang-ming* n'était point applicable, et qui ne devaient être exécutées qu'après la confirmation de ces divers arrêts par le conseil suprême siégeant à Pe-king ; mais Ki-ing offrait aux Anglais un gage de sécurité plus certain et plus efficace que l'effet moral qu'on pouvait se promettre de ces rigoureuses sentences. Il proposait de tenir constamment à la disposition du consul britannique résidant à Canton vingt agents de police qui seraient chargés d'accompagner les habitants des factoreries, dès que ces étrangers sortiraient de la ville pour se promener dans la campagne ou pour débarquer sur les bords du fleuve. Cette proposition avait soulevé à Hong-kong les objections les plus vives. Accepter une pareille escorte, c'était, disait-on, admettre implicitement les hypocrites protestations du vice-roi, c'était reconnaître qu'impuissant à contenir les populations de la campagne, il ne pouvait être considéré comme responsable des délits qui se commettaient en dehors du cercle restreint dans lequel s'exerçait l'intervention des agents officiels. Trop heureux de trouver l'occasion de sortir de la voie dangereuse où son imprudence l'avait engagé, sir John Davis ne se laissa point arrêter cette fois par les clameurs qui accueillirent les premiers bruits de pacification. Il accepta l'arrangement proposé par le vice-roi, non point comme une satisfaction complète, mais comme la base d'un armistice qui lui laisserait le temps de renvoyer à lord Palmerston la responsabilité d'une rupture définitive. Prévenus de cette résolution, les négociants anglais furent invités, malgré les questions qui demeuraient encore en suspens, à reprendre le cours de leurs affaires et à occuper de nouveau les factoreries. Un bateau à vapeur, le *Vulture*, fut immédiatement expédié à Singapore pour contremander l'envoi des troupes qui devaient venir de l'Inde. Déjà un des *steamers* de la compagnie, l'*Auckland*, avait quitté Poulo-Penang avec un détachement de l'artillerie de Ceylan ; ce premier renfort arriva le 20 février à Hong-kong. Sir John Davis voulut prouver que sa confiance dans l'arrangement qu'il venait de conclure n'avait pu être ébranlée par les plaintes amères dirigées contre sa conduite : il donna l'ordre à l'*Auckland* de rapporter sans délai à Poulo-Penang les artilleurs qui avaient été distraits de la garnison de cette île. Ce fut le dernier acte de sir John Davis. Le paquebot du mois de février lui annonçait la prochaine arrivée de son successeur, M. Bonham, longtemps chargé du gouvernement de Singapore, et le mois de mars le vit quitter Hong-kong pour rentrer en Europe.

Il est peu d'administrations qui aient été plus sévèrement blâmées que celle de sir John Davis. Les négociants de Hong-kong ont des exigences qu'il est malaisé de satisfaire; le gouverneur qui veut récuser leur tutelle doit se résigner à leur hostilité. Ces marchands fastueux sentent que la colonie de Hong-kong est leur ouvrage bien plus que celui du gouvernement. Si cet établissement n'a pas été étouffé dès sa naissance, si le pavillon anglais flotte encore à l'embouchure du Chou-kiang, c'est en effet au commerce britannique, à son admirable persévérance, à ses inépuisables ressources, qu'il en faut rapporter l'honneur. L'irrésistible élan des spéculations privées, le téméraire et opiniâtre emploi de capitaux immenses enchaînèrent le gouvernement à cette entreprise et lui imposèrent l'obligation de lutter, par des travaux considérables, contre les influences délétères du climat[1]. La communauté de Hong-kong peut à bon droit être fière de son œuvre, sans pousser ce légitime orgueil jusqu'à se montrer acerbe et injuste vis-à-vis des hommes investis de la difficile mission de traiter avec le gouvernement chinois. En admettant que dans les derniers actes de son administration, sir John Davis dût encourir quelque reproche, le blâme devrait porter aussi sur la précipitation qui l'avait placé

[1] Le budget de Hong-kong avait pris dans les premières années d'assez fortes proportions; en 1845, par exemple, les recettes s'étaient élevées à 556 050 fr., les dépenses à 1 668 150 fr. Ce budget a été successivement réduit; et la différence entre les recettes et les dépenses n'est plus aujourd'hui que de 387 500 fr. Les travaux publics figurent dans le total des budgets de Hong-kong, de 1845 à 1850, pour une somme de 2 059 525 fr.

dans l'alternative d'une folie ou d'une apparente faiblesse. Comment au mois de février 1848 le plénipotentiaire eût-il pu persister dans ses exigences? Après les meurtres de Houang-chou-ki, une prompte réparation avait été offerte à l'Angleterre; de nouveaux arrêts promettaient de rendre cette expiation plus complète. Était-ce aux dépens des auteurs réels de l'attentat que cette satisfaction était accordée? On pouvait conserver quelques doutes à cet égard; mais les traités qui avaient soustrait les Européens aux tribunaux du Céleste Empire et à la jurisprudence chinoise avaient établi, pour les Chinois, le droit incontesté de n'être justiciables que des tribunaux et des lois de leur pays. La recherche des coupables, l'examen de la procédure auraient donc constitué, de la part des autorités anglaises, une véritable infraction au traité de Nan-king. Il fallait accepter, pour l'identité des criminels, la garantie du vice-roi, puisqu'il était impossible de constater cette identité d'une façon plus régulière. Ce qui était profondément regrettable, c'étaient ces menaces sans effet, cette agitation sans résultat. L'Angleterre elle-même se vit forcée de ratifier d'un accord presque unanime la solution de ces difficultés, si incomplète qu'elle parût. Pour ouvrir une nouvelle campagne, il était sage d'attendre une saison plus favorable aux opérations militaires que l'époque des grandes chaleurs et de la mousson de sud-ouest. Les projets de lord Palmerston furent donc ajournés au mois de novembre; les événements qui survinrent bientôt en Europe rendirent cet ajournement indéfini.

Quant aux mandarins chinois, en voyant le plénipotentiaire abandonner si brusquement ses velléités belliqueuses, ils ne firent point honneur de ce changement à sa modération. Ils se demandèrent quelles considérations avaient pu retenir le bras de l'Angleterre, déjà levé sur le

Céleste Empire. De vagues rumeurs leur apprirent l'état de division des grandes puissances européennes, la question des mariages espagnols, les inquiétudes hautement manifestées par lord Wellington, les projets de l'Union américaine dans le nouveau monde, la crise financière qui venait d'éclater dans l'Inde. Ils espérèrent que les rivalités de l'Occident feraient longtemps encore la sécurité de la Chine. On ne peut douter qu'à partir de cette époque la cour de Pe-king n'ait conçu la pensée d'échapper insensiblement à la pression européenne et de reconquérir par la ruse tout ce que lui avait enlevé la force des armes. Le 22 février, le jour même où l'*Auckland* reprenait le chemin de Poulo-Penang, Ki-ing et Houan quittaient Canton pour se rendre à Pe-king. Bien que ces deux mandarins fussent comblés de distinctions flatteuses et d'honneurs, leur départ n'en fut pas moins considéré par la populace de Canton comme une victoire obtenue sur les intérêts étrangers. La province du Kouang-tong ne peut être gouvernée que par des concessions constantes aux préjugés populaires. Il n'est donc point impossible que la cour de Pe-king se soit alarmée de l'impopularité croissante du vice-roi et ait voulu calmer par son rappel l'agitation séditieuse du peuple. On donna pour successeur à Ki-ing le *fou-yuen* de Canton, le mandarin Sé-ou, homme dur et austère, que la voix publique avait toujours représenté comme opposé aux dispositions conciliantes du vice-roi. C'est avec ce Chinois entièrement dévoué à la faction des Pouan-se-gan[1] et des Lin, les Reouf et les Khosrew-pacha de la Chine, que les Européens eurent désormais à traiter.

Nous étions revenus à Macao, quand le départ de Ki-ing nous fut annoncé par les négociants de Canton. Le

[1] Mandarin octogénaire et premier ministre de l'empereur Tao-kouang.

gouverneur portugais ne se méprit point sur la gravité de ce tévénement. Malgré la vivacité de sa nature, Amaral n'avait pas approuvé les préparatifs belliqueux de sir John Davis et ce projet d'expédition dont il n'entrevoyait pas bien clairement la portée. Fermer par un blocus rigoureux le port de Canton, anéantir pour de longues années le commerce de la Chine méridionale, afin de se rejeter complétement sur les marchés plus pacifiques des provinces du Nord, occuper l'île de Chou-san et sacrifier l'établissement de Hong-kong, tel eût pu être, dans sa pensée, le plan audacieux d'une politique décidée à sortir à tout prix d'une situation fausse et sans issue. Il eût compris ce dessein sans y souscrire; mais ces démonstrations militaires, ces stériles humiliations imposées à la Chine, ne pouvaient, suivant lui, qu'irriter inutilement les populations et le gouvernement de l'empereur. Amaral ne se dissimulait pas que la cause de l'Angleterre en Chine était la cause de l'Europe. Chaque faute de cette puissance était une défaite pour les intérêts européens; le prestige des victoires anglaises ne pouvait s'affaiblir sans que la force morale de tous les gouvernements étrangers en fût ébranlée. Plût à Dieu qu'attentif à observer cette décroissance de l'influence européenne, Amaral eût provoqué avec moins d'audace la perfidie des mandarins chinois, et se fût montré, à dater de ce moment, moins confiant dans ses allures et plus circonspect dans ses réformes! Mais la crainte était inconnue à ce cœur généreux; Amaral ne pouvait échapper à la fatalité de son courage.

Les partis cependant se dessinaient avec plus de vigueur au sein du Céleste Empire. D'un côté, Ki-ing, admis dans les conseils de la couronne, y avait fortifié son influence par l'adjonction de Ki-chan, qu'il avait enlevé au gouvernement du Su-tchuen, pendant que Houan lui prêtait, en qualité de conseiller intime, le secours de son insinuante habileté. De l'autre, le vieux Lin, toujours opiniâtre, soutenait, du fond du Yun-nan, les préjugés invétérés des Chinois et prêchait encore la haine des barbares. Rassemblant toutes les notions éparses dans le Céleste Empire, y joignant ce qu'il avait pu apprendre lui-même dans son gouvernement de Canton, il publiait une géographie politique en dix-neuf volumes. Cet ouvrage n'était pas moins hostile au culte catholique qu'à l'Angleterre; « mais il faut, disait l'astucieux mandarin, ménager les Français, nous assurer leur concours, apprendre enfin *à combattre les barbares par les barbares.* » Quand il s'exprimait ainsi au mois de février 1848, le vieux Lin ne se doutait pas de la grande surprise qu'en ce moment même les Français préparaient au monde.

CHAPITRE IX.

Annonce de la révolution de Février à Macao. — Départ de *la Bayonnaise* pour les îles Mariannes.

La question qui, depuis notre arrivée dans les mers de Chine, tenait les esprits en suspens, s'était terminée de la façon la plus imprévue et la plus pacifique : les projets d'une nouvelle campagne, si l'Angleterre en nourrissait encore, étaient ajournés au mois d'octobre ou de novembre 1848. Cet arrangement inattendu nous permit de conduire à Manille, dans les premiers jours de mars, M. Lefebvre de Bécour, qui venait d'échanger pour le consulat des îles Philippines le poste non moins important qu'il occupait depuis plusieurs années à Macao et à Canton. Ce fut la première occasion qui s'offrit à nous de visiter cette magnifique île de Luçon que nous devions revoir bien des fois dans le cours de notre longue campagne. Après avoir parcouru les riches provinces de la Laguna et de Tondo, nous nous arrachâmes à la dangereuse contemplation de cette admirable nature, et nous nous empressâmes de regagner les côtes moins pittoresques, mais aussi moins insalubres de la Chine.

Nous étions depuis quinze jours mouillés sur la rade de Macao, quand nous apprîmes, le 24 avril, la révolution qui avait éclaté à Paris le 24 février 1848. Nos lettres ni nos journaux n'avaient pu franchir les barricades ; un numéro du *Galignani's Messenger* expédié d'Alexandrie nous fit connaître les noms des membres du gouvernement provisoire et la lutte engagée sur les marches de l'hôtel de ville entre le suprême espoir du parti modéré et la bannière de la terreur. C'est à ce moment critique que s'arrêtaient les dernières nouvelles parvenues jusqu'en Chine[1]. Il fallait attendre le courrier du 24 mai pour connaître le dénoûment d'une crise qui semblait devoir décider du sort de notre pays, de celui du monde peut-être. On concevra facilement nos inquiétudes. Notre imagination essayait en vain de soulever le voile qui couvrait l'avenir : tout était probable, tout était au moins possible. La seule chose qui nous parût inévitable, c'était la conflagration générale de l'Europe. Placés à cinq mille lieues de la France, que nous avions quittée depuis un an, nous pouvions aisément nous méprendre sur les causes secrètes et sur les conséquences d'une catastrophe aussi imprévue que le fut la révolution de février. Nous crûmes que le siècle remontait vers sa source, qu'il allait nous rendre les malheurs, mais aussi les gloires de nos pères, et nous nous efforçâmes d'oublier les sombres perspectives de l'avenir pour ne songer qu'aux nouveaux triomphes qui semblaient promis à la France.

Si la guerre maritime éclatait, *la Bayonnaise* se trouvait dans une excellente situation pour y prendre part. Une année d'armement et de navigation avait complété l'instruction militaire de son équipage, et l'heureuse influence de la mousson du nord-est avait effacé jusqu'au souvenir du pénible passage de la corvette à travers la mer des Moluques. L'annonce d'une révolution, loin d'exercer à bord

[1] On sait qu'un service régulier de paquebots à vapeur anglais, passant par Aden, Ceylan, Poulo-Penang et Singapore, relie depuis quelques années le port de Suez et le port de Hong-kong. Les lettres de Londres qui traversent Paris le 25 de chaque mois arrivent à Hong-kong en cinquante-cinq ou soixante jours.

de *la Bayonnaise* cette action dissolvante qu'on était en droit d'appréhender, n'avait fait, se confondant avec l'attente d'une guerre prochaine, que resserrer entre les officiers et les matelots les liens d'une confiance mutuelle et d'un dévouement sans arrière-pensée à l'honneur du pavillon.

C'est dans de semblables moments qu'un capitaine doit s'applaudir d'être entouré d'officiers aussi distingués, aussi remarquables à tous égards que l'étaient ceux qui composaient l'état-major de *la Bayonnaise.* Il en était un surtout dont le concours devenait d'autant plus précieux que les circonstances semblaient plus critiques. Quiconque aura vécu pendant quelques années de la vie du marin, quiconque aura pu observer l'organisation, l'existence intime d'un navire de guerre, comprendra sans peine combien les nouvelles que nous venions de recevoir allaient rendre plus délicate et plus assujettissante la tâche du commandant en second de la corvette, de l'homme sur lequel reposait tout entier le soin de maintenir une exacte discipline dans les rangs d'un nombreux équipage. M. de Larminat était heureusement un de ces hommes qui semblent créés tout exprès pour porter légèrement le fardeau d'une pareille responsabilité. La nature avait su allier chez lui à l'énergie froide et à la fermeté calme qui commandent le respect ces grâces séduisantes de l'esprit, cette douceur persuasive de la voix et des manières qui n'exercent pas un moins invincible prestige sur les rudes enfants de nos côtes que sur des esprits plus cultivés. Sous l'habile direction de M. de Larminat, *la Bayonnaise* pouvait donc se montrer aussi fière de la bonne tenue de son équipage que de l'aspect marin de sa mâture ou de l'appareil militaire de ses batteries.

Cependant, pour pouvoir profiter un jour de tant d'avantages, il fallait d'abord se mettre en garde contre une surprise. Les Anglais ont concentré dans leurs mains toutes les grandes lignes de communications maritimes. Jusqu'au jour où l'active industrie des Américains aura su établir à travers les États-Unis et l'océan Pacifique une correspondance régulière avec la Chine, les nouvelles de l'Europe et les dépêches des gouvernements étrangers ne pourront parvenir sur les côtes du Céleste Empire qu'après avoir subi le contrôle du *post office* d'Alexandrie ou de Ceylan. On peut croire que, fidèle à ses vieilles traditions, dès qu'il aurait considéré la conservation de la paix comme impossible, le gouvernement britannique eût, en 1848 aussi bien qu'en 1778 et en 1802, pris ses mesures pour qu'à un jour donné nos navires de guerre et nos bâtiments de commerce se vissent assaillis à l'improviste sur tous les points du globe[1]. Si cette hypothèse est injuste, elle est au moins prudente, et nous pensons qu'il y aura toujours plus d'inconvénients à la repousser qu'à l'admettre. Pour nous, dès le 25 avril, nous considérâmes les hostilités comme imminentes ; mouillés sur la rade de Macao, à trois milles des forts portugais, nous n'hésitâmes point à faire tous les préparatifs nécessaires pour répondre sur-le-champ à une insulte ou à une attaque. Des grelins d'embossage furent frappés sur les chaînes ; les cloisons de l'hôpital et de la chambre du commandant furent démontées ; les pièces de la batterie furent chargées à boulets et à

[1] Il ne faut pas oublier qu'il n'y avait alors qu'un seul courrier par mois entre l'Europe et la Chine, tandis que des communications régulières avaient lieu tous les quinze jours entre l'Europe et les ports de l'Inde. Les navires à vapeur de la compagnie ou ceux de la station de Calcutta auraient donc pu apporter au gouverneur de Hong-kong la nouvelle d'une rupture qui fût demeurée secrète pour *la Bayonnaise*.

obus; enfin les soutes à poudre furent éclairées jour et nuit[1].

De toutes parts cependant, les offres de service et les marques de sympathie nous étaient prodiguées. Le gouverneur de Macao voulait que *la Bayonnaise* vînt mouiller dans le port intérieur et y attendît l'issue des événements, dont la marche rapide ne pouvait, suivant lui, mettre notre patience à une bien longue épreuve. Malheureusement *la Bayonnaise* n'aurait pu entrer dans le port de Macao sans s'alléger du poids de son artillerie. La barre une fois dépassée, on trouvait, il est vrai, une profondeur plus considérable dans le canal, et nous eussions pu nous présenter devant les quais portugais avec tout notre armement; mais, pour sortir du port, il eût encore fallu nous faire suivre de nos canons, déposés dans des bateaux chinois, manœuvre que la présence d'un seul brick anglais mouillé sur la rade aurait pu rendre impraticable. Accepter la proposition du gouverneur de Macao, c'eût donc été nous exposer à voir nos mouvements paralysés pendant une partie de la guerre par des forces bien inférieures à celles dont nous disposions. Obligés de décliner les offres chevaleresques du gouverneur Amaral, craignant aussi pour la santé de notre équipage les conséquences d'un séjour prolongé sur la rade de Manille pendant la saison

[1] Les vaisseaux anglais, dans une circonstance analogue, n'ont pas montré moins de méfiance. Ceux d'entre eux qui furent expédiés de Malte au mois de juillet 1840 pour aller rejoindre l'amiral Stopford sur les côtes de Syrie firent coucher pendant toute la traversée les canonniers à côté de leurs pièces. Les progrès de l'artillerie navale exigent impérieusement ces précautions, qu'aucun officier de mer ne jugera excessives. S'exposer à exécuter un branle-bas de combat sous le feu même de l'ennemi, lui laisser l'avantage de quelques volées qui seraient d'autant plus meurtrières qu'elles ne recevraient pas de réponse, ce serait aujourd'hui plus que jamais assurer une facile victoire à son adversaire.

des pluies et des grandes chaleurs[1], nous accueillîmes avec reconnaissance les propositions du consul des États-Unis, M. Forbes, et le plan de campagne qui nous fut suggéré par son ingénieuse expérience. Il fut convenu que nous gagnerions secrètement l'île de Guam, la seule île habitée de l'archipel des Mariannes, et que là, mouillés dans le port de San-Luis d'Apra, au fond d'un bassin défendu par une triple chaîne de récifs, nous attendrions l'issue de la crise européenne. M. Forbes se chargea de nous faire parvenir les nouvelles du continent par un des nombreux navires qu'entretient dans les mers de Chine la maison Russell, puissante maison de commerce américaine dont il était alors le représentant à Canton. Si la paix n'était point troublée, nous devions revenir à Macao après avoir visité les îles Lou-tchou et les Philippines; si, au contraire, nous apprenions que la guerre était déclarée entre l'Angleterre et la France, il nous fallait douze ou quinze jours à peine pour nous porter à l'embouchure du Yang-tse-kiang. En présence des forces supérieures que les *steamers* anglais, le *Fury* de 515 chevaux, la *Medea* de 320, le *Pluto* de 80, n'eussent point manqué de guider à la poursuite du seul ennemi qui eût inquiété le commerce britannique à l'est du détroit de la Sonde, il n'eût pas fallu songer à s'établir en croisière sur les côtes méridionales de la Chine; mais au nord de Formose, la configuration si accidentée de la côte, le dédale de canaux et d'archipels qui semble appeler dans ces parages les entreprises des corsaires, eussent favorisé sans doute plus d'un heu-

[1] Nous avions perdu deux hommes du choléra pendant le court séjour que nous fîmes devant Manille au mois de mars, et les terribles symptômes des maladies miasmatiques dont nous avions contracté le germe dans la mer des Moluques avaient reparu à bord de la corvette avec une intensité effrayante.

reux coup de main contre les *clippers* ou les *receiving ships* de Wossung et de Chou-san. Il nous eût suffi de capturer un ou deux de ces riches navires, chargés de caisses d'opium ou de lingots d'argent, pour être dispensés, pendant le reste de la guerre, de faire appel au crédit de la république. Nous eussions pu apparaître à l'improviste des bouches de la Ta-hea à celles du Wampou, et nous porter, avant qu'on eût pressenti nos mouvements, vers le parallèle de 36 degrés pour gagner, à l'aide des vents variables, le méridien des îles Sandwich. En touchant sur un point quelconque de cet archipel, nous eussions appris les événements accomplis dans l'Océanie. Si le pavillon français eût encore flotté sur l'île de Taïti, notre devoir eût été d'y rallier les forces qui, de ce point central, auraient pu menacer avec tant d'avantage la Nouvelle-Zélande et la Nouvelle-Galles du Sud. Si au contraire notre unique colonie polynésienne se fût trouvée déjà au pouvoir des Anglais, il ne nous restait plus qu'à faire voile vers la côte de Californie, où le port de San-Francisco et celui de Monterey, déjà occupés par les Américains, nous eussent fourni les approvisionnements nécessaires pour effectuer notre retour en France.

Nous partions avec près de sept mois de vivres. Nous avions calculé que le 1er septembre au plus tard nous serions à l'embouchure du Yang-tse-kiang, le 1er novembre aux Sandwich, le 1er décembre à Taïti ou à San-Francisco. Dans ce dernier port, nous eussions assurément trouvé des vivres et des ressources de tout genre; mais en eût-il été de même à Taïti? On ne saurait s'imaginer dans quels embarras une déclaration de guerre subite jetterait nos stations lointaines. Nous pensons qu'il est utile, sinon de les signaler, au moins de les faire pressentir. Les officiers de la marine anglaise ne craignent point, dans l'ardeur de leur polémique et de leur patriotisme, d'exposer les côtés faibles du redoutable établissement naval de la Grande-Bretagne. Nous ne les suivrons pas dans cette voie ; mais on nous permettra d'exprimer le vœu que l'éventualité d'une rupture — improbable je l'accorde, presque impossible j'en conviens, mais à tout jamais funeste si on lui laissait le caractère et les inconvénients d'une surprise — soit toujours présente à la pensée de nos hommes d'État, dirige invariablement leurs conseils et préside à leurs résolutions.

Une dépêche chiffrée, adressée au département des affaires étrangères par les soins de M. Forth-Rouen, annonça au ministre de la marine notre détermination. Le 3 mai 1848, tout occupés des projets d'une campagne qui, dans notre pensée, ne devait pas être moins heureuse que la célèbre croisière du vaisseau le *Centurion*[1], ou que celle de la frégate l'*Essex*[2], nous appareillâmes de la rade de Macao avec le premier souffle de la mousson de sud-ouest[3]. Avant le coucher du soleil, nous avions franchi le

[1] Le *Centurion* était le vaisseau monté par le fameux amiral Anson. Après avoir relâché aux îles Mariannes en 1742, l'amiral captura sur la côte méridionale de l'île Luçon le galion des Philippines, et vint ensuite se ravitailler dans la rivière de Canton.

[2] La frégate américaine l'*Essex* était commandée par le capitaine Porter. N'ayant pu, au début de la guerre de 1812, rallier la division à laquelle il devait se joindre sur les côtes du Brésil, cet officier prit le parti de doubler le cap Horn. Les Anglais comptaient alors un grand nombre de baleiniers dans l'océan Pacifique. L'*Essex* fit le plus grand tort à ce commerce. La capture de plusieurs navires montés par de nombreux équipages et toujours approvisionnés pour deux ou trois ans de campagne offrit à cette frégate des ressources sur lesquelles il ne faudrait pas compter aujourd'hui, car la pêche de la baleine ne se fait plus guère dans l'océan Pacifique que sous le pavillon américain.

[3] Il n'y avait au moment de notre départ pour les îles Mariannes qu'un seul navire de commerce français dans les mers de Chine :

canal qui sépare le groupe des Ladrones de la côte orientale de Montanha ; mais bientôt, abandonnés par la brise, nous cessâmes d'avancer vers la chaîne des îles Bashis, et nous fîmes de vains efforts pour ne pas nous laisser entraîner par les courants au sud de l'écueil des Pratas. La mousson de sud-ouest est sujette à de fréquentes anomalies. Cette mousson orageuse n'est qu'une perturbation toute locale apportée au cours régulier des vents alizés par la raréfaction des couches d'air qu'échauffe pendant une partie de l'année l'immense surface du continent asiatique. Le grand courant atmosphérique qui règne entre le tropique du Cancer et la ligne équinoxiale tend sans cesse à réagir contre les efforts périodiques de cette mousson. De la lutte de ces deux courants contraires naissent les ouragans, les typhons, les tempêtes tourbillonnantes, — *circular storms*, — qui désolent les côtes de l'Inde et les mers de la Chine. Dans les premiers jours du mois de mai, la mousson du sud-ouest, encore mal établie, cède facilement à la pression des vents alizés. Il faut s'attendre alors, non pas à un typhon, mais à un soudain retour de la mousson du nord-est. Cette circonstance, que nous vîmes se représenter en 1849 et en 1850, nous contraignit de modifier notre itinéraire. Lorsqu'au calme qui nous retenait depuis soixante-douze heures à quelques lieues des côtes de Chine succédèrent tout à coup des vents violents d'est et de nord-est, nous renonçâmes à doubler

c'était le brick *le Pacifique*, qui venait d'arriver du port de Lima. Avant de quitter Macao, nous songeâmes à pourvoir à la sûreté de ce bâtiment, alors mouillé sur la rade de Hong-kong. Nous offrîmes de lui fournir des vivres et de le conduire à Manille ou à Batavia. Retenus par un honorable scrupule, les officiers du *Pacifique* ne voulurent point gêner nos mouvements en acceptant l'escorte qui leur était offerte et préférèrent entrer dans le port intérieur de Macao.

l'île Luçon par le nord, et nous prîmes le parti de chercher, pour gagner les Mariannes, une issue vers laquelle ces grandes brises inattendues pussent nous conduire vent arrière.

Entre la côte méridionale de Luçon et les îles de Mindoro et de Samar, un détroit parsemé de nombreux îlots ouvre un chemin sinueux aux flots de la mer de Chine et de l'océan Pacifique. Ce détroit, qui reçut des premiers navigateurs espagnols le nom de San-Bernardino, n'est plus fréquenté aujourd'hui que par les navires qui se rendent de Sidney à Manille ; mais ce fut autrefois la route généralement suivie par les galions qui fournissaient aux habitants du Mexique les soieries de la Chine, et qui rapportaient en retour dans l'île de Luçon les produits inépuisables des mines de la Nouvelle-Espagne. Le 13 mai, favorisés par une brise d'ouest qui dura jusqu'au soir, nous donnâmes à pleines voiles dans ce détroit presque oublié de nos jours, et, rasant la côte septentrionale de Mindoro, nous nous dirigeâmes vers le goulet de l'île Verte. Bien que trente lieues à peine nous séparassent de Manille, rien n'indiquait dans les parages que nous parcourions le voisinage d'une grande colonie européenne. Nous eussions pu nous croire au temps des Magellan et des Legaspi, alors que les nefs castillanes côtoyaient des rivages inconnus et s'égaraient au milieu de détroits inexplorés. Il fallait de patientes recherches pour découvrir, avec le secours d'une longue-vue, quelques huttes de bambou et de feuillage groupées à de rares intervalles près du bord de la mer. Nul être humain ne se montrait sur la plage, nulle embarcation ne traversait les canaux à peine effleurés par la brise ; une forêt compacte s'étendait jusqu'aux humides sommets dont nos regards mesuraient avec étonnement la hauteur, et si quelques plaques d'un vert tendre, indiquant les grossiers défrichements des Indiens, n'eussent marbré parfois de leurs teintes changeantes ce sombre manteau de verdure, aucun indice n'eût trahi la présence de l'homme sur les côtes méridionales du détroit.

Le canal de San-Bernardino, assez large dans la majeure partie de son étendue, se resserre cependant sur trois points : entre la partie septentrionale de Mindoro et l'île Verte, — entre la pointe méridionale de Luçon et l'île Capoul, — entre l'îlot de San-Bernardino et la côte de Samar. Dans ces trois goulets, la marée acquiert de grandes vitesses. La brise, généralement très-faible, ne permet pas de dominer ces courants capricieux, et le canal, dans lequel on trouve rarement moins de soixante-dix à quatre-vingts brasses, n'offre point la ressource de mouiller pour attendre le retour de la marée favorable. Le passage le plus difficile se présente près de l'île Capoul. Trois îlots aux sommets arrondis se détachent en cet endroit de la pointe méridionale de l'île Luçon et réduisent la largeur du canal. Non loin du plus occidental de ces îlots, un banc de corail forme un écueil blanchâtre autour duquel on ne voit point jaillir la blanche et sonore écume des brisants. Ce fut à deux heures de la nuit que le vent, longtemps attendu, nous permit de nous engager dans cette passe, où nous entraînait déjà un courant rapide. Les rayons de la lune se jouaient sur les eaux doucement agitées du détroit et noyaient dans leur sillon d'argent le périlleux écueil vers lequel nous courions. Nous n'étions pas à cent mètres de ce rocher, qui s'élève à peine au-dessus du niveau des hautes mers, quand les hommes qui veillaient au bossoir l'aperçurent. Nous nous en écartâmes brusquement, mais la sonde nous signala bientôt un nouveau danger. Le timonier placé dans les porte-haubans n'annonçait plus que quatre brasses. L'ordre fut donné sur-le-champ de mouiller. Pendant qu'on s'occupait d'exécuter cet ordre, le fond augmenta subitement, et l'ancre s'arrêta sur le bord d'un talus escarpé, par une profondeur de vingt-sept mètres. Nous dûmes nous féliciter d'avoir rencontré, pour jeter l'ancre, ce plateau ignoré. Le courant, en effet, ne tarda pas à changer de direction, et deux bricks de commerce qui nous avaient dépassés furent ramenés vers nous avec une rapidité prodigieuse. Nous les vîmes, bien qu'une faible brise enflât encore leurs voiles, s'éloigner, s'amoindrir et presque disparaître au milieu du groupe d'îlots appelés les Naranjos. Pour nous, qu'une ancre de seize cents kilogrammes retenait immobiles, nous pûmes mesurer la vitesse du courant par les procédés qui nous eussent servi à estimer la marche du navire. Cette vitesse était à notre mouillage de cinq milles à l'heure; elle devait dépasser sept ou huit milles dans les canaux étroits des Naranjos. Qu'allaient devenir les deux bricks livrés au caprice d'un pareil courant? Pourraient-ils trouver un fond convenable pour mouiller, avant d'avoir atteint la côte abrupte qui, comme ces rivages fabuleux dont parlent les contes arabes, semblait exercer sur la carène des navires la magique attraction de l'aimant? La brise cependant vint à fraîchir, la violence de la marée s'affaiblit, et, au moment où nous nous disposions à mettre sous voiles pour profiter de ces circonstances favorables, nos compagnons de route avaient déjà regagné en partie le terrain que quelques heures de marée contraire leur avaient fait perdre.

Entrés dans le détroit de San-Bernardino le 13 mai, nous n'en sortîmes que le 19. Il nous restait quatre cents lieues à faire pour atteindre l'île de Guam. C'eût été peu de chose, si la mousson du sud-ouest se fût étendue, comme on nous l'avait annoncé, jusqu'aux îles Mariannes; mais ce n'est que pendant les mois d'août, de septembre et d'octobre que le cours des vents alizés se trouve interrompu dans l'océan Pacifique. Au mois de juin, nous trouvâmes les vents d'est aussi constants et aussi invariables que dans toute autre saison de l'année. Ce ne fut qu'après quarante jours de lutte que, sans cesse repoussés par les courants, contrariés tantôt par des calmes, tantôt par de fortes brises ou de violents orages, nous pûmes enfin arriver devant le port de San-Luis d'Apra, à l'entrée duquel *la Bayonnaise* jeta l'ancre le 26 juin 1848.

Le port de San-Luis est protégé contre les vents d'ouest par une longue chaîne de récifs qui, prenant naissance près de l'île des Chèvres, étendent vers la pointe Oroté leur barrière écumante et leur digue indestructible. C'est à l'abri de ce premier rempart que *la Bayonnaise* avait mouillé. De cette rade déjà sûre, on voyait se développer vers l'est la vaste baie d'Apra, presque entièrement envahie par d'immenses plateaux de madrépores. Si, par une calme matinée, avant que le soleil dardât ses rayons sur les flots transparents de la baie, on étudiait du haut de la mâture ces dangers sous-marins, on distinguait facilement un réseau de lignes bleues qui se croisaient en tous sens au milieu des masses calcaires élevées du fond de la mer par d'innombrables zoophytes. Ce méandre de canaux étroits et profonds aboutissait à une série de bassins dans lesquels les plus gros navires auraient pu trouver un asile. Le bassin le plus oriental, connu sous le nom de Cadera-Chica, reçoit souvent les baleiniers qui, après avoir poursuivi sur les côtes du Japon ou du Kamtschatka les gigantesques cétacés de l'océan Pacifique, viennent chercher à Guam, pendant les mois d'octobre et de novembre, un climat sain, une rade paisible et quelques rafraîchissements pour leurs équipages. Ce mouillage, situé dans la direction même d'où souffle le vent pendant la majeure partie de l'année, est d'un abord difficile pour les bâtiments à voiles. C'est en disposant des amarres sur les récifs et en se faisant remorquer par ses embarcations que l'on parvient à gagner par une bouche étroite cette darse naturelle, dont les quais, recouverts de deux ou trois pieds d'eau à la marée montante, entourent de murailles presque verticales un bassin semi-circulaire. Une fois établie au milieu de la Cadera-Chica, embossée en travers de la passe, opposant sa batterie entière et un redoutable feu d'écharpe à l'ennemi qui eût tenté, en dépit du vent et des récifs, d'arriver jusqu'à elle, *la Bayonnaise* pouvait affronter sans crainte les attaques d'une flotte entière. Aucun mouillage au monde n'offrait sous ce rapport des avantages comparables à ceux de la baie d'Apra. On y pouvait braver les assauts qui viendraient du dehors, et on n'avait point à se préoccuper de ceux qu'aurait pu susciter dans l'île même l'annonce d'une coalition européenne. Si l'Espagne, en effet, eût, dans une guerre générale, pris parti contre nous, ni la garnison, ni les forts de San-Luis d'Apra n'eussent menacé de dangers bien sérieux une corvette de vingt-huit canons et un équipage de deux cent quarante hommes.

Dès le lendemain de notre arrivée, nous songeâmes à occuper un poste qui nous permettait d'attendre dans la sécurité la plus complète les nouvelles que devait nous faire parvenir M. Forbes. Quand nous eûmes atteint le point où les passes trop resserrées ne nous laissaient plus la faculté de nous aider de nos voiles, nous eûmes recours aux amarres et aux ancres. Déjà nous croyions toucher au but de nos efforts. Quelques centaines de mètres nous séparaient de l'entrée du dernier goulet, signalée par deux balises, quand un grain violent vint nous obliger à laisser tomber l'ancre au milieu de nombreux pâtés de coraux. Notre situation était faite pour inspirer d'assez vives inquiétudes. L'aspect sinistre du ciel, la baisse soudaine du baromètre, annonçaient un ouragan. Incapables de sortir avec la forte brise qui soufflait déjà du dédale tortueux dans lequel nous étions engagés, nous n'avions qu'un parti à prendre, celui de nous affermir de notre mieux au centre des écueils qui nous environnaient de toutes parts. Pendant la nuit, l'ouragan prévu éclata. La pluie tombait par torrents ; la violence des rafales semblait augmenter d'heure en heure. L'obscurité profonde ne nous permettait pas de distinguer si nous conservions notre poste, ou si nous nous approchions insensiblement des récifs. Aussi attendions-nous le jour avec impatience ; mais quand le jour parut, des nappes d'eau, moins semblables à une pluie d'orage qu'à des fragments du ciel qui se fussent écroulés sur nos têtes, étendaient encore un voile impénétrable autour de la corvette. Ce ne fut qu'à dix heures du matin que le temps s'éclaircit, et que nous pûmes apprécier toute la gravité de notre position. Grâce à la ténacité du fond, nos ancres n'avaient pas cédé un pouce de terrain à la fureur redoublée des rafales ; mais la mer, en baissant, avait mis à découvert les têtes de roches qu'elle cachait la veille, et de tous côtés apparaissait quelque écueil menaçant ou quelque récif à fleur d'eau. Nous étions enfermés dans un véritable étang au centre duquel il nous restait à peine assez d'espace pour pivoter sur nous-mêmes. Heureusement nous avions eu le soin de mouiller deux ancres, l'une au sud, l'autre au nord. Cette précaution nous sauva. Le vent, qui, pendant la nuit, n'avait cessé de souffler de l'est et du sud-est, sauta brusquement vers midi au nord-ouest. La poupe de la corvette obéit à cette impulsion nouvelle, et, tournant sur son ancre du nord, décrivit avec la rapidité de la flèche un demi-cercle qui fit passer le talon de son gouvernail à quelques mètres d'un banc sur le sommet duquel il ne restait que dix pieds d'eau. Cette saute de vent fut le dernier effort de la tempête. Les nuages qui enveloppaient le sommet des montagnes commencèrent dès lors à se disperser; la brise remonta graduellement au sud-ouest, puis au sud-est, et bientôt les vents alizés, sortis vainqueurs de ce long combat, reprirent vers l'occident leur cours régulier et paisible.

L'ouragan du 30 juin n'occasionna aucun naufrage, car le seul navire qui se trouvât exposé à sa furie, *la Bayonnaise*, aurait pu, grâce à ses cables-chaînes, défier les efforts de plus violentes tempêtes; mais cette tourmente exerça de terribles ravages dans l'île de Guam. Les champs de maïs et d'ignames furent dévastés par le vent et par l'inondation. Vingt-quatre heures après cet affreux orage, on voyait encore descendre, du haut des montagnes, de blanches cascades qui bondissaient au milieu des buissons, changeaient les ravins en torrents et s'épanchaient en ruisseaux fangeux à travers la plaine. La baie était couverte de poissons morts que ce déluge d'eau douce avait surpris au sein des étangs salés de la rade. Les chemins étaient défoncés, et trois ponts de pierre, chefs-d'œuvre récents de l'architecture mariannaise, jonchaient la plage de leurs ruines. Il fallait jeter de nouveaux troncs de cocotiers en travers des ravins et remplacer par des radeaux de bambou les ponts dont les arches s'étaient écroulées : ce n'était qu'après l'exécution de ces travaux que les communications se trouveraient rétablies entre les divers points de la côte. Aussi, lorsque ayant affourché la *Bayon-*

naise sur ses deux ancres de bossoir au fond de la Cadera-Chica, nous voulûmes rendre visite au gouverneur des îles Mariannes, ce fut par mer que nous dûmes songer à nous transporter au chef-lieu de l'île de Guam, à la ville capitale d'Agagna.

CHAPITRE X.

Les habitants de l'île Guam et les distractions du port de San-Luis d'Apra.

La mer qui, dans la plupart des îles de l'océan Pacifique, n'est soumise qu'à des marées irrégulières et peu sensibles, avait atteint son niveau le plus élevé, quand nous quittâmes la corvette pour nous rendre devant Agagna. Cette circonstance nous permit de franchir sans encombre les hauts-fonds qui s'étendaient du mouillage de *la Bayonnaise* jusqu'aux extrêmes limites de la baie d'Apra. Pendant que notre baleinière s'épargnait ainsi le long circuit qui eût conduit une plus lourde embarcation au débarcadère d'Agagna et se dirigeait en droite ligne vers la pointe orientale de l'île des Chèvres, c'était un curieux spectacle de contempler, à travers les flots bleus et transparents, l'immense plaine de coraux au-dessus de laquelle nous glissions. Là, sur un tapis de sable blanc, se déployaient des rameaux non moins délicats que ceux de la bruyère en fleurs ; ici s'étalaient les massifs bourrelets de pierre et les larges couronnes des madrépores : d'informes végétaux épanouissaient leurs faisceaux visqueux et leurs lobes charnus entre les gerbes scintillantes de ces parterres sous-marins, entre les roses et fragiles épis de ces guérets de cristal. Nulle part la flore océanienne ne se montre plus variée et plus complète que sur les côtes de l'île de Guam. On peut, sans sortir de la baie d'Apra, étudier les transformations successives qui conduisent la matière inerte de la vie végétative à la vie organique, de l'existence apathique des éponges à l'incessante activité des coraux et des madrépores. Ces zoophytes, répandus dans toutes les mers intertropicales, sont, il faut en convenir, d'admirables architectes. Chaque jour, ils font surgir des profondeurs de l'Océan des constructions plus grandioses et plus durables que les pyramides d'Égypte ou que les murs de Thèbes. Ce sont eux qui ont créé ces archipels à fleur d'eau redoutés du navigateur; ce sont eux qui enveloppent d'un récif protecteur les sommets volcaniques qu'un autre âge a vus sortir de la terre. Au pied de ces boulevards de corail, la vague rejaillit impuissante, les longues ondulations de la houle viennent mourir. Un canal intérieur, semblable au fossé d'un donjon, sépare souvent la rive de la sinueuse barrière qui en reproduit les contours. C'est dans un de ces canaux tranquilles qu'après avoir doublé l'île des Chèvres, nous nous engageâmes pour gagner, en serrant de près la plage, le débarcadère d'Agagna. Jamais le temps n'avait mieux servi nos projets : une légère brise agitait doucement le feuillage des palmiers, le ciel était d'un bleu diaphane, et la nature, encore émue de la terrible crise qu'elle venait de subir, semblait aspirer avec volupté les premiers rayons du soleil levant.

Au début de notre voyage, cette tiède matinée des tropiques nous eût transportés d'enthousiasme : après dix-huit mois de campagne, un peu blasés sur de pareilles scènes, nous en savourions silencieusement les douceurs. Il eût fallu recourir au vocabulaire des touristes d'outre-Manche pour exprimer d'un mot cette calme et sensuelle béatitude dont nous nous laissions mollement pénétrer. *I feel very comfortable*, se fût écrié un Anglais admis à partager nos jouissances. *Very comfortable*, *indeed!* eussions-nous répondu en chœur. — Oui, j'éprouve et je goûte un bien-être parfait ; je n'ai ni chaud ni froid ; mes yeux ne sont point blessés de l'éclat d'un soleil trop vif, ni attristés par la pâleur d'un ciel trop gris ; je n'entends aucun bruit discordant, rien ne heurte mes sens, et tout les caresse. Un vague sentiment de l'existence m'enchaîne encore à ce globe de fange, mais je n'y touche, pour ainsi dire, que par la pointe des pieds. Au moindre mouvement brusque d'un de mes voisins, au moindre choc du canot qui me porte, je vais renaître à la réalité ; je vais retomber tout entier sur la terre, retrouver ce mélange de biens et de maux qu'on appelle la vie ; mais, jusque-là, béni soit le ciel ! *I feel very comfortable.* — Il faut avoir battu la mer pendant cinquante-trois jours, avoir éprouvé l'anxiété des longues nuits d'orage, avoir passé des heures entières sur le gaillard d'avant ou sur un banc de quart, cherchant à percer les ténèbres qui enveloppent la côte, prêtant l'oreille au lointain frémissement de la rafale ou au sourd mugissement des récifs, interrogeant d'un œil inquiet l'horizon qui noircit, le ciel qui menace, la mâture fatiguée qui ploie, — il faut avoir connu les veilles et la responsabilité du marin pour comprendre tout le charme de ces instants de repos pendant lesquels, emportés par la douce haleine de la brise, nous suivions sans fatigue des rives verdoyantes et laissions errer notre cœur à cinq mille lieues des Mariannes. Cependant nous voici arrivés devant la forêt de piliers tortus et raboteux qui supportent la ville d'Agagna, ses toits couverts des feuilles du palmier sauvage et ses maisons de planches et de bambous ; nous abaissons notre voile, et quelques coups d'aviron nous conduisent au débarcadère : tout un état-major nous y attendait. Appelés à commander la milice de l'île et à grossir dans les occasions importantes le cortége du gouverneur, ces officiers, indigènes ou métis, portaient l'uniforme espagnol avec le sérieux imperturbable et la grotesque majesté des rois nègres. Ils nous conduisirent, sans qu'un sourire vînt dérider leur front, vers le modeste palais à la porte duquel nous trouvâmes le gouverneur intérimaire des îles Mariannes, don José Calvo, qui avait succédé, quelques mois avant notre arrivée, au lieutenant-colonel don José Casilhas, enlevé par une mort subite au gouvernement de la colonie. Ce gouvernement, qui serait un véritable exil pour un officier jeune et actif, est en général confié à quelque vétéran sans fortune. On ne saurait concevoir, pour un homme désabusé des rêves ambitieux, une plus douce et plus tranquille retraite. Si Sancho Pança eût connu l'île de Guam, c'est dans cette île qu'il eût voulu finir ses jours. On sait que l'archipel dont Guam fait partie fut découvert par Magellan. Revues en 1565 par Miguel Legaspi, qui en prit possession au nom de son souverain, définitivement conquises au catholicisme par les Pères de la compagnie de Jésus, les îles Mariannes reconnaissent depuis cent cinquante ans la domination espagnole[1]. Subventionnées autrefois par le gouvernement du Mexique, elles sont retombées, depuis l'émancipation du nouveau monde, à la charge du trésor de Manille, auquel, malgré l'extrême réduction des dépenses, cette inutile annexe enlève chaque année 60 ou 80 000 francs.

Situé à quatre cents lieues environ des Philippines, l'archipel des Mariannes se compose de dix-sept îles ou îlots, et s'étend du 13e au 20e degré de latitude. On serait tenté de reconnaître dans ces îles, ainsi échelonnées vers

[1] Ces îles, auxquelles Magellan avait imposé la sévère appellation d'îles des Larrons, prirent en 1668 le nom de Marie-Anne d'Autriche, femme de Philippe IV.

le nord, autant de degrés naturels par lesquels ont dû descendre les émigrations japonaises ou mongoles des bords de l'Asie septentrionale jusqu'aux groupes occidentaux de l'Océanie. Il est certain que le régime des vents qui règnent dans l'océan Pacifique rapproche les îles Mariannes des côtes du Japon, tandis que ces mêmes vents les placent, pour ainsi dire, hors de la portée des naturels de la Malaisie. En admettant ce mode de colonisation, on s'expliquerait sans peine comment, en 1666, lorsque les Espagnols vinrent planter leur drapeau sur les îles Mariannes, les institutions, les mœurs, le langage même des habitants conservaient encore les traces incontestables d'une origine asiatique[1]. La population de l'archipel atteignait alors le chiffre de soixante-treize mille âmes. Pendant un demi-siècle, ce chiffre ne fit que décroître, si bien que, vingt-trois ans après la soumission des der-

[1] On s'est beaucoup préoccupé, il y a quelques années, de l'origine des premiers émigrants qui formèrent le noyau des populations indigènes de l'Océanie. Des systèmes diamétralement opposés se trouvèrent en présence. L'idée la plus naturelle était de chercher le point de départ de ces colons *au vent* des îles qu'ils avaient dû atteindre : on supposa donc que, partis des bords du continent américain, ils avaient été successivement portés d'île en île par les vents alizés jusqu'aux extrêmes rivages des Philippines ; mais diverses considérations puisées dans une observation plus exacte des coutumes, du langage, considérations que M. Dunmore-Lang sut présenter avec beaucoup d'habileté, ont fait abandonner définitivement cette hypothèse. Fondant son opinion sur quelques phrases échappées à La Peyrouse et sur les perturbations auxquelles sont soumis les vents alizés dans le voisinage de l'équateur, M. Dunmore-Lang voulut établir la possibilité d'une colonisation qui se serait avancée graduellement de l'ouest vers l'est, des rivages de la Malaisie aux côtes de l'Amérique. En notre qualité de marin, nous ne pouvons admettre une hypothèse appuyée sans doute de raisons très-savantes et très-ingénieuses, mais contre laquelle proteste notre expérience personnelle. Cinq fois dans le cours de notre campagne et dans des saisons très-différentes, nous avons navigué non loin de l'équateur,

niers rebelles réfugiés dans l'île d'Aguignan, la population indigène avait presque entièrement disparu. L'île de Guam, dans laquelle les conquérants avaient jugé à propos de concentrer les débris de ce peuple décimé par la guerre, par l'émigration, et surtout par l'abus des boissons spiritueuses, ne possédait pas, en 1722, deux mille habitants. Il faut rendre justice aux religieux qui suivirent les soldats espagnols aux Mariannes. Héritiers du zèle de Las-Casas, ils firent de nobles efforts pour tempérer les rigueurs de l'occupation militaire ; mais il n'était pas en leur pouvoir de sauver le peuple vaincu du fatal contact de la civilisation européenne. Ce ne fut qu'en 1786 que l'on vit s'arrêter la décroissance de la population. Quelques familles furent alors transportées des îles Philippines sur ce sol désolé, et en 1818, quand M. de Freycinet conduisit la corvette *l'Uranie* dans le port d'Apra, l'archipel

entre le 110e et le 160e degré de longitude. Nous croyons pouvoir affirmer que cette navigation eût été complétement impraticable pour les navigateurs primitifs, qui, suivant M. Dunmore-Lang, l'auraient accomplie jadis dans leurs frêles pirogues. Il nous semble que si les îles de la Polynésie n'ont point été, comme on l'avait pensé d'abord, peuplées par des émigrations fortuites s'avançant dans les mers intertropicales de l'est à l'ouest, elles ont dû l'être par des barques isolées ou des flottilles que les tempêtes des mers boréales avaient entraînées vers l'orient ou vers le sud ; car il est, suivant nous, de toute impossibilité que ce mouvement de colonisation ait eu lieu sous l'équateur de l'ouest à l'est. On ne saurait oublier d'ailleurs que plusieurs fois des bateaux japonais, emportés loin des côtes par les ouragans qui désolent les rivages de Matsmaï, de Niphon ou des Kouriles, sont venus atterrir tantôt aux îles Philippines, tantôt au Kamtschatka, quelquefois même aux îles Sandwich. Nous inclinerions à croire que les peuples de l'Océanie, que ceux même du continent américain, ont eu pour ancêtres quelques-uns de ces membres égarés de la famille mongole, et c'est dans les steppes fécondes de l'Asie centrale, plutôt que dans les plaines de l'Hindoustan, que nous serions tenté de placer leur berceau.

des Mariannes renfermait déjà près de trois mille colons et environ deux mille indigènes. Trente ans plus tard, au moment de notre passage, ces chiffres se trouvaient presque doublés. On comptait à cette époque sept mille neuf cent trente habitants dans l'île de Guam, trois cent quatre-vingt-deux dans l'île de Rota, et deux cent soixante-sept dans l'île de Saypan.

Le développement qu'avait pris, avant 1638, la population des îles Mariannes semble indiquer que de longs jours de paix avaient précédé dans cet archipel la conquête espagnole. La superficie de toutes ces îles, en y comprenant même les plus importantes, était en effet trop restreinte pour que le sol y pût nourrir d'aussi nombreux habitants, si une culture intelligente n'en eût exploité la fécondité naturelle, et si un gouvernement régulier n'eût protégé cette exploitation. L'île de Guam, à laquelle il faut assigner un rang à part, n'a que soixante-seize milles de tour ; Saypan n'en a que trente-deux, Rota trente et un, Tinian vingt-sept. Les autres îles, qui formaient au nord de ce premier groupe une confédération entièrement distincte, offraient à leurs habitants un territoire encore moins étendu.

Montueuses et accidentées, les quatre îles du groupe méridional n'ont point de sommet dont la hauteur dépasse cinq cents mètres. Ces îles sont arrosées, pendant la saison des pluies, par de nombreux ruisseaux toujours près de se changer en torrents ; elles ont à craindre pendant le reste de l'année de funestes sécheresses. Des tremblements de terre les ont souvent ébranlées jusque dans leurs fondements[1], et d'affreuses tempêtes dévastent chaque année

[1] Quelques mois après notre départ, l'île de Guam éprouva un de ces tremblements de terre. Les secousses furent si violentes et si multipliées, que les habitants épouvantés voulaient abandonner l'île

leurs rivages. Aussi les îles Mariannes n'auraient-elles point tenté l'ambition de l'Espagne, si elles ne se fussent trouvées sur la route du galion des Philippines, qui, pendant plus d'un siècle, ne manqua jamais, soit en partant de Manille, soit en revenant d'Acapulco, de relâcher sur un des points de cet archipel.

Ce n'est pas à l'Espagne que l'on peut reprocher de montrer trop d'âpreté dans l'exploitation de ses possessions coloniales. Son gouvernement a poussé, sur ce point, la modération jusqu'à l'indifférence. C'est surtout dans les îles Mariannes que l'on peut remarquer ces tendances apathiques. Aucun effort ne trahit le désir d'améliorer les finances ou de développer les ressources de la colonie. Jamais possession lointaine ne put se croire plus complétement oubliée de la métropole que cet archipel; mais aussi jamais joug plus léger ne pesa sur un peuple. Les Indiens des Mariannes, les Indiens Chamorros, si l'on veut leur donner le nom qu'ils reçurent de leurs conquérants, ne sont soumis au payement d'aucun impôt. Ils doivent à l'État quarante jours de travail pour l'entretien des routes. C'est à l'accomplissement de ces corvées personnelles que se bornent leurs obligations envers la couronne d'Espagne. L'administration d'une semblable colonie devait se faire remarquer par la simplicité de ses rouages. Le gouverneur, investi d'immenses prérogatives, y rend la justice comme Sancho dans l'île de Barataria. Dans la plupart des circonstances, ce haut fonctionnaire prononce sans appel des sentences qui sont sur-le-champ exécutées; si la gravité de la faute paraît exiger une répression plus sévère que le châtiment corporel infligé d'ordinaire aux délinquants, le concours des principales autorités de l'île

et se réfugier à bord de seize navires baleiniers qui se trouvaient alors mouillés dans la baie d'Apra.

de Guam devient nécessaire. L'intendant chargé de présider à l'emploi des fonds expédiés tous les deux ans par le trésor de Manille, le commandant des cent cinquante Indiens qui composent la garnison, les cinq ou six officiers sous les ordres desquels marche cette indolente milice, les alcades qui administrent les districts d'Umata et de Merizo, sont alors convoqués et consultés par le gouverneur. Il est d'autres occasions où le premier fonctionnaire de la colonie est tenu de faire appel aux lumières de cette junte supérieure ; mais lorsqu'il ne s'agit point de matières judiciaires, le gouverneur des îles Mariannes n'est nullement enchaîné par les résolutions qu'il a provoquées, et c'est sa volonté seule qui décide.

Si un pouvoir absolu et sans contrôle réside entre les mains du délégué de la couronne d'Espagne, les institutions municipales n'en jouent pas moins un grand rôle dans l'île de Guam. Une sorte d'élection à deux degrés y désigne au choix du gouverneur, par la voix des notables de l'île, des *gobernadorcillos*, des *tenientes de justicia* et des *alguaziles*, magistrats indigènes qui reçoivent pour insignes de leurs fonctions la canne à pomme d'or ou d'argent (*el baston*), et le rotin vénéré des Indiens (*el bejuco*). C'est par l'intermédiaire de ces officiers municipaux que s'exécutent, avec une ponctualité remarquable, les règlements de police et les divers commandements de l'autorité supérieure.

Tel est le gouvernement officiel des îles Mariannes, le seul dont le mécanisme peu compliqué frappe d'abord les regards ; mais, à côté de ce gouvernement visible, il existe une influence occulte et prépondérante à laquelle chaque Indien a voué dès l'enfance une obéissance volontaire. Les Augustins déchaussés, qui succédèrent aux Jésuites en 1767, n'ont rien perdu de la puissance morale des premiers missionnaires. Pour les habitants des Mariannes, ces membres du clergé espagnol n'ont jamais cessé d'être les représentants de la Divinité sur la terre, et les seuls protecteurs que puisse invoquer l'Indien contre les vexations de l'autorité séculière. Ce n'est que par le prestige de ce caractère sacré, et surtout par ces relations de bienveillant patronage, que peut s'expliquer l'incroyable empire qu'exercent encore aujourd'hui sur l'esprit de la population les curés d'Agagna et d'Agat. Ces deux religieux sont les seuls prêtres valides dont se compose le clergé des îles Mariannes. Des deux autres pasteurs auxquels est confiée la conduite de ce troupeau docile, l'un, le curé de Merizo, paraît atteint d'aliénation mentale ; le second est un Indien infirme et presque octogénaire qui ne peut plus quitter la ville d'Agagna. On imaginerait difficilement un contraste plus complet que celui que présentaient les curés d'Agagna et d'Agat, le *padre* Vicente et le *padre* Manoël, tous deux membres de la même communauté, tous deux entourés d'un égal respect par leurs paroissiens. Carliste ardent et exilé politique, le *padre* Vicente avait tout oublié, les grandes plaines de la Manche qui l'avaient vu naître, le ciel bleu et serein de l'Espagne, les amis dont la main avait serré la sienne au départ, le drapeau même sous lequel il avait si longtemps combattu par ses vœux et par ses prières, pour ne songer qu'à ses chers Indiens, à leur salut et à leur avancement spirituel. La physionomie du *padre* Vicente, son front sillonné de rides précoces, ses traits amaigris par l'ascétisme et par les travaux apostoliques, méritaient de rester gravés dans notre mémoire. Il me semble voir encore cette figure austère, ces yeux caves, ce regard éclairé d'un feu sombre, dont la charité évangélique tempérait à peine l'éclat. Il y avait un moine du moyen âge dans le curé d'Agagna ; sa figure encadrée par le froc blanc des Augustins, rappelait, à s'y méprendre, les types rendus célèbres par le pinceau des Ribeira ou des Velasquez. Le *padre* Manoël, avec sa face épanouie et son triple menton, ne pouvait éveiller aucune de ces idées poétiques: c'était un de ces joyeux échantillons du clergé espagnol contre lesquels nos préjugés gallicans prononcent avec tant de légèreté un arrêt impitoyable. Une foi sincère, un sérieux attachement à tous les devoirs de sa profession rachetaient amplement la verve andalouse et l'aimable abandon du *padre* Manoël. L'infatigable curé s'occupait avec la même ardeur des intérêts spirituels et des intérêts temporels de ses ouailles. C'était lui qui leur avait appris à choisir les terrains convenables pour la culture du maïs et pour celle du taro, qui leur avait conseillé de ployer au joug leurs bœufs à demi sauvages, et de naturaliser dans leur île les chevaux de Sydney; c'était lui qui leur recommandait sans cesse d'ensemencer leurs terres et d'engraisser leurs bestiaux, afin d'attirer à Guam ces navires baleiniers dont la présence peut seule vivifier aujourd'hui les îles de l'Océanie. Le village d'Agat se ressentait de l'active et bienfaisante influence de son curé. C'était le village le mieux aligné et le plus propre de l'île. La route qui le traversait était toujours exempte de fondrières, les ponts, s'ils étaient emportés par un ouragan, se trouvaient à l'instant rétablis. L'église, bâtie et entretenue par la piété des fidèles, n'avait sa pareille dans nul autre village, et quand, à la lueur des cierges flamboyant sur l'autel, la Madone apparaissait revêtue de ses habits de fête, on eût pu remarquer sur la sainte image des perles et des dorures à faire mourir d'envie tous les habitants d'Agagna.

Tels étaient les deux religieux que nous trouvâmes réunis chez le gouverneur intérimaire des îles Mariannes, et qui devaient composer, avec don José Calvo, un des hommes les plus bienveillants que nous ayons rencontrés, la seule société qui pût égayer notre séjour dans l'île de Guam. A l'exception de ces trois personnages, la race européenne n'était guère représentée aux Mariannes que par un lieutenant d'infanterie, le lieutenant Martinez, et par deux marins anglais établis à Guam depuis longues années, le pilote Roberts et le capitaine Anderson. Roberts était un homme doux et modeste, peu prodigue de paroles, aussi conciliant qu'Alcibiade et tout disposé *à vivre à Rome comme vivent les Romains.* Il eût adoré le grand lama au Thibet, le dieu Fô à Pe-king, Brahma ou Vischnou dans l'Inde. A Guam, il avait embrassé le catholicisme et faisait régulièrement ses pâques. Anderson était le seul hérétique de l'île : avec ses formes herculéennes, son front aussi altier que celui d'Ajax ou de Lucifer, ses traits accentués, sa face rubiconde, ce poil roux que l'âge avait blanchi, mais qui trahissait encore une origine écossaise, le capitaine du port insultait à la faiblesse de son compatriote et foulait d'un pied dédaigneux les préjugés des papistes. C'était une curieuse histoire que celle qu'on pouvait démêler à travers toutes les hâbleries d'Anderson. Embarqué en qualité de *midshipman* sur un brick anglais, il avait servi pendant une partie de la guerre dans la Méditerranée. En 1815, il fut congédié, et prit le commandement d'un navire de commerce, qu'il alla perdre dans le golfe du Bengale. Il attendait dans l'île Maurice une occasion de rentrer en Angleterre, quand la corvette *l'Uranie*, commandée par M. de Freycinet, vint mouiller au Port-Louis. Anderson avait, s'il faut l'en croire, rendu quelques services à un des lieutenants de *l'Uranie*, M. Labiche, que les chances de la guerre avaient retenu prisonnier en Écosse. La corvette française avait alors besoin d'un chef de timonerie. M. Labiche offrit cette place à Anderson, qui l'accepta dans l'intérêt de la science, et en remplit les fonctions jusqu'à l'arrivée de *l'Uranie* à Guam. Là, pendant le séjour de la corvette dans le port d'Apra, il forma le projet de dresser sa tente sur les calmes rivages de l'Océanie, obtint l'assentiment de M. de Freycinet et du gouverneur, don José Medinilla, et bientôt, marié à une Espagnole, — une femme de pur sang gothique, disait-il avec fierté, sans aucun mélange de sang hébreu ou maure, — il devint un des citoyens les plus importants de l'île de Guam, le capitaine du port d'Agagna et le factotum de la colonie. La race des Anderson avait prospéré sur la terre étrangère; les fils, robustes et actifs, pouvaient former l'équipage de la baleinière paternelle, et deux ou trois grandes filles, aux cheveux blonds, aux yeux bleus, au teint fade, de véritables filles de Fingal ou d'Ossian, dominaient de toute la hauteur de leur tête les bruns rejetons de la race océanienne.

Il faut rendre justice au capitaine Anderson. Il avait su se faire aimer des habitants d'Agagna et se rendre nécessaire au gouverneur. Plein de feu et d'intelligence, il pouvait au besoin déployer une activité peu commune; mais la malheureuse faiblesse qui avait probablement paralysé l'essor du *midshipman* retenait encore cet étrange aventurier dans les limbes d'où les habitudes de la bonne compagnie auraient pu seules le faire sortir. Anderson avait pu oublier sa patrie et consentir à vivre loin de ses montagnes; il n'avait pu oublier le grog. L'alcool exerçait sur lui une sorte d'attraction magnétique. C'est quand les premières vapeurs du *brandy* commençaient à envahir son cerveau que le souvenir de ses premières campagnes lui revenait plus présent et plus glorieux, qu'il enlevait des flottilles entières sous le canon de Livourne ou de Syracuse, et qu'inspiré comme la pythonisse, il entremêlait à ses récits de guerre des lambeaux de Shakspeare, évoquant le gracieux profil de madame de Freycinet pour l'encadrer dans le récit de la mort de Jules César.

Le voyage de M. de Freycinet a rendu célèbre l'hospitalité des gouverneurs de Guam. Don José Calvo se montra le digne successeur du fastueux fonctionnaire qui avait reçu les officiers de *l'Uranie*. Deux fois dans la même journée, un banquet homérique se dressa dans la longue galerie du palais d'Agagna. De pareils festins souvent renouvelés eussent suffi pour affamer l'île, car les ressources de Guam sont fort limitées. Le jour même où *la Bayonnaise* avait mouillé dans le port de San-Luis d'Apra, notre premier soin avait été d'envoyer nos domestiques à terre pour y chercher quelques provisions. Notre traversée, qui, d'après les calculs de nos amis de Macao, eût dû s'accomplir en quinze ou vingt jours, en avait employé cinquante-trois, et depuis près d'un mois nous étions privés de vivres frais; mais cette fois encore nous avions éprouvé un fâcheux désappointement. Les cochons qu'on nourrissait dans l'attente des navires baleiniers ne devaient apparaître sur le marché qu'au mois d'octobre : avant cette époque, les Indiens ne voulaient s'en défaire à aucun prix. Les poules, qui d'habitude perchent à Guam sur les toits, devaient être surprises traîtreusement à l'heure du crépuscule; il fallait les chasser avec un filet à papillons. Les bananes n'étaient pas encore mûres, les ananas étaient presque verts; il n'y avait que le fruit de l'arbre à pain, le *rima* savoureux, et les patates douces, *camotes*, qui pussent suppléer à notre approvisionnement de pommes de terre depuis longtemps épuisé. On comprendra facilement quels charmes nos longues privations durent prêter à la somptueuse hospitalité de don José Calvo. D'ailleurs, il faut bien le dire, l'huile d'Espagne, avec sa fétide et rance saveur qui parfume si horriblement les rues de Cadix ou de Barcelone, n'a point heureusement pénétré jusque dans ces contrées lointaines, et il n'est si pauvre village aux Philippines, si humble *pueblo* aux Mariannes, où l'on ne puisse trouver un repas plus appétissant que dans les meilleures *posadas* de la métropole.

Les plaisirs de la table occupèrent donc une grande partie de la première journée que nous passâmes chez le gouverneur d'Agagna. Cependant un curieux épisode, en réveillant d'intéressants souvenirs, vint nous offrir de moins grossières distractions. Une peuplade des îles Carolines avait vu le sol natal, l'île à fleur d'eau que ses pères habitaient depuis des siècles, s'abîmer, subitement envahi par les flots de la mer. Ces malheureux insulaires s'étaient réfugiés à la cime des cocotiers après avoir attaché leurs pirogues au pied des arbres qui leur servaient d'asile. Plusieurs d'entre eux moururent de froid ou succombèrent aux tortures de la faim. Ceux qui survécurent se jetèrent dans leurs pirogues dès que l'ouragan fut apaisé, et vinrent à Guam implorer la pitié du gouverneur des Mariannes. Don José Casilhas, qui vivait encore à cette époque, les accueillit avec bonté et leur permit de s'établir sur l'île de Saypan, où un maître d'école leur fut envoyé pour les préparer à recevoir le baptême. Intrépides navigateurs, ces Carolins servirent alors de lien aux diverses îles de l'Archipel; leurs actives pirogues furent sans cesse occupées à transporter à Guam les pourceaux engraissés dans l'île de Rota ou la viande desséchée au soleil des bœufs sauvages que nourrit l'île de Tinian. Une heureuse coïncidence avait amené le matin même deux de ces pirogues devant Agagna. Pressé de questions au sujet des émigrés de Saypan, don José Calvo voulut nous donner le plaisir de les observer de nos propres yeux et de les interroger nous-mêmes. Les Carolins reçurent donc l'ordre de se rendre immédiatement chez le gouverneur. Bien différents des timides enfants d'Agagna, qui se montrent toujours coiffés d'un large *sombrero* en feuilles de pandanus tressées ou d'un odieux chapeau de cuir bouilli, vêtus d'un pantalon de cotonnade bleue et d'une chemise de *piña;* portant autour du cou chapelets et scapulaires, les Carolins que nous avions sous les yeux, au nombre de cinq, quatre hommes et une femme, étaient de vrais sauvages dont la nudité hardie soutenait nos regards avec une parfaite indifférence. Les hommes ne portaient cependant que l'indispensable *maro :* la taille de la jeune femme était seule entourée d'une pagne jaunâtre qui s'arrêtait au-dessus du genou. Le dos appuyé contre la muraille, immobiles comme des statues à peine sorties du moule du fondeur, ces vivantes cariatides offraient à notre examen des poitrines larges, un système musculaire fortement accusé, un torse que ne déparaient pas les extrémités grêles qui nous avaient choqués chez les naturels de Timor et chez les Papous de la Nouvelle-Guinée. Leurs cheveux d'un noir de jais retombaient sur leurs épaules en deux faisceaux de boucles luisantes, ou se dressaient sur leur front comme un buisson épineux au bord du champ qu'il protége. Leur peau d'une teinte ferme et franche, leurs traits moins épatés que ceux des Malais, plus hardis que ceux des Chinois, présentaient un ensemble qui ne manquait ni de charme ni de noblesse. On eût dit le beau type des Nubiens passé au rouge. La jeune femme, bien qu'elle fût à peine sortie de l'enfance, avait déjà connu les joies et les souffrances de la maternité. Sa physionomie fatiguée, ses appas flétris disaient assez combien sont fugitives la grâce et la beauté quand un soin délicat ne s'occupe pas de réparer sans cesse les ravages des années et les outrages du temps.

Les émigrés de Saypan appartenaient à ce groupe des îles Carolines, dont les habitants, longtemps avant la conquête espagnole, avaient appris le chemin de l'île de Guam, et dont on voit encore chaque année les rouges pirogues à l'immense balancier apporter dans le port de Merizo ou déployer sur la plage d'Agagna leurs cargaisons de coquilles et de nacre. Ce groupe d'îles occupe l'extrémité occidentale de l'immense archipel qui s'étend des îles Pelew à l'île de Oualan. Les îles dont nos Carolins nous apprirent alors les noms sont marquées sur les cartes du dépôt de la marine à peu près dans l'ordre suivant : Ulie, Élat et Satahoual. C'est au milieu de ce groupe que s'élevait jadis, comme une coupe de corail, l'île qu'ils avaient été contraints d'abandonner. « Il s'est fait un trou dans notre île, répétaient avec douleur ces Troyens de l'Océanie, pendant qu'ils essayaient de satisfaire de leur mieux notre impitoyable curiosité; la mer a pénétré par cette brèche, et nous avons dû nous réfugier au haut de nos cocotiers. » Cette île submergée, cette *pléiade* perdue, s'est-elle donc affaissée sur elle-même après un des tremblements de terre qui ébranlent si souvent les archipels de la Polynésie? ou bien, comme le disent les Carolins, un morceau de la barrière qui entourait l'espèce de bassin placé au-dessous du niveau de la mer s'est-il en effet écroulé? C'est là ce qu'il nous fut impossible d'éclaircir; mais il est certain que l'île une fois envahie par les flots, ne fût-ce qu'à la suite d'un ouragan, la corruption des sources d'eau douce dut suffire pour la rendre inhabitable et pour obliger les Carolins à chercher vers le nord un sol mieux affermi et un asile moins précaire.

La partie occidentale des Carolines, la seule qui ait

quelques communications avec les Mariannes, et d'où étaient venus les émigrés que nous avions sous les yeux, est habitée par une race douce, inoffensive, ignorant l'usage des armes, mais très-avancée dans l'art de la navigation. Plus à l'est, au contraire, on trouve des sauvages féroces et vindicatifs, que les *convicts* échappés de Sydney ont contribué à corrompre, que les baleiniers ont armés, et qui seraient des voisins redoutables pour les Carolins occidentaux, si les vents alizés ne retenaient, par leur constance et leur régularité, chacune des peuplades de cet archipel dans son île. Entre les Carolines et les Mariannes, ces mêmes vents rendent la navigation facile. Partant chaque année vers le mois d'avril, les Carolins trouvent, pour atteindre la pointe de Merizo ou pour regagner leur archipel, un vent *traversier*, également favorable à l'aller et au retour. Ces hardis marins connaissent fort bien la sphère céleste : quand un orage passager obscurcit le ciel, la direction presque invariable de la brise peut suppléer pour quelque temps à l'absence momentanée des constellations qui les guident; mais si cet indice même vient à leur manquer, si la brise régulière est affolée par l'orage, les Carolins se flattent de pouvoir reconnaître encore la route que suivent leurs pirogues par les formes diverses qu'affectent, selon le vent qui souffle, les flots soulevés de la mer. « La lame qui vient de l'est, disent-ils, est longue et peu bruyante; celle qui s'avance des bords où le soleil se couche heurte les courants généraux et imite le bruit des brisants; les vagues du sud-est ou du nord-est sont des vagues également courtes et saccadées que l'on pourrait confondre, si le vent du sud-est n'amenait à sa suite plus de grains et plus d'orages. » C'est généralement en cinq ou six jours que les pirogues d'Élat ou d'Ulie franchissent les cent lieues qui séparent les deux archipels et atteignent la pointe méridionale de l'île de Guam. Quelques-uns de ces esquifs périssent, d'autres s'égarent et sont souvent poussés jusque sur les côtes de Luçon, de Samar ou de Mindanao; mais, quelles que soient les chances de la navigation, il existe d'incroyables ressources chez ces demi-dieux marins, chez ces hommes semblables aux *mermen* de la Scandinavie, qui se roulent dans les flots comme un enfant sur l'herbe de la prairie, et pour lesquels il est aussi facile, aussi simple de nager que de marcher.

Quand on compare à ces beaux sauvages, libres, nus, souples et intrépides, la chétive population des Mariannes, on s'étonne des rapides ravages que peut produire sur les races primitives le contact de notre civilisation. Les naturels de Guam vivent cependant sous un des climats les plus sains et les plus favorisés de la terre. La chaleur dans les îles Mariannes dépasse rarement, au plus fort de l'été, 30 degrés centigrades; le froid y est inconnu. Des affections miasmatiques, communes à toutes les régions intertropicales, la dyssenterie est la seule qui cause à Guam quelques ravages, et encore cette terrible maladie ne s'attaque-t-elle en général qu'aux enfants. Les ressources du sol sont inépuisables : grattez la terre, vous récolterez bientôt du maïs, du taro, des ignames ou des patates douces. Ce travail vous semble-t-il excessif, restez étendu sur votre natte, à l'ombre des casuarinas ou des orangers, et laissez à la nature le soin de pourvoir à votre subsistance. La racine du manioc et la noix du palmier cycas, que la macération dégage de leur suc corrosif, vous permettront d'attendre que les branches du rima se soient chargées, vers la fin du mois de mai, de leurs fruits farineux. Le cocotier, fécond dès sa cinquième année, vous fournira la noix qui nourrit les volailles, engraisse les cochons, remplit d'une huile limpide la lampe du Chamorro ou parfume de flots onctueux la noire chevelure des Indiennes. Mais si, renonçant aux promesses du régime déjà en fleurs, vous détournez la séve qui afflue vers la cime du palmier, si vous frappez de stérilité ce jeune géant de la plage, les tubes de bambou dans lesquels vous aurez inséré l'extrémité des pédoncules taillés chaque matin vous donneront pendant cinq ou six mois, sans que l'arbre paraisse en souffrir, une liqueur d'abord claire et d'une saveur douceâtre, que la fermentation convertira promptement en vinaigre, à moins que, par la distillation, vous ne vous empressiez d'en extraire le principe alcoolique. L'habitant de Guam, dispensé du travail par la clémence du ciel et par celle du gouvernement débonnaire que lui réservait la Providence, laisse couler ses jours dans une apathique oisiveté. C'est un être simple, borné, sans besoins, sans passions, heureux à sa manière, heureux cependant. Soumis aveuglément au joug de l'Église, s'il amasse quelques piastres, c'est pour faire célébrer des messes. La pompe extérieure de la liturgie romaine agit puissamment sur son imagination, mais il est douteux qu'il ait jamais cherché à comprendre le sens mystérieux des cérémonies qui le charment. A voir sa piété marcher si doucement d'accord avec celle des fragilités humaines contre laquelle la religion catholique a dirigé ses plus rigoureux anathèmes, on serait tenté de croire que ce chrétien édifiant n'a pas très-exactement compris les devoirs que lui enseignait le *padre*, et qu'il s'est habitué dès l'enfance à rendre à la Divinité un culte automatique. Ces pauvres Indiens n'occupent pas dans l'échelle des êtres un rang bien élevé. Ne rêvons point pour eux de trop rapides progrès. Nos premiers essais de propagande ont failli détruire leur race. Laissons-les vivre d'abord; qu'ils passent, s'il le faut, sur la terre, pour y croître, s'y multiplier, s'y éteindre comme ces plantes des tropiques dont la tige grandit inutile et ne s'élève que pour être balancée par le vent ou pour sourire aux ardents rayons du soleil. Qu'ils soient encore longtemps un rouage inerte de ce grand univers ! Peut-être un jour saura-t-on, sans violer les desseins de la Providence, les appeler à de plus nobles destinées ; aujourd'hui gardons-nous de leur apporter légèrement de nouvelles souffrances, n'épouvantons pas leur foi naïve, respectons leur calme félicité, et, docteurs circonspects, ménageons à leurs yeux facilement éblouis des clartés souvent douloureuses.

Le soleil était déjà couché quand nous quittâmes le gouverneur d'Agagna ; mais notre baleinière avait à l'avance franchi le seul passage difficile qu'offrît le canal intérieur qui devait nous ramener dans la baie d'Apra. Des Indiens, portant devant nous des torches de roseaux desséchés, nous servirent de guides jusqu'à la pointe basse près de laquelle nous attendaient nos canotiers, et, en moins d'une heure, nous eûmes atteint l'étroite passe de l'île aux Chèvres. Ouvrant alors notre voile à la brise de terre qui venait de s'élever, nous cinglâmes rapidement vers la corvette, où nous arrivâmes enchantés de notre voyage, et tout prêts à recommencer une semblable campagne, si le ciel voulait nous ménager encore une aussi belle journée et d'aussi intéressants épisodes.

Ce ne fut pas la seule fois que nous visitâmes la capitale des îles Mariannes. La gracieuse urbanité du gouverneur et du *padre* Vicente nous y rappela souvent. Le *padre* Manoël voulut aussi nous montrer sa pittoresque paroisse, nous éblouir de ses feux d'artifice, nous ravir par les accords de son orchestre indien. Aux villages d'Agat et d'Agagna durent d'abord se borner nos promenades. Bien que la végétation des Mariannes soit loin de déployer une vigueur comparable à la profusion sauvage des forêts de la Malaisie, nulle part nous n'avions trouvé de fourrés plus impénétrables que ceux que présentent les rivages de l'île de Guam. Un arbuste importé de Manille en 1780, le *lemoncito*, espèce de citronnier aux baies rouges, que les oiseaux se sont chargés de propager, a envahi les moindres clairières et remplit les intervalles des grands arbres de ses rameaux épineux. Le voyage de la ferme de Soumaye, qui se trouvait en face de notre mouillage à la pointe Oroté, sur laquelle nous avions établi une vigie, offrait des difficultés dont il eût été impossible de triompher sans un guide. La sagacité d'Uncas ou de Chingahgook était indispensable pour se diriger à travers ces bois, dans lesquels, si l'on sortait un instant du sentier frayé, on ne rencontrait plus qu'un dédale inextricable. N'osant-nous aventurer au milieu de pareils labyrinthes, le temps que nous ne passions pas chez don José Calvo ou chez le *padre* Manoël, nous l'employions à errer à marée basse sur les récifs. Quelques heures nous suffisaient pour charger une embarcation de coquillages. Le goût de l'histoire naturelle était devenu presque général à bord de la corvette, et c'était à qui découvrirait le cône impérial ou le cône flamboyant, la mitre papale ou la couronne éthiopienne, et surtout la fameuse porcelaine aurore; mais cet objet d'envie trompa les recherches les plus obstinées. Un seul d'entre nous put emporter de Guam, grâce à la munificence de don José Calvo, ce rare échantillon des coquilles polynésiennes,

Rara avis in terris, nigroque simillima cycno.

C'est au milieu de ces distractions et des nombreux exercices à feu par lesquels nous croyions préluder à notre prochaine croisière, que nous vîmes s'écouler le mois de juillet. Le *padre* Manoël, le gouverneur d'Agagna et le *padre* Vicente cessèrent alors de recevoir nos visites, car nous ne voulions pas perdre de vue la pointe Oroté, sur laquelle devait apparaître le signal qui nous annoncerait l'arrivée du navire promis par M. Forbes. Nous ne doutions pas un instant que cet ami dévoué ne fût fidèle à l'engagement qu'il avait voulu contracter envers nous; mais un typhon avait pu engloutir ou démâter le bâtiment expédié de Macao; nous résolûmes de ne pas attendre à San-Luis au delà du 10 août les nouvelles que nous nous étonnions de n'avoir pas reçues encore. Si aucun navire ne nous avait rejoints avant cette époque, nous étions décidés à faire voile sans plus tarder pour Manille. Le 8 août, au lever du soleil, nous fûmes heureusement tirés d'inquiétude. Une goëlette, déployant à sa corne le pavillon des États-Unis, louvoyait au large pour gagner l'entrée de la baie d'Apra. C'était l'*Anglona*, qui, après avoir déposé une cargaison d'opium à Wossung, avait, poussée par la mousson du sud-ouest qui régnait alors sur les côtes de la Chine, donné dans le détroit de Van-Diémen, et venait de gagner, par une route nouvelle, l'océan Pacifique et les îles Mariannes. Cette goëlette n'avait quitté Macao que vers la fin du mois de juin. Les nouvelles apportées par le courrier qui était arrivé à Hong-kong, le 17 mai, n'avaient point paru à M. Forbes ni à M. Forth-Rouen d'une nature assez concluante pour motiver l'envoi de l'*Anglona* aux Mariannes. M. Forbes avait donc attendu, pour expédier l'*Anglona*, que ce navire pût nous porter les lettres et les journaux partis de Paris le 24 avril. L'horizon politique était loin d'être, à cette époque, entièrement dégagé, mais il était déjà facile de prévoir que les premiers ennemis qu'aurait à combattre la nouvelle république ne seraient malheureusement point des étrangers.

Ainsi s'évanouit un projet de croisière dont il serait inutile aujourd'hui d'exposer plus amplement les détails ou de discuter les chances. Suggéré par un de ces esprits fertiles en expédients qui ont l'instinct de la marine sans avoir pratiqué le métier de la mer, et auxquels l'habitude des grandes opérations commerciales a donné l'intelligence des conceptions hardies et des combinaisons ingénieuses, ce projet n'était réalisable qu'avec le concours de l'homme qui l'avait conçu et inspiré. M. Forbes fit pour nous, en cette occasion, ce qu'il eût à peine songé à faire pour des compatriotes. Il fut impossible de lui persuader que le voyage de l'*Anglona* devait donner lieu à une indemnité qui serait facilement accordée par le gouvernement français. Le consul américain voulait que le service rendu à *la Bayonnaise* conservât le caractère d'un service personnel rendu par M. Forbes aux amis qu'il avait adoptés. Le ministère des affaires étrangères et celui de la marine se chargèrent heureusement, quelques mois plus tard, d'acquitter par des remercîments officiels une dette que les officiers de *la Bayonnaise* n'auraient pu payer qu'incomplétement par leur reconnaissance.

CHAPITRE XI.

Les îles Lou-tchou. — Retour de *la Bayonnaise* à Macao.

A peine l'*Anglona* avait-elle jeté l'ancre, que nous nous étions occupés de nos préparatifs de départ. Depuis quelques jours, la mousson du sud-ouest étendait son influence jusqu'à l'île de Guam. Le vent d'ouest ne se faisait point sentir cependant jusqu'au fond de la baie, où l'on n'éprouvait qu'un calme orageux, interrompu quelquefois par un grain subit ou par des brises fugitives et variables, mais, du côté du couchant, un épais rideau de vapeurs toujours immobile faisait suffisamment connaître que le souffle des vents alizés, neutralisé par un courant contraire, ne dépassait plus le méridien des îles Mariannes. Avec le calme, la chaleur, jusqu'alors modérée, était devenue très-intense. A l'ombre, le thermomètre marquait 35 degrés centigrades, 54 degrés au soleil. On pouvait croire qu'une élévation aussi soudaine de la température présageait quelque violente tempête, et que la nature n'échapperait à cet état d'oppression que par une convulsion qui rétablirait l'équilibre dans l'atmosphère. Cependant, le jour même où l'*Anglona* avait mouillé dans la baie d'Apra, les vents d'est avaient repris leur cours, et toute appréhension d'un nouvel ouragan avait disparu. Le 9 août, l'*Anglona* repartit pour Hong-kong, et nous-mêmes, profitant d'une brise favorable, nous sortîmes de la Cadera-Chica, afin d'attendre au mouillage extérieur que nos derniers comptes fussent réglés avec les fournisseurs de la corvette. Pendant ce mouvement, la brise avait fraîchi. La nuit fut très-orageuse ; lorsqu'au point du jour nous songeâmes à mettre sous voiles, le vent s'était depuis quelques heures fixé au nord. Une brume épaisse enveloppait le ciel, des grains violents se succédaient presque sans intervalle, et la houle déferlait avec fracas sur la digue naturelle qui protégeait notre mouillage. L'entrée de la baie d'Apra est partagée par un banc de corail en deux passes distinctes. Si l'on choisit pour sortir la passe du sud, on trouve, jusqu'à la pointe Oroté, une grande profondeur; si, au contraire, on veut gagner le large par le canal du nord, on rencontre sur sa route l'extrémité du grand récif, dont les madrépores, couverts de dix-huit et dix-neuf pieds d'eau, se dressent menaçants à travers les flots bleus et semblent à chaque pas près d'effleurer la quille. La lame était trop creuse pour qu'on pût aventurer la corvette dans cette passe, que nous n'avions franchie qu'avec une très-belle mer le jour de notre arrivée dans la baie d'Apra. Un coup de tangage eût suffi pour nous priver de notre gouvernail. Le chenal du sud ne semblait au contraire offrir aucun danger. Ce fut ce chenal que nous nous décidâmes à suivre. Comme un athlète qui doit ceindre ses reins avant de descendre dans l'arène, nous prîmes les précautions nécessaires pour assurer le succès de notre manœuvre. Deux bandes de ris furent ramassées pli à pli sur les vergues, et dès que la toile, soustraite à l'action du vent, eut été assujettie par de nombreuses garcettes, nous établîmes nos huniers, dont la surface se trouvait ainsi considérablement réduite, puis nous virâmes lentement sur notre chaîne. A peine l'ancre ut-elle dérapée, à peine la corvette, libre de toute entrave, eut-elle obéi à l'impulsion de ses voiles, que les difficultés de notre appareillage nous apparurent tout entières. Obligés de faire un long détour pour passer au sud du plateau qui obstrue l'entrée de la baie, il nous fallait serrer le vent de nouveau pour doubler la pointe Oroté. La mer, qui venait se briser au pied de ce sombre promontoire, jetait ses embruns jusqu'au sommet de la falaise et semblait menacer d'une destruction imminente la corvette, qui, brusquement ramenée vers le lit du vent par son gouvernail, inclinée sous ses huniers et labourant de la gueule de ses canons la crête de la vague, s'engageait hardiment dans la passe. Nous ne pûmes voir sans un peu d'émotion le navire qui portait notre fortune militaire raser à moins d'un quart d'encablure cette côte écumante, mais notre inquiétude n'eut que la durée d'un éclair. Dès que la pointe Oroté fut doublée, la corvette cessa de serrer le vent, et, fuyant avec un sillage plus rapide devant la rafale, elle laissa bientôt derrière elle la longue chaîne de récifs, la falaise mugissante, la baie vaste et profonde. Si nous tournâmes encore nos regards vers l'île de Guam, ce ne fut plus que pour saluer d'un sourire de satisfaction et d'un dernier adieu ses rivages à demi effacés par la brume.

Les baromètres cependant, ces augures infaillibles des mers de l'Indo-Chine, avaient beaucoup baissé depuis le matin, et semblaient présager un typhon ; nous avions heureusement de l'espace devant nous, et *la Bayonnaise*, une fois loin de la côte, n'avait plus rien à craindre de la tempête. L'ouragan, en effet, suivit son cours habituel. Éloignés du centre du tourbillon, nous n'en éprouvâmes point toute la violence, qui se fit sentir deux jours plus tard aux îles Lou-tchou. Le vent tourna lentement vers le nord-ouest et vers l'ouest, passa un moment au sud-ouest et finit par se fixer au sud-est. Ce fut alors que le temps parut s'embellir. Après une nuit de rafales et d'éclairs, la nature se réveilla comme épuisée. Un vague brouillard que la brise n'avait point la force de dissiper errait sur le sommet des vagues, dont les longues ondulations devaient se propager des lointains rivages des Philippines jusqu'au delà des îles Mariannes. Il fallut quelques jours pour que le ciel retrouvât sa sérénité et que la houle cessât de gonfler le sein de la mer. Enfin les flots s'aplanirent, les derniers nuages se dissipèrent, et une tiède brise du sud-est nous poussa lentement vers les îles Lou-tchou, que nous avions le dessein de visiter avant de nous rendre dans la baie de Manille.

On n'a point oublié que M. le contre-amiral Cécille, en quittant les îles Lou-tchou au mois de juillet 1846, y avait laissé, en qualité d'interprètes destinés à servir un jour aux communications du grand empire de France et du modeste royaume d'Oukinia, deux missionnaires français, M. Leturdu et M. Adnet. Les autorités de Choui, fort inquiètes de voir Mgr Forcade ainsi remplacé, avaient adressé leurs doléances à la cour de Pe-king. L'amiral, sollicité par le vice-roi Ki-ing, avait promis qu'un des navires de la division irait bientôt mouiller devant Nafa et ramènerait à Macao les deux étrangers dont la présence causait de si vives alarmes au gouvernement oukinien. La perte de *la Gloire* et de *la Victorieuse* avait retardé l'exécution de cette promesse, qu'il était de notre devoir d'accomplir. Le 25 août, à dix heures du matin, nous aperçûmes la terre. La côte se présentait sous la forme de deux petites îles basses, dont nous ne paraissions pas éloignés de plus de quatre ou cinq lieues. C'était une illusion due à l'extrême transparence de l'atmosphère, car ces deux îles n'étaient en réalité que les plateaux allongés qui dominent la pointe méridionale de la grande Oukinia, dont douze lieues au moins nous séparaient encore. Le calme qui survint nous empêcha de mieux reconnaître la terre avant le coucher du soleil ; mais, pendant la nuit, les courants nous entraînèrent rapidement vers le nord, et les premiers rayons de l'aube dessinèrent nettement les contours de l'île que nous n'avions fait qu'entrevoir la veille. Avec le jour s'éleva une faible brise de sud-est qui, enflant peu à peu nos voiles, nous fit bientôt glisser d'un sillage plus rapide sur une mer transparente et bleue comme le ciel qu'elle réfléchissait. Nous venions de passer non loin de débris épars de mâtures, triste ouvrage du dernier typhon, quand le matelot placé en vigie sur la vergue du petit hunier signala tout à coup une embarcation qui se dirigeait vers la corvette. Nous crûmes un instant que la fortune nous envoyait des naufragés à recueillir ; mais cette frêle embarcation, rencontrée si loin de la côte, n'était qu'une pirogue des îles Lou-tchou, montée par trois pêcheurs oukiniens. A la brusque manœuvre qu'avait faite la corvette pour courir au-devant du canot inconnu qui semblait réclamer son assistance, les trois pagaies s'arrêtèrent à la fois, et la pirogue cessa de bondir sur les vagues, dont sa proue dispersait en volutes d'écume la cime presque imperceptible. Nous vîmes les pêcheurs se lever l'un après l'autre et contempler avec un air de doute et d'inquiétude *la Bayonnaise* alors immobile, sa noire carène, sa longue rangée de canons, son immense voilure. Ils parurent se consulter sur le parti qu'ils devaient prendre. Tous trois se rassirent enfin et recommencèrent à voguer vers la corvette ; mais à la façon dont ils maniaient leurs pagaies, il était facile de juger qu'ils n'étaient point complétement rassurés. Ils ne nous atteignirent qu'après avoir fait plus d'une pause. Des porte-haubans de misaine on leur jeta une amarre ; ils la saisirent ; nos voiles furent de nouveau orientées, et nous continuâmes notre route vers le port de Nafa. Ce fut en vain que nous invitâmes les pêcheurs qui nous avaient ainsi accostés à monter à bord. Ils nous refusèrent obstinément ce dernier témoignage de confiance. Nous avions rencontré au début de notre campagne, non loin du port de Falmouth, à l'extrémité du comté de Cornouailles, un vénérable quaker qui vivait au milieu des oiseaux de son jardin comme Adam au milieu des premiers hôtes du paradis terrestre. A sa voix, rossignols et rouges-gorges accouraient sans crainte, se posaient sur son épaule, ou, battant l'air de leurs petites ailes, venaient saisir une miette de pain jusque sur ses lèvres. Il eût fallu sans doute la patiente douceur de ce bon M. Fox pour apprivoiser nos fauvettes oukiniennes. Pour nous, l'expédient dont nous nous avisâmes fut loin d'avoir le succès que nous nous en étions promis. Pendant que le patron de la pirogue, vieux marin à barbe grise, dirigeait, tout en fumant sa pipe de bambou, sa fragile nacelle dans le sillage de la corvette, pendant que ses deux compagnons reposaient nonchalamment assis au fond du bateau, nous nous servîmes sournoisement de l'amarre qu'ils avaient acceptée pour attirer peu à peu la barque trop farouche le long du bord. Nous avions compté sans la prudence de son équipage. La corde qui traînait la pirogue après nous, au lieu d'être attachée aux bancs ou à la proue comme de coutume, était tenue à deux mains par un des pêcheurs. Dès que les méfiants insulaires s'aperçurent du projet qui menaçait leur indépendance, celui qui tenait la remorque ouvrit les mains, et en un instant la pirogue se trouva hors de nos atteintes. Nous n'avions qu'à mettre une de nos embarcations à la mer pour vaincre de gré ou de force des scrupules que nous avions peine à comprendre ; nous aimâmes mieux respecter la faiblesse de ces pauvres gens jusque dans ses plus étranges caprices.

Ne se voyant point poursuivis, ils se décidèrent à recourir à leurs pagaies, et il leur fut facile de nous rejoindre. Nous ne nous exposâmes pas à les effaroucher une seconde fois; seulement, de la dunette, nous essayâmes d'entrer en communication avec eux. On jeta deux pains dans leur pirogue, on leur envoya du tabac, du vin, et, singulier trait de délicatesse de la part de ces malheureux insulaires qui ne semblaient posséder que leur barque pour tout trésor, ils versèrent le vin dans un tube de bambou et voulurent nous rendre la bouteille. Nous avions espéré que la langue anglaise, qui s'est répandue à la suite des baleiniers américains sur presque tous les points de l'Océanie, ne serait pas complétement inconnue aux pêcheurs des îles Lou-tchou; au premier essai que nous fîmes de notre anglo-chinois, les pêcheurs, désireux de nous épargner une peine inutile, appuyèrent leur tête sur la paume de leur main, et nous firent comprendre par cette pantomime expressive que leur oreille était complétement fermée à tous nos beaux discours. Ils ne tardèrent point, du reste, à nous donner l'explication de leur conduite et de leurs singulières manœuvres en nous quittant sans cérémonie, dès que la corvette, dont la vitesse dépassait alors cinq milles à l'heure, eut conduit leur pirogue dans de meilleurs parages, sur un point où, rendus sans fatigue et sans efforts, ils se promettaient probablement une pêche plus heureuse.

La terre cependant grossissait à vue d'œil. Sur la droite, la grande Oukinia développait une longue chaîne de coteaux peu accidentés. Ses principaux sommets, grandis la veille par le mirage, ne se distinguaient plus des terrains élevés qui les entouraient. De l'autre côté du canal, les îles Amakerrima offraient, au contraire, un groupe de noirs îlots couverts de verdure, aux formes plus abruptes, aux cimes mieux accusées. La côte occidentale, sur laquelle s'élève la ville de Nafa et débouche la rivière de Nafa-kiang, ne doit être approchée qu'avec précaution. Un immense plateau de madrépores s'étend à plusieurs milles du rivage et s'élève si brusquement du fond de la mer, que la sonde ne peut avertir le navigateur du danger. C'est sur ce plateau que la corvette *l'Alcmène* faillit se perdre au mois de mai 1844, et que, quelques années plus tard, le brick *le Pacifique* vint s'échouer. De nombreux pêcheurs, dans l'eau jusqu'à mi-jambe ou jusqu'à la ceinture, s'occupent, dès que la marée est basse, d'exploiter ce vaste champ de coraux et d'y récolter d'abondants coquillages, quelquefois des huîtres perlières. Au moment où *la Bayonnaise*, poussée par la brise qui venait de fraîchir, s'avançait rapidement vers la côte, la pointe méridionale de la grande Oukinia s'élevait au-dessus de l'horizon, noire, basse, allongée, rongée par la vague et par l'air salin ; mais, au point où les derniers rochers plongeaient dans les flots, la mer présentait le plus singulier phénomène de mirage que nous eussions jamais remarqué : on voyait au-dessus des ondes tremblantes que l'ardeur du soleil élevait à l'horizon, toute une population active, aux formes indécises, aux brunes silhouettes, dont on distinguait surtout les grands chapeaux coniques, et qui semblait marcher sur les eaux ou flotter dans les airs. Ces ombres chinoises n'étaient autre chose que les pêcheurs de coquilles qui exploitent le grand banc : leur fantastique apparition au milieu d'un canal qui semblait libre de tout danger, nous eût fort à propos indiqué la nécessité de contourner avec une extrême prudence la pointe à laquelle le capitaine Basil Hall donna le nom de Table-Hill, si l'excellente carte de M. de Laroche-Poncié ne nous eût déjà mis en garde contre ce plateau perfide, dont le jeune hydrographe avait relevé les contours avec son habituelle précision.

Il était trois heures du soir, le vent continuait de nous seconder, et nous avions l'espoir d'atteindre, avant le coucher du soleil, la rade de Nafa, bassin profond et sûr auquel une ceinture de récifs, brisée en trois endroits, donne accès par le nord, par le sud et par l'ouest. Déjà les deux îles basses qui s'étendent en travers du canal, et qu'il faut dépasser pour se rendre devant le port d'Ounting, se dessinaient vaguement à l'horizon, quand la brise du sud-est cessa subitement de gonfler nos voiles. Nous avançâmes d'un ou deux milles, encore entraînés par le courant bien plus que par les bouffées de vent fugitives dont nous cherchions à profiter. Lorsque la brise, longtemps incertaine, se fut enfin fixée au nord-est, renonçant à tenter avant le lendemain l'entrée du port, nous laissâmes tomber l'ancre sur un lit de sable fin, par une profondeur de trente-trois brasses. Nous étions ainsi mouillés à quatre ou cinq milles de la côte ; heureusement il nous restait près de trois heures de jour pour communiquer avec le port de Nafa, et nos voiles n'étaient pas encore serrées qu'un de nos canots faisait déjà route vers la terre. A sept heures du soir, cette embarcation était de retour à bord de *la Bayonnaise*. Au moment d'entrer dans le port, l'officier qui la commandait avait rencontré une grande barque du pays dans laquelle, à la vue de notre pavillon, le Père Leturdu s'était empressé de s'embarquer. Notre canot nous amenait ce jeune missionnaire. Tout ému de se retrouver au milieu de compatriotes, osant à peine croire à l'arrivée de ce navire français qu'il avait cessé d'attendre depuis qu'un vague récit, apporté jusqu'aux îles Lou-tchou par les jonques du Fo-kien, lui avait donné la nouvelle de la révolution de février, le Père

Leturdu fut quelque temps avant de nous apprendre pourquoi il était venu seul à bord de la corvette. Son compagnon, le Père Adnet, avait succombé un mois auparavant à une affection de poitrine.

Abandonnés, depuis le mois de juilllet 1846, dans une île complétement isolée du mouvement commercial des mers de Chine, et que n'avait pas même visitée pendant ces deux années un seul navire baleinier, nos missionnaires avaient vu la police oukinienne surveiller avec anxiété leurs moindres démarches et resserrer insensiblement autour d'eux les mille entraves dont la présence de l'amiral Cécille les avait pour quelque temps délivrés. Un autre Européen, missionnaire protestant envoyé à Nafa par les sociétés religieuses de Londres, le docteur Bettelheim, partageait leur exil, et excitait au même degré que les prêtres français les ombrages des autorités d'Oukinia. Le docteur avait offert à nos missionnaires la paix de l'Église. Bien qu'une grande réserve ne pût manquer de subsister entre des prêtres catholiques voués aux austérités du célibat et le ministre protestant entouré des joies de la famille, la communauté de mille griefs, la douleur de voir leurs pieux efforts échouer contre les précautions redoublées de la police, avaient fini par rapprocher ces interprètes inconciliables des paroles de l'Évangile. Les deux communions rivales avaient le même intérêt à défendre certains priviléges octroyés à nos missionnaires sur les sollicitations réitérées de M. l'amiral Cécille. De toutes les franchises dont se composait cette charte, respectée à contre-cœur par les mandarins d'Oukinia, la plus précieuse était, sans contredit, la faculté de circuler librement dans l'île ; car ce droit abandonné, il fallait renoncer en même temps à tout espoir de prosélytisme. Plus d'une tentative hostile avait menacé un pri-

13.

vilége tellement contraire aux lois du pays, qu'avant de l'accorder aux demandes de l'amiral, le ministre de Choui, Chang-ting-tchou, avait osé, à plusieurs reprises, « fatiguer les oreilles de Son Excellence et implorer avec larmes sa miséricorde. » Pendant dix-huit mois, la ligue européenne avait néanmoins triomphé; mais à mesure que s'affaiblissait chez les mandarins le souvenir de la visite des bâtiments français, ils se montraient plus ardents à reconquérir le terrain qu'ils avaient cédé. Sur ces entrefaites, un malheur public affligea l'empire oukinien. Le roi, depuis longtemps malade, auquel le docteur Bettelheim, un peu médecin de son état, avait inutilement fait offrir ses services, mourut vers la fin de l'année 1847, et légua par sa mort le trône à un enfant. Ce fut un grand deuil pour les habitants des îles Lou-tchou. De Choui à Nafa, on ne parut plus occupé que des obsèques du souverain défunt. Le jour fixé pour les funérailles, le 17 octobre 1847, le docteur Bettelheim et nos missionnaires voulurent, comme de coutume, se rendre à la ville de Choui. Arrivés au pied de la colline sur laquelle cette ville est bâtie, ils trouvèrent des gens armés de bambous qui leur barrèrent le passage et voulurent les obliger à rebrousser chemin. Ils insistèrent, on les repoussa; ils réclamèrent avec plus d'énergie, on les maltraita. Les mandarins qui attendaient à quelque distance l'issue d'une lutte à laquelle ils eussent craint de s'exposer, accoururent alors. Ils virent nos missionnaires renversés à terre, frappés de coups de bambou, saisis par les cheveux et traînés sur le pavé. Ils les jugèrent assez punis, arrêtèrent le bras des gardes prêt à redoubler, protégèrent le docteur Bettelheim qu'on poursuivait, et demandèrent humblement pardon aux hommes qu'ils venaient de faire ainsi maltraiter. C'était peu de chose pour des missionnaires que de pardonner et d'oublier ces sévices ; mais il y avait dans l'énergie dont avaient fait preuve en cette occasion les autorités d'Oukinia un symptôme si évident de l'influence japonaise, que MM. Adnet et Leturdu sentirent le découragement pénétrer jusqu'au fond de leur cœur. Ils ne doutèrent point que le délégué du prince de Satsuma, ce mystérieux proconsul qui résidait, disait-on, à Nafa ; dont on ne leur avait jamais parlé qu'avec un sentiment de terreur et qu'ils avaient en vain cherché à entrevoir, ne dût assister aux obsèques du roi et n'eût exigé qu'on leur interdît de paraître à cette cérémonie. Si, pour soustraire aux regards des étrangers ce représentant d'une influence qui voulait demeurer occulte, on avait osé porter la main sur des hommes protégés par la double puissance de la France et de l'Angleterre, que ne ferait-on point pour obéir à la plus sévère de toutes les prescriptions du Taïcoun ! Plutôt que de laisser l'Évangile germer sur cette terre entièrement dépendante du Japon, on n'hésiterait point à déporter, s'il le fallait, la moitié de la population aux îles Madjico-sima. Ainsi se trouvait expliquée l'étrange réponse de tous les habitants auxquels les missionnaires avaient pu, à la dérobée, annoncer la parole de Dieu : « Ce que vous dites est excellent, mais nous ne pouvons l'entendre ; il y a danger. » Nos missionnaires avaient donc été forcés de s'avouer qu'un plus long séjour aux îles Lou-tchou ne leur apprendrait point le moyen de lutter avec avantage contre la police la plus vigilante du monde, et de propager la religion chrétienne dans un pays où personne ne se soucie d'encourir pour une foi quelconque l'exil, la prison ou la bastonnade. A dater de ce jour, ils ne songèrent plus qu'à retourner en Chine, où de plus belles moissons pouvaient récompenser leur zèle. Souvent, assis sur la plage, ils interrogeaient avec un secret espoir les nombreux et lointains canaux qui pouvaient conduire un navire sur la rade ; d'autres fois, au milieu de la nuit, ils croyaient entendre gronder le canon : plus de doute, c'était le navire attendu ; mais le soleil, en se levant, n'éclairait qu'un horizon désert. Sortis à la hâte du couvent de bonzes qu'on leur avait assigné pour demeure, après l'avoir fait évacuer par les prêtres bouddhistes, les missionnaires rentraient alors chez eux, tristement déçus, et pourtant toujours résignés.

M. Adnet, malade depuis vingt mois d'une affection de poitrine, semblait s'affaiblir tous les jours. Sa respiration était courte, oppressée, sa voix presque éteinte. Souvent les deux prêtres parlaient entre eux de la fin prochaine du moribond comme d'une chose qui ne devait inspirer ni crainte ni regrets. « Quelle joie dans le ciel, se disaient-ils, quand tous ces martyrs du Japon, saint François-Xavier à leur tête, viendront recevoir un nouveau soldat du Christ ! » M. Adnet s'éteignait insensiblement sans souffrir, ou du moins sans se plaindre. Il avait été obligé de renoncer à dire lui-même la messe, mais il l'entendait tous les matins. Enfin, le 1er juillet 1848, il rendit son âme à Dieu. Il n'était âgé que de trente-cinq ans. Son compagnon n'en avait que vingt-huit. Resté seul, le Père Leturdu ferme les yeux et la bouche de son confrère, récite les prières des morts, et, minuit sonné, profitant d'un privilége accordé aux missionnaires, il offre le sacrifice de la messe en faveur de cette âme qui venait de prendre son vol vers le ciel. Pauvre jeune homme ! bien que son cœur n'ait jamais voulu s'avouer l'amertume de ces cruels instants, on peut croire que le lendemain, lorsqu'en présence des mandarins de Choui et de Nafa, le corps du Père Adnet eut été confié à la terre, il ne pût s'empêcher de trouver bien vide la cellule commune et de songer à l'affreux isolement dans lequel le plongeait la mort de son unique ami, du seul être avec lequel il pût échanger ses pensées. Deux mois cependant s'écoulèrent avant que *la Bayonnaise* apparût et vînt jeter l'ancre sur la rade de Nafa.

Nous étions encore émus du récit du Père Leturdu et indignés des mauvais traitements qu'il avait subis, quand un bateau chargé de mandarins, de *kouannins*, si l'on veut adopter l'expression oukinienne, arriva le long du bord. Cet empressement témoignait déjà de l'inquiétude qu'éprouvaient les autorités des Lou-tchou. Lorsqu'après le guet-apens du 17 octobre les mandarins s'étaient humiliés devant nos missionnaires, la réponse de M. Bettelheim les avait remplis d'alarme et d'effroi : « Nous vous pardonnons, avait dit le docteur ; mais *le royaume* ne vous pardonnera pas. » MM. Leturdu et Adnet n'étaient point, en effet, des missionnaires ordinaires ; ils avaient été conduits à Nafa par une frégate française, et laissés dans l'île du consentement des mandarins : on les avait acceptés comme des agents officiels, on s'était engagé à les traiter avec plus d'égards qu'on n'en avait témoigné à Mgr Forcade, et, loin de tenir ces promesses, on avait failli, pour les empêcher d'user d'un droit jusqu'alors reconnu, les faire périr sous les coups des agents de police. Il y avait, sans aucun doute, dans ce concours de circonstances, des motifs plus que suffisants pour exiger une réparation ou pour apprendre par quelque mesure sévère, à ce peuple qui semblait cacher une finesse cauteleuse sous sa feinte douceur, le respect des engagements pris envers la France. Malheureusement les intérêts de la religion se trouvaient ici mêlés avec ceux de la politique, et si nous nous sentions disposés à venger toute atteinte portée à la considération de notre pays, nous n'eussions pas voulu lever un doigt dans la querelle du Seigneur. Mgr Forcade avait noblement répondu aux mandarins, qui le suppliaient, au mois de juin 1846, de ne point dénoncer à l'amiral les petites vexations dont il avait été victime : « Un prêtre français ne se venge jamais. » Tel était l'esprit général des missions de la Chine, et telles étaient aussi les dispositions du Père Leturdu. Il fut donc convenu entre nous que, sans user de notre droit de représailles, sans même demander la punition des satellites qui avaient maltraité les missionnaires, nous bornerions notre vengeance à inquiéter, par une extrême froideur et un brusque départ, les autorités, qui n'avaient fait probablement qu'obéir à cette pression morale du Japon, contre laquelle leurs habitudes d'asservissement ne leur avaient point permis de protester.

Notre programme politique ainsi arrêté avec le P. Leturdu, parfaitement en état de nous servir d'interprète, nous donnâmes l'ordre de faire descendre dans la batterie les mandarins qui venaient d'arriver et de les introduire dans la salle de conseil. Conduits par un timonier jusqu'à la chambre du commandant, les kouannins soulevèrent humblement la portière qui masquait l'entrée de cette chambre, séparée du reste de la batterie par une simple natte, et décorée de sabres et de fusils comme une salle d'armes. S'inclinant alors jusqu'à terre, prêts à frapper du front les durs bordages de chêne, ils attendirent, dans une attitude respectueuse et craintive, qu'on les fît asseoir. Ils étaient envoyés par le maire de Nafa, dont ils s'empressèrent de présenter la carte de visite, petit volume de papier rouge sur lequel se trouvaient tracés ces caractères chinois : « Le maire de Nafa au commandant de la frégate française, salut ! » En leur qualité d'ambassadeurs, les mandarins portaient ce jour-là un chapeau de soie jaune, haut de cinq ou six pouces, cylindrique et sans bords.

Leurs cheveux étaient relevés sur le sommet de la tête comme ceux des femmes chinoises et retenus par une grosse aiguille d'argent. Une longue robe en fil de bananier, croisée sur la poitrine, les enveloppait des pieds à la tête et laissait à peine apercevoir leurs bas de percale, d'une blancheur éclatante. Leurs sandales de rotin avaient été, conformément à l'étiquette, déposées à la porte. Ces sandales ne se composent que d'une simple semelle surmontée d'une bride que l'on introduit entre l'orteil et le premier doigt du pied. C'est une chaussure à la fois commode et très-économique, que nos missionnaires s'étaient empressés d'adopter.

Ce premier échantillon du peuple oukinien nous prévint en sa faveur. Nous avions assurément devant nous des physionomies plus ouvertes et plus honnêtes que celles qne nous avions l'habitude de rencontrer sur les côtes du Céleste Empire. Évidemment les Oukiniens ne sont pas de descendance chinoise. Ce n'est pas seulement à leur teint brun, à leur face moins aplatie, à leurs pommettes moins saillantes qu'on peut reconnaître en eux un autre sang que celui des Chinois. Il est un trait propre aux fils de Han qui ne s'efface, même chez les métis, qu'après bien des générations : c'est cette conformation si étrange des paupières, qu'on croirait attirées vers le sommet de la tête par un nerf placé tout exprès pour les tenir en bride. Les Oukiniens ont au contraire de grands et beaux yeux noirs à fleur de tête, des paupières parfaitement horizontales, mais demi-fermées, ce qui, joint à la convexité et à la proéminence de la cornée, leur donne une apparence de myopie.

Quand les envoyés du maire de Nafa se furent assis sur le bord de leurs chaises, repliés sur eux-mêmes et semblant se faire petits comme le pauvre de la Bruyère, nous leur fîmes connaître nos intentions. Nous descendrions le lendemain à terre pour visiter l'île, et nous entendions ne pas être suivis. Nous désirions en outre renouveler nos provisions déjà épuisées, nous procurer quelques bœufs vivants pour l'équipage, des légumes, des fruits, des volailles pour les officiers et pour les malades. L'humilité de ces pauvres kouannins eût désarmé le courroux d'un Tamerlan. Il fallait les voir convertir leurs dix doigts en *souan-pan*, supputer avec une anxiété visible nos demandes, et les recommander mutuellement à leur mémoire. Il y eut un moment toutefois où une velléité de protestation parut près d'éclore sur leurs lèvres : ce fut quand nous ajoutâmes, de notre air le plus impitoyable et le plus résolu, que nous ne recevrions aucun objet sans le payer, et qu'il fallait, bien que ce fût contraire aux *cérémonies*, qu'ils souscrivissent encore sur ce point à notre volonté. Enfin, décidés à pousser notre vengeance jusqu'au bout, nous les renvoyâmes sans leur offrir la moindre tasse de thé ou le moindre verre de *saki* français. Dieu sait ce qu'il nous en coûta pour nous montrer aussi rébarbatifs ! mais nous avions des griefs très-réels à redresser, et nous appelâmes à nous tout notre courage pour que le cœur ne nous faillît point dans l'accomplissement de cette pénible mission.

Les kouannins de Lou-tchou avaient à peine quitté *la Bayonnaise*, que le timonier qui les avait introduits se présenta de nouveau chez le commandant. Ses regards effarés annonçaient assez qu'il apportait quelque étrange message. « Une embarcation, dit-il, vient d'arriver près de la corvette, et les hommes qui la montent, au lieu de se présenter à l'échelle, ont relevé leurs avirons et crient à tue-tête : Vive la France ! Que faut-il leur répondre ? — Il faut leur dire de venir à bord de la corvette, où l'on est tout disposé à reconnaître convenablement leur courtoisie. » Quelques minutes après ce dialogue, un homme, jeune encore, coiffé d'une casquette dont l'immense visière pouvait défier tous les rayons du soleil des tropiques, mais qui n'avait rien d'oriental dans son costume ni dans sa physionomie, occupait l'un des siéges que venaient de laisser vacants les ambassadeurs du maire de Nafa. Ce nouveau personnage était le docteur Bettelheim, qui, dans l'incertitude où l'avaient jeté les dernières nouvelles arrivées du Fo-kien, avait cru devoir s'assurer à bord du navire français un accueil favorable en ne prenant parti ni pour le roi ni pour la ligue, et n'avait voulu annoncer sa présence le long du bord que par ce cri toujours national, dont aucun des marins de *la Bayonnaise* ne pouvait prendre ombrage : Vive la France !

En montant à notre bord, le docteur dut s'applaudir du tact dont il avait fait preuve, s'il lui vint à la pensée d'attribuer à sa manifestation politique l'accueil qui lui fut fait par les officiers de la corvette. Nous étions tous heureux en effet de trouver une pareille occasion de témoigner de notre tolérance religieuse, de pouvoir prouver aux plus malveillants que, dans la protection accordée par la France aux chrétiens chinois, il n'entrait, Dieu merci, aucune idée étroite, aucun esprit de secte, aucun des vieux préjugés du moyen âge. Nous avions d'ailleurs à reconnaître envers un ministre protestant la conduite généreuse et les bons procédés de plus d'un capitaine anglais ou américain envers nos missionnaires. Vis-à-vis de M. Bettelheim, en particulier, nous devions nous montrer touchés de l'intérêt sympathique qu'il avait témoigné à M. Leturdu après la mort de son confrère.

Le Père Leturdu et M. Bettelheim passèrent la nuit à bord de la corvette. Le Père Leturdu ne dormit guère.

Nous lui avions annoncé notre intention de partir dès le lendemain pour Manille, et il se sentait tout ému de quitter brusquement cette île, dans laquelle il avait apporté, deux ans auparavant, de si chères espérances. A quatre heures du matin, nous étions éveillés et prêts à descendre à terre ; mais c'était un dimanche ; le Père Leturdu nous demanda la permission de célébrer la messe en présence de l'équipage. Nous y consentîmes de grand cœur. Les matelots se réunirent dans la batterie, et le jeune missionnaire offrit pour eux ses prières au ciel. Nous ne pûmes nous empêcher d'être vivement impressionnés par la vue de ce jeune homme, qui, vêtu d'une grande soutane blanche, plus semblable à une ombre qu'à un être vivant, les traits illuminés par la foi, priait avec tant de ferveur pour ces rudes marins, dont les formes athlétiques présentaient un pénible contraste avec l'apparence si frêle du missionnaire amaigri par la souffrance et par les austérités.

Dès que la messe eut été célébrée, les officiers que le service ne retenait point à bord se partagèrent entre trois embarcations, et nous fîmes route de conserve vers le village de Toumaï. C'est là, non loin de Nafa et à deux milles environ de la ville de Choui, qu'habitaient les missionnaires français. Nous passâmes entre les bancs qui protégent la rade intérieure de Nafa-kiang, et, suivant un canal bordé par deux longues jetées, nous débarquâmes sur le quai de Toumaï. La première fois que le Père Forcade posa le pied sur la terre des Lou-tchou, à l'endroit même où nous venions d'aborder, il remarqua une croix gravée sur la pierre. Cette croix était-elle l'hommage pieux d'un des anciens chrétiens du Japon, ou fut-elle placée là par l'ordre du gouvernement japonais, qui voulait obliger ainsi les insulaires ou les étrangers à ne point pénétrer dans l'île sans avoir foulé aux pieds cet emblème d'une religion persécutée ? C'est ce que nos missionnaires essayèrent vainement de découvrir. Notre première pensée en débarquant fut de prier M. Leturdu de nous conduire au tombeau de M. Adnet. Au milieu d'un bosquet de pins et de lauriers repose le pauvre ouvrier apostolique. Les Oukiniens ont permis que la croix s'élevât sur sa tombe. A côté de lui se trouve inhumé le second chirurgien de la corvette *la Victorieuse*, qui mourut en 1846 sur la rade de Nafa-kiang. Je ne saurais dire avec quelle émotion nous contemplâmes ces deux sépultures, que ne visiteront jamais les parents, les amis des deux jeunes gens dont la destinée fut de terminer leur vie à cinq mille lieues de la France. Ces deux tombes sont semblables à celles des Oukiniens. Ce ne sont pas, comme les tombeaux chinois, des tertres gazonnés affectant la forme d'un fer à cheval ; ce sont des parallélipipèdes en maçonnerie, légèrement inclinés pour faciliter l'écoulement des eaux. Après cette triste visite, nous entrâmes dans le couvent de bonzes qui avait été assigné pour logement à nos missionnaires. Ce couvent se composait d'un simple corps de logis comprenant deux chambres et une cuisine. Il est impossible d'imaginer rien de plus frais et de plus gracieux que ces étroites cellules dans lesquelles d'épaisses nattes en paille de riz, aussi moelleuses sous les pieds qu'un tapis de Turquie, tenaient lieu de parquet et de lit de repos. Le Père Leturdu avait donné tous ses soins à l'arrangement de son presbytère. Nous fûmes charmés du bon goût qui en avait groupé les rares ornements. Nous admirâmes l'exquise propreté qui l'embellissait, luxe aimable de l'homme simple, qu'on voudrait retrouver dans tout ce qui entoure les représentants de la Divinité sur la terre ; délicate recherche qui s'alliait si bien avec les pensées pures, avec la calme existence qu'avaient abritées pendant plus de deux ans ces modestes lambris.

Nous pressions cependant le Père Leturdu de s'occuper de ses préparatifs de départ, et nous ne voulûmes point sortir de la bonzerie qu'il ne les eût terminés. Il était près de neuf heures quand nous nous acheminâmes vers la ville de Choui. Les habitants de Toumaï s'étaient rangés sur notre passage, afin de jouir d'un spectacle encore nouveau pour eux. Accroupis sur des nattes, ils nous suivaient de leurs grands yeux avec une curiosité respectueusement craintive. Il y avait là des vieillards, des enfants, des hommes de tous les âges ; mais on ne voyait aucune femme. Les nobles (*samouraïs*) se distinguaient à l'aiguille d'argent qui traversait leurs cheveux des plébéiens (*hiacouchos*), qui ne portent qu'une aiguille de cuivre. En contournant le bord de la mer, tout ombragé de beaux arbres, nous nous trouvâmes bientôt sur la grande route de Choui. Nous n'avions point encore rencontré, depuis que nous avions quitté la France, de chemin d'un aspect aussi imposant. Sur les points où cette large avenue cesse d'être pavée de grandes dalles volcaniques, le sol battu et macadamisé n'en présente pas une surface moins ferme. Il n'existe rien en Chine, le pays des petits sentiers, qui soit comparable à cette voie romaine. On en fait remonter l'existence aux temps les plus prospères des îles Lou-tchou, et, en vérité, cette chaussée fastueuse paraît presque un luxe inutile dans un pays où il n'existe d'autres véhicules que des palanquins portés à bras d'homme. Malheureusement, les pentes de la colline ne sont pas si bien adoucies que l'on puisse arriver sans fatigue à la capitale, surtout quand le soleil du mois d'août assiége de ses feux presque verticaux le piéton imprudent qui ose le braver en plein midi. L'aspect des riants coteaux, des fertiles campagnes qui nous entouraient, ranimait cependant notre courage et nous faisait oublier notre lassitude.

Quel ravissant paysage ! quel pays doucement ondulé ! quelle fraîcheur sous ces bouquets d'arbres jetés au milieu des vertes cultures ! Au sommet des collines s'étendent, comme la crinière d'un casque, les plantations de pins et de mélèzes ; dans les vallées étagées en terrasses, on cultive le riz et le taro. Les terres plus hautes et plus sèches sont plantées de cannes à sucre et de patates douces. La grande Oukinia est située entre le 26e et le 27e degré de latitude nord. Aussi la nature y a-t-elle rassemblé, comme à Ténériffe, les produits des climats tempérés et ceux des régions intertropicales. Le cocotier, qui ne croît guère au delà du 20e degré, n'y balance point sur la plage son tronc élancé et son vert panache ; mais les autres membres de la famille des palmiers, le latanier, l'aréquier, le pandanus, tous ces arbres qui ne peuvent vivre que des rayons du soleil, apparaissent à chaque pas au milieu des conifères habitués à braver les frimas du nord. Enfin, après avoir gravi la dernière côte, nous entrâmes dans la ville, en passant sous trois arcs de triomphe, érigés vers le milieu du quinzième siècle à la gloire des trois rois qui gouvernaient jadis la grande Oukinia. Le souverain de Choui, le glorieux Chang-pa-tsé, réunit alors à la couronne les États des deux autres princes, les royaumes de Fou-kou-tzan et de Nan-tzan. Ce fut la grande ère des îles Lou-tchou, le temps où les jonques oukiniennes faisaient un commerce considérable avec la Chine, le Japon et la presqu'île malaise. Les monuments de Choui datent tous de cette époque de prospérité ils lui doivent ce cachet de solidité et de grandeur, si étranger d'ordinaire aux édifices élevés par la race mongole.

Une solitude absolue régnait dans la ville. Nous parcourions des rues larges, droites, mais que n'animaient point ces longues rangées de boutiques, ces échoppes en plein vent qui remplissent de bruit et d'activité les rues de Canton. Les maisons, bâties presque toutes au fond d'une cour, étaient entièrement dérobées à la vue par une enceinte de murailles grisâtres. Les habitants semblaient avoir évacué cette cité, qu'allaient souiller les pas des étrangers. Si parfois notre arrivée surprenait, au détour d'une rue, des hommes du peuple retournant à leurs travaux, leur petite cantine portative à la main, nous les voyions se détourner et s'enfuir, comme s'ils avaient rencontré sur leur passage quelque bête malfaisante. Nous avions demandé à ne pas être suivis par la police, espérant que notre promenade en deviendrait plus libre et plus intéressante; mais le bambou des kouannins, invisible pour nous, n'en planait pas moins sur les épaules de ces pauvres gens, et expliquait à merveille la soudaine horreur que notre aspect débonnaire n'était certes point fait pour inspirer.

Après avoir erré quelque temps dans ces quartiers déserts, nous vînmes nous asseoir à l'ombre d'un immense figuier des Banyans, sous les murs du palais où s'était enfermé pour ce jour néfaste le jeune et tremblant monarque des Lou-tchou. Ce palais, qui a plus d'un mille de tour, est une véritable citadelle. Il faut avoir vu les murs pélasgiques qui en forment la première enceinte pour se faire une idée de la précision avec laquelle les Oukiniens ont pu assembler, sans l'aide d'aucun ciment, d'énormes blocs de lave unis par leurs arêtes comme les pierres de la plus fine mosaïque. On pourrait comparer ces murailles imposantes à celles de Mycène, aux monuments qui suivirent les constructions cyclopéennes de

Tyrinthe et précédèrent les assises rectangulaires de la Messène d'Épaminondas.

Quant au palais même, on n'en pouvait guère apercevoir que les toits. Le silence morne qui attristait la ville régnait également au sein de la résidence royale; aucun bruit, aucun signe extérieur n'y trahissait l'existence d'êtres animés. Seulement, de demi-heure en demi-heure, des mains invisibles élevaient ou abaissaient une petite flamme blanche qui, du haut d'un mât de pavillon planté sur les murailles, annonçait aux habitants de Choui le progrès monotone de la journée. Le temps qui s'écoule entre le lever et le coucher du soleil est partagé par les Oukiniens en six grandes divisions. La durée de ces longues heures varie suivant les saisons différentes de l'année. Cette inégalité est moins sensible dans le voisinage des tropiques qu'elle ne le serait sous une latitude plus élevée. Elle suffit cependant pour empêcher à jamais la construction d'une horloge oukinienne, à moins qu'on n'y fasse entrer une complication de rouages destinée à tenir compte du mouvement du soleil. Pendant que le Père Leturdu nous donnait ces détails, nous savourions l'ombre et le repos que nous avions achetés par une si pénible course. Le bois à l'entrée duquel nous étions assis descendait sur le flanc de la colline que couronne comme une acropole le palais du roi, et allait se perdre au milieu des nombreux détours de la vallée. Notre long séjour aux îles Mariannes nous avait insensiblement dégoûtés de la végétation des tropiques; cette végétation fougueuse ne nous semblait plus belle que lorsqu'elle avait été châtiée par le fer et par le feu ; mais un bois comme celui qui se déployait sous nos yeux pouvait raviver nos sensations et ranimer notre enthousiasme pour les beautés de la nature. C'était un bois sombre, majestueux, fait pour le recueillement et la méditation, où le pin mêlait ses rameaux éplorés aux grandes ombres du figuier des Banyans, où, au lieu des lourdes vapeurs des forêts tropicales, on sentait courir un air pur, tout empreint des suaves senteurs que la brise apportait de la montagne. Ce fut en nous avançant sous ces voûtes, dont une verdure éternelle interdit l'accès aux rayons du soleil, que nous atteignîmes la grande pagode de l'île, le temple où les bonzes allument devant l'autel de Chaka, — le Bouddha des Thibétains, le Fo des Chinois, — les bâtonnets apportés de Lhassa ou de Pe-king.

Les Oukiniens ne témoignent point pour leurs temples plus de respect que n'en montrent les Chinois. C'est dans une *bonzerie* qu'avaient été logés nos missionnaires ; c'est dans un semblable édifice que résidait le docteur Bettelheim et que s'établissent d'ordinaire les ambassadeurs étrangers. Nous n'avions donc point à craindre, en visitant cette chapelle bouddhique, de blesser un sentiment religieux que nous eussions cru de notre devoir de respecter. Les bonzes avaient suivi l'exemple des habitants de Choui. Leur couvent était entièrement désert. Nous pûmes, sans que personne vînt nous troubler dans nos observations, étudier l'intérieur des cellules, admirer la charpente bizarrement sculptée du temple, pénétrer enfin jusque dans le sanctuaire. Et cependant, faut-il l'avouer ? en posant le pied sur les marches de l'autel, en portant une main hardie sur ces vases sacrés que les bonzes eux-mêmes ne craignent point d'employer aux usages les plus vulgaires, nous nous sentions presque confus d'une pareille profanation. C'est que rien ne ressemble plus à un autel catholique que cette table dressée au fond de la pagode pour recevoir les sacrifices offerts à la Divinité. Là, devant l'image de Bouddha entouré de ses disciples, vous retrouverez les vases de fleurs, les candélabres, le tabernacle même, qui décorent les autels de la Madone ; vous aspirerez le parfum de l'encens, vous entendrez à certaines heures du jour l'écho de la cloche lointaine,

Che paja al giorno pianger che si muore.

La pagode de Choui est desservie par des bonzes qui ont fait vœu de chasteté, ne vivent que de racines, ont la tête rasée, et dont la règle a plus d'un rapport avec celle des communautés monastiques. Ces religieux ne jouissent d'aucune influence politique. Leur ignorance, leurs dehors abjects, leurs habitudes de mendicité semblent même les avoir privés de la considération qu'en tout autre pays le peuple accorde aux hommes qui se vouent à la retraite et à la prière. Les cérémonies bouddhiques n'ont rien non plus qui attire le peuple oukinien. Le seul culte qui possède ses sympathies, c'est le culte des ancêtres. Chaque famille conserve précieusement une tablette sur laquelle se trouvent gravés les noms des parents morts. Souvent les âmes envolées sont attirées vers cette terre par les offrandes et les sacrifices; elles se reposent alors sur ces tablettes écrites de la main des bonzes et tenues en plus grande vénération que les idoles groupées par un culte superstitieux autour de la grande image de Bouddha. La religion des *samouraïs* n'est point la même que celle des *hiacouchos*. En leur qualité de nobles, les *samouraïs* se piquent d'imiter les esprits forts de Pe-king. La philosophie de Confucius sert, aux Lou-tchou comme en Chine, de base à un vague déisme qui suffit aux instincts religieux de la classe supérieure. Les *samouraïs* ne refusent point cependant un culte extérieur aux dieux immortels, aux *fotoques*. Les *hiacouchos* honorent à la fois les *fotoques* et les *kamis*. Ces dernières divinités occupent les degrés inférieurs de l'Olympe : ce ne sont, à proprement parler, que des demi-dieux, des saints, des esprits. Les empereurs du Japon, les rois des Lou-tchou deviennent presque tous des *kamis*. Le peuple ne les invoque qu'en tremblant et ne leur offre des sacrifices qu'afin de détourner leur colère. La seule faveur qu'il implore de ces puissances malfaisantes, c'est qu'une fois descendues dans la tombe, elles ne cherchent plus à lui nuire. On comprendra facilement l'origine de ce culte peu honorable pour les souverains oukiniens, quand on connaîtra le régime féodal et despotique sous lequel gémissent les pauvres insulaires des Lou-tchou. Il n'est pas une des actions de leur vie qui ne soit réglée par la police. Cet œil mystérieux et caché qui surveille toutes leurs démarches, qu'ils croient voir à chaque instant reluire et briller dans l'ombre, les tient dans une perpétuelle anxiété. Les jouissances de la propriété n'existent point pour eux. La terre appartient au roi, qui en distribue les produits aux *samouraïs* et aux *kouannins*. Les *hiacouchos* ne peuvent se procurer qu'en de rares occasions le riz qu'ils ont cultivé, la viande des bestiaux qu'ils font paître. Bien que ce riz et cette viande ne coûtent pas à Choui ou à Nafa plus de 15 sapecs la livre (environ 5 centimes de notre monnaie), le peuple n'en est pas moins obligé, par sa pauvreté, de vivre de patates et de taro pendant la majeure partie de l'année. Il ne connaît ses maîtres que par les travaux qu'ils lui imposent et la crainte qu'ils lui inspirent. Il n'est donc point surprenant qu'après les avoir placés dans le ciel, il leur ait rendu ces hommages que les Grecs n'accordaient autrefois qu'aux divinités infernales.

Après avoir entendu avec un vif intérêt le jeune missionnaire nous expliquer sur les marches mêmes de l'autel bouddhique ces mystères de la théodicée oukinienne, nous sortîmes de la pagode par un large portique que gardent deux affreux géants de pierre aux farouches regards, à la bouche grimaçante, deux véritables Cerbères à face humaine. Nous descendîmes les degrés du grand escalier, que ne foulent d'ordinaire que les pas du cortége royal, et, tournant sur la gauche, nous traversâmes le marché désert de Choui pour atteindre les bords d'un lac enchanteur qui baigne de ses eaux calmes et profondes le pied des murs du palais. Le temps marchait cependant; décidés à quitter la rade de Nafa le soir même, nous nous hâtâmes de regagner, non plus par la grande route, mais par un chemin ombreux, à travers la campagne, entre deux haies d'hibiscus et de bambous, notre village de Toumaï. Un déjeuner nous attendait dans la cellule à demi démeublée déjà du Père Leturdu. L'artiste oukinien qui en avait fait les apprêts eût mérité d'être envoyé à Pe-king pour réformer les affreux procédés de la cuisine chinoise. Le brahmanisme a été réformé par Bouddha; le bouddhisme l'a été à son tour par Tsong-kaba; dans cet immobile Orient, les religions ont pu s'amender : pourquoi la cuisine seule serait-elle immuable? Il est certain que la sauce japonaise, le *soy* aimé des créoles et des Anglais, nous parut un merveilleux assaisonnement pour les mets simples et délicats qui nous furent offerts : d'excellent poisson cuit à l'eau, du riz gonflé à la vapeur, le plus blanc, le plus savoureux que nous ayons vu de Batavia à Chang-haï, des poulets au piment, et d'autres plats peut-être dont le souvenir m'échappe.

Pendant qu'assis à cette table hospitalière, nous commencions à oublier nos fatigues, un grand bruit de gongs arriva jusqu'à nos oreilles. Nous avions fait, en revenant de Choui, la rencontre d'un immense cortége que précédaient deux grandes bannières jaunes chargées de caractères noirs. Nous avions pensé que c'était la dépouille mortelle de quelque *kouannin* qui s'acheminait vers sa dernière demeure. Nous étions dans l'erreur : cette troupe nombreuse, ces bannières, ces gongs accompagnaient le maire de Choui, la seconde autorité de l'île, qui se rendait à Toumaï pour nous présenter ses hommages. On se rappelle que nous avions formé le projet de quitter l'île brusquement, sans voir d'autres mandarins que ceux que nous avions reçus à bord. L'apparition inattendue de la corvette, l'enlèvement silencieux du missionnaire laissé dans l'île par l'amiral Cécille, eussent jeté les autorités d'Oukinia dans une perplexité dont nous voulions faire l'unique châtiment de leur manque de foi et de leur perfidie; mais, surpris à table par le maire de Choui, par le *Choui-kouan*, dont les agents, je serais tenté de le croire, ne nous avaient pas un instant perdus de vue, nous nous résignâmes sans trop de regret à la curieuse conférence que nous avions d'abord voulu éviter. Le nombreux cortége des kouannins subalternes s'était rangé dans le jardin qui s'étendait devant la maison habitée par le Père Leturdu. Au fond de ce jardin s'élevait, sur un tertre rustique, un petit kiosque où les bonzes dépossédés par nos missionnaires allaient jadis adorer leurs *fotoques*. C'est là que le *Choui-kouan* s'était assis pour nous attendre, et que nous nous empressâmes de le rejoindre. Le maire de Choui semblait très-âgé : sa longue barbe blanche, sa physionomie douce et bienveillante, son aspect vénérable, auraient suffi pour amollir nos cœurs, quand bien même nous eussions nourri de plus sinistres desseins contre le *vil royaume* d'Oukinia. Nous nous assîmes cependant en face de lui avec toutes les apparences de la plus extrême froideur, et nous gardâmes tous un profond silence. Puisque le maire de Choui nous avait honorés de sa visite, c'était à lui de nous en apprendre les motifs. Cette entrée en matière paraissait embarrasser terriblement le plénipotentiaire oukinien. Il tournait souvent la tête vers les mandarins qui se tenaient debout derrière son fauteuil, et son regard inquiet semblait leur demander assistance; mais l'indécision des mandarins n'était pas moindre que la sienne. Depuis quelques minutes, ils se parlaient à l'oreille avec une anxiété visible. C'était assurément le plus singulier spectacle qu'on pût voir que celui de tant de conseillers, graves et solennels dans leur robe traînante, l'éventail à la main, occupés à débattre d'un air affairé la question d'intérêt public qu'ils avaient à traiter avec nous. Enfin un des kouannins qui, suivant l'étiquette oukinienne, devait servir d'intermédiaire entre le maire de Choui et notre interprète, le *speaker* de ce curieux cénacle, s'accroupit près du Père Leturdu, et murmura d'une voix mystérieuse quelques paroles qui nous furent ainsi traduites : « Le maire de Choui vous salue. » Après cet heureux début, les figures des mandarins s'épanouirent, et leur éloquence en devint plus facile. Nous apprîmes successivement que le maire de Choui espérait que nous n'avions fait aucune rencontre désagréable sur notre route, que les vents nous avaient été favorables et le ciel propice, que notre santé n'avait point souffert d'un si long voyage, et une foule d'autres choses aussi gracieuses et aussi intéressantes. L'heure nous pressait; nous résolûmes à notre tour d'échapper à ces ambages et d'entrer dans le vif de la question. Nous parlâmes, puisqu'on nous y obligeait par cette visite intempestive, des mauvais traitements essuyés par nos missionnaires, et nous adressâmes aux mandarins oukiniens les reproches que méritait la sourde persécution qu'ils n'avaient cessé d'exercer sans aucun motif contre des hommes honorables, paisibles, que l'amiral français leur avait recommandés comme ses amis, persécution qui avait enfin abouti à un acte d'hostilité ouverte, à une brutalité injustifiable. Le pauvre maire de Choui se tourna de nouveau vers les conseillers qui l'avaient une première fois tiré d'embarras. Que faut-il répondre? se demandaient-ils entre eux, sans se mettre en peine, dans leur trouble, de nous dissimuler cette étrange délibération. Après une longue pause, qui parut employée à examiner la question sous toutes ses faces, l'orateur oukinien approcha enfin son oreille de la bouche du *Choui-kouan*. Voici la réponse qu'il sembla recueillir et qu'il se chargea de nous transmettre : « Ce qui s'était passé n'était qu'un malentendu, un funeste malentendu, le fait de gens grossiers, trop infimes pour qu'on s'occupât de leurs personnes ou de leurs actes. Le roi et le premier ministre, le *Souri-kouan*, en avaient eu le cœur navré; mais ils espéraient que le *grand empire* voudrait bien considérer la misère et l'impuissance du *vil royaume*, avoir pitié des *petits* et abaisser jusqu'à eux sa misércorde. »

Ces excuses pouvaient à la rigueur être accueillies comme une satisfaction suffisante; elles ne nous permettaient point de nous asseoir à la table du *Choui-kouan* et d'accepter le banquet qu'il voulait nous offrir pour consacrer l'oubli du passé en scellant notre réconciliation. Rien ne nous retenait plus dans les îles Lou-tchou : nous quittâmes donc le *Choui-kouan*. Pressés d'échapper au regard triste et résigné du pauvre mandarin, nous activâmes le déménagement du Père Leturdu et le priâmes de hâter son départ. Vers cinq heures du soir, nous avions rallié la corvette; en moins d'un quart d'heure, l'ancre était haute et les voiles déployées. Des bateaux chargés de bœufs nous avaient suivis. Nous les renvoyâmes fièrement; mais, en dépit de ses protestations, nous obligeâmes d'abord le mandarin qui commandait cette flottille à recevoir vingt-sept piastres espagnoles pour prix des provisions qui, dès le matin, avaient été apportées à bord de *la Bayonnaise.* Cette somme s'élevait à quatre fois la valeur des vivres qu'on nous avait fournis, valeur estimée par le Père Leturdu d'après le taux courant des marchés de Choui et de Nafa.

La brise de nord-est qui s'était élevée pendant que nous visitions la capitale des Lou-tchou avait rapidement fraîchi. La corvette, qu'emportait sa large voilure, eut bientôt laissé derrière elle la dernière pointe de la grande Oukinia. Peu à peu les sommets de l'île s'abaissèrent ; une forme vague, indécise, occupa quelque temps encore l'horizon, mais ces contours brumeux ne tardèrent point eux-mêmes à s'effacer, et les îles Lou-tchou disparurent pour toujours à nos regards.

Cette journée passée sur le territoire oukinien fut un des plus intéressants épisodes de notre campagne. La charmante description du capitaine Basil Hall, qui, sur le brick la *Lyra*, avait accompagné en 1816 la frégate *l'Alceste* et l'ambassadeur lord Amherst dans le golfe de Pe-king, la relation des naufragés de l'*Indian-Oak*, sauvés et recueillis par les habitants de Nafa, nous avaient inspiré depuis longtemps le désir de connaître ce peuple pacifique, dont les voyageurs vantaient à l'envi les mœurs hospitalières et les habitudes patriarcales. C'était un des débris de l'âge d'or, une épave de la vie primitive qui semblait avoir surnagé au milieu de notre siècle de fer. L'empereur Napoléon, à Sainte-Hélène, où Basil Hall fut admis à lui présenter ses hommages, avait écouté avec intérêt le récit du capitaine de la *Lyra*. L'Europe entière l'avait lu avec avidité. Le désintéressement, la bonté, la félicité des Oukiniens étaient presque passés en proverbe. On n'eût pas osé parler des Lou-tchou sans attendrissement. Si des hommes dévoués ne fussent venus étudier de plus près cette idylle, la triste réalité n'eût peut-être jamais pris la place du roman. Les missionnaires catholiques, dont les observations ont été confirmées par les rapports du docteur Bettelheim, nous ont fait connaître la cruelle oppression sous laquelle gémit dans ces îles pastorales le peuple asservi par les chefs que dirige la main d'un proconsul japonais. Ils nous ont aussi appris les motifs secrets de ce désintéressement qui avait lieu de surprendre les voyageurs. En refusant le prix des provisions qu'ils fournissaient aux navires étrangers, les mandarins d'Oukinia ne faisaient qu'obéir aux ordres du Japon. On agissait à Nafa en vertu du principe adopté à Nangasaki. On voulait bien secourir les navires brisés ou désemparés par les tempêtes, hâter par tous les moyens possibles leur départ ; on déclinait tout payement, afin de ne point ouvrir par cette voie détournée une porte au commerce extérieur. Les relations commerciales avec l'Europe, voilà surtout ce que, dans les îles Lou-tchou, on tient à éviter. Dès qu'on parle aux autorités de Choui de traités ou d'échanges, ils supplient le ciel de détourner d'eux ce malheur. « Regardant de loin la terre occidentale, allumant les bâtonnets, saluant de la tête et des mains, ils implorent comme le bienfait d'une nouvelle création l'indifférence et l'oubli de l'Europe. » Le *vil royaume*, disent-ils, est une terre aussi petite que le coquillage *famagoudi*[1]. Il ne possède ni or, ni argent, ni cuivre, ni fer, ni étoffes de coton, ni étoffes de soie. Les grains n'y abondent point. Souvent des tempêtes ou des sécheresses détruisent les moissons ; il faut se nourrir alors de *soutitsi*[2], et encore le peuple ne peut-il en avoir à sa-

[1] Littéralement, « ordure du rivage ».
[2] Espèce de bruyère dont on mange la racine.

tiété. Le riz apporté par les marchands de Tou-kia-la sauve seul en ces occasions la vie des habitants. Si le *vil royaume* d'Oukinia voulait faire alliance avec d'autres nations, les Japonais ne permettraient plus aux navires de Tou-kia-la de venir à Nafa-kiang. Les choses nécessaires aux mandarins et au peuple, on ne pourrait se les procurer nulle part : le royaume ne pourrait plus subsister. Comment peut-on proposer des traités de commerce à un si pauvre peuple ? »

C'est par cette humilité, par cette affectation de misère, que les mandarins des Lou-tchou croient pouvoir se défendre de l'esprit envahissant de l'Europe. A la puissance redoutable de nos navires de guerre, ils opposent un peuple désarmé. Ils font reculer la force devant cette faiblesse si humble, devant cette politique si inoffensive. L'épée de Richard fendait une masse de fer ; elle n'eût pu diviser un voile de soie. Nous éprouvâmes nous-mêmes l'embarras où cette politique adroite pouvait jeter des négociateurs : mais si nous avions pu nous laisser un instant attendrir par l'aspect vénérable du plénipotentiaire oukinien, par l'apparence patriarcale de son cortége, nous sentions instinctivement que nous avions été, en cette occasion, le jouet de comédiens habiles. Nos illusions étaient dissipées ; nous n'eussions plus nommé les habitants des Lou-tchou *les bons et heureux insulaires*. Ils ne sont pas bons, car la bonté réelle exige une certaine fermeté d'âme et un généreux oubli de soi-même. Les Oukiniens sont plutôt doux et pusillanimes. Ils ne sont pas heureux, car sous la protection jalouse du Japon, leur bonheur ne pourrait être que celui du lièvre en son gîte, et c'est une félicité que je ne leur envie pas. La vérité sur ces îles, dépouillées de leur enveloppe poétique, c'est qu'une certaine mansuétude de la part des grands, une soumission innée de la part du peuple, y ont rendu la servitude plus douce et plus tolérable que partout ailleurs.

La Bayonnaise cependant s'éloignait avec rapidité de ces curieux rivages. Déjà nous inclinions notre route vers le canal des Bashis, quand le calme nous surprit à soixante lieues environ des îles Lou-tchou. Le calme dans les mers de l'Indo-Chine est généralement, et surtout aux approches de l'équinoxe, l'avant-coureur d'un coup de vent. Plus d'un indice nous avait appris déjà combien, cette année, la mousson du sud-ouest s'était montrée orageuse sur les côtes du Céleste Empire. En arrivant à la hauteur des Lou-tchou, c'étaient des débris de mâture que nous avions rencontrés; cette fois, ce fut de caisses de thé que nous trouvâmes la mer couverte. Ce thé était déjà gâté par l'eau de mer qui s'était infiltrée à travers les fissures des planches. Nous en recueillîmes quelques caisses qui portaient la marque d'une goëlette américaine, l'*Helena*, partie de Chang-haï pour Canton. Ce navire appartenant, ainsi que l'*Anglona*, à la maison Russel, ne s'était point heureusement perdu corps et biens, comme nous l'avions appréhendé, mais il avait été obligé de sacrifier une partie de sa cargaison.

Pendant la journée qui suivit cette rencontre, le ciel se couvrit, la brise devint orageuse et incertaine, les baromètres commencèrent à baisser sensiblement. Nous changeâmes de route, et, au lieu de continuer à nous diriger sur les îles Bashis, nous laissâmes arriver vers l'entrée du détroit de San-Bernardino. Cette manœuvre nous fit sortir de la sphère d'activité du typhon qui, le 31 août et le 1er septembre, exerça de si grands ravages sur les côtes méridionales de la Chine. Si nous eussions été surpris par cette affreuse tempête au milieu des îles Bashis, la corvette eût probablement couru de grands dangers. Nous en fûmes quittes pour un violent orage. Placés sur le bord externe du tourbillon, nous nous éloignâmes sans peine du centre de l'ouragan; la houle énorme qui nous avait suivis jusqu'en vue des côtes de Luçon, tomba graduellement à mesure que nous approchions de l'île de Catanduanes et du détroit de San-Bernardino.

Le 12 septembre enfin, après avoir erré pendant quelques jours dans les canaux du détroit, entraînés ou repoussés par des marées capricieuses, nous reconnûmes les hautes montagnes de Maribelès, et, passant sous les falaises de l'îlot du Corregidor, nous donnâmes à pleines voiles dans la baie de Manille. Un navire à vapeur espagnol y entrait en même temps que nous. Ce *steamer* arrivait de Singapore; il apportait au gouverneur général des Philippines les dépêches qui lui sont expédiées chaque mois de Madrid par la voie de Londres et par la malle anglaise; il nous apportait aussi les instructions que le ministre de la marine, après les événements de février et les funestes journées de juin, nous avait adressées à Manille. Les ordres du nouveau gouvernement de la France nous retinrent pendant près de trois mois sur les côtes des Philippines. Ce séjour prolongé dans la baie de Manille ne fut point favorable à la santé de notre équipage. En partant des îles Lou-tchou, nous comptions à peine quelques malades à bord de la corvette. Durant le cours de la semaine qui suivit notre arrivée devant la capitale de l'île Luçon, quarante-quatre hommes entrèrent à l'hôpital. Nous nous trouvions alors à l'époque du changement de mousson : les pluies abondantes, les brusques variations atmosphériques que nous éprouvâmes aggravèrent sans doute la fâcheuse influence des terrains marécageux dont la baie est entourée, et favorisèrent le développement des affections miasmatiques. Ce fut sans regret que le 1er décembre 1848 nous quittâmes, pour nous rendre à Macao, un mouillage dont nous avions eu raison de tenir la salubrité pour suspecte.

Accomplie durant toute l'année par les bâtiments de commerce, la traversée de Manille à Macao n'exige pendant la mousson de nord-est qu'un navire solide et un gréement éprouvé. Les montagnes de Luçon arrêtent les brises violentes qui règnent dans l'océan Pacifique, et qui s'engouffrent dans les canaux des Bashis pour venir soulever les flots de la mer de Chine. Sous ces terres élevées, on ne rencontre que des vents faibles et variables, qui permettent de remonter sans difficulté de la baie de Manille à la pointe Dilly ou au cap Bojador; mais dès qu'on abandonne l'abri de la terre pour traverser le canal, il faut assurer ses vergues, doubler ses écoutes et se préparer à un rude effort, car ce n'est qu'avec deux ou trois ris dans les huniers et en forçant de voiles que l'on peut atteindre les côtés du Céleste Empire. Au moment où la corvette approchait de la pointe Dilly et où nous nous préparions à tenter le passage du canal, un *clipper* anglais, vaincu dans la lutte qu'il avait engagée contre la mousson, descendait la côte vent arrière pour aller réparer ses avaries à Manille. Ce navire mutilé passa près de nous, ses voiles en lambeaux, ses sabords défoncés, son gréement tout blanchi par les embruns de la mer. Parti de Singapore le 16 octobre, depuis quarante-cinq jours il bataillait contre la tempête. Nous fûmes plus heureux que lui : le 8 décembre, nous reconnaissions le rocher de Pedra-Branca, placé comme une sentinelle avancée à quelques lieues du continent chinois. Dès le soir même, la corvette franchissait le canal des Lemas. Assaillie sous l'île de Lantao par de soudaines rafales, elle put continuer sa route sous ses huniers déployés jusqu'au haut des mâts, et atteindre la rade de Macao sans avoir cédé un pouce de toile à la brise. A dater de ce jour, nous sûmes ce que cet excellent navire pouvait faire ; jamais bâtiment de guerre n'avait été plus propre à la navigation difficile des mers de Chine. Nous vîmes donc sans crainte s'ouvrir pour nous, avec l'année 1849, une nouvelle croisière qui promettait cependant d'être plus périlleuse et plus pénible que la campagne des Lou-tchou et des îles Mariannes.

CHAPITRE XII.

Départ de *la Bayonnaise* pour le nord de la Chine. — Le port de Chang-haï et le mandarin Lin-kouei.

Le ministre de France à Canton, M. Forth-Rouen, avait reçu l'ordre de visiter les ports du nord de la Chine. Nous nous mîmes à sa disposition pour le conduire à Chang-haï, à Ning-po, à Chou-san, à Amoy, dans tous les ports ouverts au commerce européen et accessibles au tirant d'eau de *la Bayonnaise*. La mousson de nord-est était alors dans toute sa force. Avant la guerre de 1840, on n'eût point songé à remonter vers le nord dans de pareilles circonstances ; mais les *clippers* avaient ouvert la voie de ces traversées à contre-mousson ; les navires de guerre anglais avaient suivi les *clippers*, et *la Bayonnaise* n'eût point eu d'excuse pour demeurer en arrière.

Nous louvoyâmes pendant quelques jours près de terre. Les vents y étaient moins forts, la mer moins grosse que dans le canal. Constamment entourés d'innombrables flottilles de bateaux chinois, entrant dans toutes les baies, guidés pendant la nuit par la sonde plus encore que par la vue de la côte, nous atteignîmes sans beaucoup de peine la pointe Breaker. Nous pûmes alors traverser le canal de Formose et venir atterrir sur l'île de Lambay, dont le sommet élevé se détachait sur une longue chaîne de montagnes plus élevées encore. Jamais nous n'avions glissé sur des flots plus tranquilles, jamais ciel plus bleu n'avait brillé au-dessus de nos têtes. Cette île mystérieuse que si peu de navigateurs ont visitée, et qui recèle dans son sein, avec des richesses inexplorées, de sauvages habitants encore inconnus des Chinois eux-mêmes, Formose s'étendait devant nous, et ne laissait arriver jusqu'à nos voiles qu'un frais et caressant zéphyr.

Cependant, à l'est de cette barrière, du côté de l'océan Pacifique, la mousson annonçait sa présence par un rideau de vapeurs jeté comme un linceul sur l'horizon. Nous approchions à peine de l'extrémité méridionale de Formose, côte montueuse, escarpée, d'un aspect dur et sauvage, que quelques rafales violentes vinrent nous avertir de serrer nos voiles hautes et de réduire la surface de nos huniers. Nos précautions étaient prises avant que nous fussions engagés dans le canal. Il y a toujours un certain charme dans l'aspect des terres qui ont échappé à la curiosité des touristes et que n'ont point flétries de trop nombreux regards. Nous examinions avec intérêt ces gorges profondes, ces ravins déserts d'où s'échappaient les lourdes bouffées de la mousson, quand le matelot placé en vigie nous signala l'écueil de Vele-Rete. Incessamment battues par la vague, deux ou trois têtes de roche supportent depuis des siècles l'effort des ouragans qui désolent ces parages. On voyait la mer se briser sur le bord du récif, les embruns jaillir, semblables à une épaisse colonne de fumée, qui ne s'affaissait un instant sur elle-même que pour s'élancer plus haut encore. Nous passâmes à quatre ou cinq milles de l'écueil de Vele-Rete, n'osant pas, malgré la force des rafales, réduire notre voilure, de peur d'être entraînés par les courants près de ce banc dangereux. La brise cependant n'avait pas cessé de fraîchir. La mer était creuse et fatigante. Désireux de sortir au plus tôt de ces fâcheux parages, nous n'avions voulu prendre que deux ris aux huniers.

A sept heures du soir, nous avions dépassé le méridien de la roche Cambrian, qui, couverte de quelques pieds d'eau, mérite de la part du navigateur plus d'attention encore que l'écueil de Vele-Rete. Il ne nous restait plus, pour avoir devant nous toute l'étendue de l'océan Pacifique, qu'à doubler l'îlot septentrional des Bashis. Nous ne doutâmes point que les bonnes qualités de la corvette nous permissent d'y réussir. Nous avions cependant à lutter contre une véritable tempête. Les rafales semblaient à chaque instant plus pesantes, la mer couvrait d'eau et d'écume le gaillard d'avant de la corvette. Nous n'eussions point cru les reins de *la Bayonnaise* aussi solides. Malgré les énormes lames qui s'opposaient à sa marche, ce noble navire atteignait un sillage de sept et huit nœuds. Plus d'une fois, pendant que la corvette soutenait bravement l'effort des vagues et de la brise, les matelots placés au bossoir crurent apercevoir la terre. Plus d'un nuage fut signalé comme la noire silhouette des Bashis ; plus d'une lame, en brisant sa crête phosphorescente, parut déferler au pied des rochers de granit. Enfin nous eûmes la certitude que l'îlot suspect était doublé, et nous pûmes soulager la corvette du fardeau trop pesant dont nous n'avions pas craint de charger ses mâts. A dix heures du soir, l'ordre fut donné de carguer la grande voile. Il était temps : quelques minutes plus tard, et la corvette eût été impuissante à supporter cette voilure.

Certains d'avoir gagné la mer libre, nous ne conservâmes plus que le grand hunier au bas ris, et, doucement balancés par les vagues qui venaient de nous secouer si rudement, nous passâmes le reste de la nuit à la cape. Le lendemain, nous prîmes la bordée du nord. Les eaux de l'océan Pacifique remontent avec une grande vitesse le long de la côte orientale de Formose. Ce courant, don l'existence n'a été bien connue que depuis la guerre des Anglais contre la Chine, est d'un grand secours quand on veut se rendre à Chang-haï pendant la mousson du nord-est. Aussi, la route plus directe du canal de Formose est-elle complétement abandonnée aujourd'hui pour la route extérieure. Dès que les îles Bashis sont dépassées, il n'y a plus de difficulté sérieuse jusqu'à l'entrée du Yang-tse-kiang ; mais la carte du dépôt de la marine, dressée sur celle d'Horsburg, contenait de graves erreurs que nous eûmes l'occasion de rectifier. Grâce au zèle de M. Charles de Freycinet, alors enseigne de vaisseau, et chargé pendant quarante-cinq mois des observations astronomiques à bord de *la Bayonnaise*, la position des îles Koumi, Hoa-pin-su et Raleigh fut déterminée avec toute la précision désirable, comme l'avait déjà été, pendant l'année 1848, la situation des îles Grafton et Monmouth dans le canal des Bashis.

Nous n'étions plus qu'à quelques milles de l'archipel de Chou-san, et nous nous félicitions déjà de la rapidité de notre traversée, lorsque le vent, qui soufflait du sud-ouest depuis trente-six heures, tourna brusquement à l'ouest et au nord-ouest. Pendant trois jours, il nous fallut essuyer un coup de vent qui nous causa de plus graves avaries que la lutte dont nous venions de sortir victorieux. Notre poulaine fut enlevée par la mer, et notre équipage, déjà habitué au climat des tropiques, eut beaucoup à souffrir du froid intense qui succéda soudain à la tiède température qu'avaient amenée les vents du sud. Quand cette brise de nord-ouest eut épuisé sa furie, elle fit place à un vent d'est longtemps faible et incertain, qui nous permit de donner dans le Yang-tse-kiang. A une heure du matin, nous laissâmes tomber l'ancre par cinq brasses de fond à quelques milles de l'île Gutzlaff. Avec le jour, nous étions de nouveau sous voiles, nous flattant de pouvoir atteindre le mouillage de Wossung avant le coucher du soleil.

Tant que l'on aperçoit l'île Gutzlaff, les îles Sha-wei-shan et les roches Amherst, on peut connaître sa position et rectifier sa route; dès que ces îlots ont disparu, on se trouve à la merci de marées violentes et irrégulières, sans autre guide que la sonde; la rive à demi noyée du Yang-tse-kiang, que l'on aperçoit alors vers le sud, n'offre à l'œil qu'une ligne indécise. C'est du côté de ce rivage boueux, qui se prolonge sous l'eau par une pente presque insensible, que se rencontre le meilleur chenal. Là du moins, le fond ne monte que lentement; si l'on échoue, ce sera sur un fond de vase, et non point sur un fond de sable mouvant comme en présentent les bancs du nord. Ce fut pour avoir cherché à suivre le milieu du fleuve, où devait se rencontrer la plus grande profondeur, que la corvette se trouva exposée à l'un des plus sérieux dangers qu'elle ait courus pendant sa longue campagne. Les îles Gutzlaff et Sha-wei-shan avaient disparu depuis quelque temps, et nous faisions route au nord-ouest avec un sillage de quatre ou cinq nœuds. Le courant nous portait, sans que nous pussions le soupçonner, directement sur les bancs du nord. En quelques minutes, au lieu de vingt-six pieds, la sonde n'en accuse plus que vingt-quatre, puis vingt-deux, puis dix-huit. L'ancre, toujours prête à mouiller, tombe à cette sonde. Sur l'avant de la corvette, on ne trouvait plus que seize pieds d'eau. Il fallait se hâter de sortir de cette position: la mer baissait, et à l'embouchure du Yang-tse-kiang, la différence de niveau entre la haute et la basse mer atteint près de cinq mètres. En moins de dix minutes, nous pouvions être échoués. Une fois arrêtés sur ce banc, nous devions nous trouver à sec quand la marée serait basse, et il était douteux qu'on pût empêcher la corvette, avec ses formes si fines, avec ses flancs si peu faits pour un échouage, de s'abattre sur le côté. *La Bayonnaise* avait heureusement pour la tirer de ce mauvais pas, un équipage plein d'ardeur et des officiers aussi dévoués que capables. Une ancre mouillée dans une direction convenable par les soins de M. Barthe, enseigne de vaisseau, assura notre appareillage, et bientôt rentrés dans le véritable chenal, nous nous dirigeâmes vers la côte du sud, de laquelle nous ne voulûmes plus nous écarter.

Les jours de calme et de soleil sont rares pendant l'hiver sur les côtes septentrionales de la Chine. Une brume froide et pénétrante ne tarda point à envahir l'atmosphère; le vent, qui semblait le matin oser à peine gonfler nos voiles, fraîchit si brusquement, qu'à cinq heures du soir notre sillage avait atteint une rapidité effrayante. Ayant à peine trois ou quatre pieds d'eau sous la quille, nous suivions les contours de la rive méridionale avec une vitesse de onze milles à l'heure. Si nous avions rencontré un de ces épis que les alluvions projettent souvent aux endroits où s'infléchit le cours des fleuves, nous nous fussions enfouis de telle façon dans la vase, qu'il eût fallu vider entièrement la corvette pour la remettre à flot. Cette épreuve nous fut épargnée. A cinq heures du soir, nous vîmes apparaître, au-dessus des prairies qui bordent le fleuve, la mâture des navires mouillés à l'embouchure du Wampou, en face de la ville de Wossung. Nos basses voiles étaient depuis longtemps carguées, nos huniers mêmes cessèrent alors de nous être nécessaires; ce fut à sec de voiles que vingt jours après notre départ de Macao, le 21 janvier 1849, nous vînmes jeter l'ancre sur la rive gauche du Yang-tse-kiang.

Le 22 janvier, dès la pointe du jour, nous nous disposâmes à profiter de la marée montante pour franchir l'embouchure du Wam-pou. La nature a traité les marins chinois en enfants gâtés. Que d'efforts son ingénieuse complaisance leur épargne! Sur les côtes du Céleste Empire, c'est la brise qui, deux fois l'an, tourne avec les besoins du commerce; c'est le flot qui se gonfle et entraîne les lourdes jonques à l'encontre du courant des rivières. On ne peut voir sans intérêt l'industrie et l'activité que déploient ces informes machines pour profiter de la marée favorable. Dès que le flot se fait sentir, on entend crier leurs guindeaux, on voit s'élever lentement leurs lourdes voiles de nattes. Elles s'ébranlent alors en escadrons serrés. Défiant les abordages, grâces à leur épaisse ceinture de sapin et aux ballots de foin qu'elles ont pris soin de suspendre le long du bord, elles se livrent pêle-mêle au courant et se laissent aller insouciantes sur cette pente qui donne le vertige aux *sampans* des *barbares*[1]. Une haute balise plantée sur le bord de la plage entre deux mâts rouges, insignes du mandarin auquel est confiée la police du fleuve, indique la direction qu'il faut suivre pour entrer dans le Wam-pou. Dès que nous fûmes sous voiles, nous vînmes nous placer dans cet alignement, et bientôt emportés par la marée, aspirés pour ainsi dire en dedans de la rivière par ce courant rapide, nous donnâmes à pleines voiles dans la passe et vînmes jeter l'ancre au milieu des *receiving-ships* et des *clippers*

[1] Sur certains points de la côte de Chine, les marées ont une violence peu commune. Un *steamer* anglais faillit, en 1841, malgré l'effort de toute sa vapeur, malgré le secours de ses voiles qu'enflait une forte brise, malgré la résistance d'une ancre de bossoir, être emporté par le courant au fond du golfe sur les bords duquel s'élève la capitale du Che-kiang, l'opulente ville de Hang-tchou-fou. Le capitaine Collinson estime qu'en cette occasion la vitesse de la marée devait dépasser onze milles à l'heure.

qui ont établi leur station en face du village de Wossung.

Il fallut nous arrêter tout un jour à ce premier mouillage. Le vent était directement contraire, et le jusant allait succéder à la marée montante. Une pluie froide, souvent mêlée de givre, n'avait point cessé de tomber depuis notre arrivée dans le Yang-tse-kiang. Un voile de deuil semblait envelopper la campagne et le fleuve. Jamais tableau plus sombre n'avait attristé nos regards. Les capitaines des *receiving-ships* entre lesquels était mouillée *la Bayonnaise* bravèrent heureusement le vent et la pluie pour venir nous offrir leurs services; leur entretien sut abréger les heures de cette maussade journée. Ces officiers ont sous leur garde des coffres pleins de lingots d'argent et des cales bondées de caisses d'opium; prêts à défendre leurs trésors contre les attaques des pirates indigènes, ils ont de nombreux équipages de Lascars, des caronades et des canons de bronze rangés sur le pont de leurs navires: ils n'en seraient pas moins hors d'état de résister au moindre bâtiment de guerre européen. La protection des eaux chinoises, bien que les *receiving-ships* soient employés à un trafic illicite et mouillés en dehors des limites assignées au commerce étranger, devrait peut-être, en cas de guerre, garantir leurs riches cargaisons des entreprises de l'ennemi; mais les Anglais ont depuis longtemps renversé toutes les notions du droit maritime, et sur les côtes de Chine en particulier ils se sont montrés si peu préoccupés de respecter l'inviolabilité du territoire neutre, qu'ils osèrent, en 1813, s'emparer d'un navire américain dans la rivière même de Canton. — Nos croiseurs ou ceux des États-Unis seraient-ils plus scrupuleux que les croiseurs britanniques? Il est permis d'en douter, quand on songe à toutes les séductions qui viendraient assiéger leur conscience et à l'irrésistible attrait du mauvais exemple. La station d'opium de Wossung est la plus importante après celle de Cum-sing-moun, établie pour subvenir aux demandes de la province de Canton, à quelques milles du port de Macao. Les postes de Lou-kong, près de la grande île de Chou-san, de Namoa sur les frontières du Kouang-tong, de Chimmo sur les côtes du Fo-kien, de Fou-tchou-fou et d'Amoy, ne sont que des stations secondaires. A eux seuls, les *receiving-ships* de Wossung et de Cum-sing-moun livrent chaque mois au commerce interlope près de deux mille caisses d'opium, dont on ne peut estimer la valeur au dessous de 7 millions de francs. Il faudrait être bien pénétré des leçons de Vatel ou de Martins et plus versé que ne le sont d'ordinaire les officiers de marine dans les délicates questions du droit des gens, pour résister à la tentation de jeter ses filets dans un pareil Pactole.

Notre arrivée cependant était déjà connue à Chang-haï. Le soir même, insensible aux doléances de ses porteurs, dédaigneux de la pluie qui lui fouettait au visage et du chemin qui s'effondrait sous ses pas, le consul de France, M. de Montigny, était parvenu à gagner, avec son jeune et habile interprète, M. Kleiskowsky, le village de Wossung. Enfermés depuis le matin dans leurs chaises de bambou, ces intrépides voyageurs furent assez heureux pour rencontrer près du débarcadère le canot d'un *receiving-ship* qui les conduisit à bord de la corvette. Ce fut une grande joie pour notre excellent consul de se retrouver au milieu de ses compatriotes. Bien peu de personnes ont conservé au même degré que M. de Montigny ce culte passionné, cet admirable enthousiasme que tout Français, il y a cinquante ans, se faisait honneur de professer pour son pays. Un tel homme pouvait débarquer sans danger sur la terre des Lotophages : ce n'était donc point l'affreux exil de Chang-haï, ni les bords boueux du Wam-pou, qui eussent pu effacer de sa mémoire cette belle France, qu'il n'avait consenti à quitter que dans l'espoir de la mieux servir. Contraint par les caprices de la fortune de renoncer au métier des armes après avoir bravement combattu pour l'indépendance de la Grèce, M. de Montigny porta dans sa nouvelle carrière la vigueur et la décision qui lui avaient valu dans les rangs des Philhellènes l'estime et l'affection du général Fabvier. Arrivé à Chang-haï au mois de novembre 1847, sur un navire de commerce anglais, il trouva dans ce port qui n'avait jamais été visité que par une corvette française, *l'Alcmène*, le consul de Sa Majesté Britannique entouré de toute la considération que devaient lui assurer des intérêts sérieux, l'éclat récent d'importantes victoires, et ce fastueux établissement consulaire à l'entretien duquel la Grande-Bretagne consacre chaque année une somme de 100,000 francs[1]. Tout autre que M. de Montigny se fût senti écrasé par l'ascendant de cette position supérieure ; mais le nouveau consul de France avait fait partie de la mission de M. de Lagrené ; il avait suivi avec un vif intérêt les négociations qui arrachèrent à la cour de Pe-king ses premières promesses de tolérance religieuse : il se croyait donc envoyé à Chang-haï, non-seulement pour y protéger ses nationaux, — si jamais nos nationaux se montraient dans ce port, — mais

[1]

Traitement du consul anglais.	37 500 fr.
— du vice-consul	18 750
— de l'interprète	22 500
— du médecin.	10 000
— d'un employé.	5 000
Loyer de l'hôtel consulaire.	6 000
Total	99 750

aussi pour y déposer les germes des transactions futures, pour y développer surtout les conséquences d'une conquête morale dans laquelle il voyait le seul avenir ouvert à notre influence. Tout rempli de la grandeur de sa mission, exalté par ces espérances qui n'appartiennent qu'aux natures vigoureuses, M. de Montigny entreprit de marcher de pair en toute occasion avec le consul anglais. Il n'avait à sa dispostion ni la force qui eût pu intimider, ni la pompe qui eût pu éblouir. Il n'avait que la trempe de son caractère, son activité et le nom de la France, presque ignoré dans le nord de la Chine. Il fit de ce nom, de celui de M. Forth-Rouen, qu'il balançait sans cesse comme la foudre sur la tête du malheureux *taou-tai*[1], un si bon et si judicieux usage, qu'au bout de quelques mois ce consul débarqué sur les quais de Chang-haï par un canot étranger faisait trembler les autorités chinoises, exigeait pour la France la concession d'un terrain aussi vaste que celui qui avait été accordé à la communauté anglaise, et couvrait de son patronage redouté les missions catholiques dans les deux provinces du Kiang-nan et du Che-kiang. L'apparition de *la Bayonnaise* dans le Wam-pou, la présence du ministre de France à bord de cette corvette, ne pouvaient que confirmer les résultats déjà obtenus par M. de Montigny ; cette légitime confiance ajoutait encore à la joie déjà si vive et si sincère de notre consul.

Nous voulûmes nous montrer à la hauteur de tant d'activité, et le lendemain, quoique le vent n'eût point cessé d'être contraire, nous mîmes à profit la marée montante pour nous porter plus avant dans le fleuve. Cette fois, nous appareillâmes sans déployer aucune voile. Nous

[1] On désigne ainsi la première autorité de Chang-haï.

avions soulevé notre ancre qui traînait lentement sur le fond ; nous dérivions ainsi au milieu des jonques ébahies, ne laissant retomber notre ancre dans la vase que pour donner à quelque *sampan* obstiné le temps de filer un de ses câbles et de nous livrer passage. Il nous fallut pourtant atteindre l'heure de la pleine mer pour franchir une barre intérieure qui traverse le fleuve un peu au-dessus de Wossung. Pendant ce délai inévitable, le vent avait changé ; à deux heures de l'après-midi, nous pûmes appareiller de nouveau et remonter le Wam-pou sous un nuage de voiles, cacatois et bonnettes dehors. On ne saurait rien imaginer de plus plat et de plus monotone que les immenses alluvions entre lesquelles s'égare le cours sinueux de cette rivière. La Camargue, les bords de la Charente-Inférieure sont pittoresques à côté de ces terrains à demi noyés qui n'offrent aux regards qu'une étendue indéfinie : la butte Montmartre prendrait au milieu de cette large plaine les proportions de l'Himalaya. C'est la démocratie avec son niveau : de riches moissons et point d'arbres, des campagnes fertiles et pas le moindre accident de terrain, de magnifiques promesses pour l'œil du cultivateur, le néant le plus complet pour l'âme du poëte.

Le soleil était déjà couché quand, après avoir parcouru les longs replis du Wam-pou, nous vînmes mouiller à quelques mètres des quais de Chang-haï. Le long de ces quais exhaussés et affermis se groupaient déjà les premiers édifices de la ville européenne, la chancellerie britannique, le consulat des États-Unis, les somptueuses demeures des négociants anglais et américains. Derrière nous apparaissaient les humbles toits du faubourg indigène dominés par le pavillon du consulat de France et masqués en partie par les hautes carènes des navires de Sydney, de New-York ou de Liverpool. Plus loin, les jonques du Fo-kien et du Chan-tong, rangées côte à côte, occupaient la rive gauche du fleuve. Leurs mâts se dessinaient sur le sombre azur du ciel; la brise agitait doucement leurs mille bannières. On eût dit un escadron de lanciers attendant le signal de la charge. Déjà cependant les reflets dorés du soleil couchant commençaient à pâlir. Bientôt tous les objets semblèrent se confondre; l'innombrable flottille ne présenta plus à l'horizon qu'une masse indistincte et confuse qui disparut complétement à nos regards avec les dernières lueurs du crépuscule.

Nous eussions voulu, dès le lendemain, parcourir cette ville chinoise, où nulle enceinte réservée ne devait nous dérober, comme à Canton, l'existence intime des enfants du Céleste Empire, où nul sanctuaire n'était interdit aux Européens; mais les rigoureuses lois de l'étiquette enchaînaient encore notre liberté. Si importuné qu'il pût être de sa propre grandeur, M. Forth-Rouen ne fut pas libre d'en déposer le fardeau avant d'avoir accompli dans leur intégrité les *rites* de la vie officielle. Appelés à entourer de nos uniformes, comme d'une panoplie vivante, le représentant du peuple français en ce lointain pays, nous dûmes pendant vingt-quatre heures maîtriser notre impatience, et payer par ce léger sacrifice l'honneur d'avoir conduit à Chang-haï le successeur de M. de Lagrené.

Le consul d'Angleterre, M. Rutherford Alcock, voulut être le premier à saluer le nouveau ministre de France. La cloche qui venait de sonner midi à bord de *la Bayonnaise* vibrait encore quand il mit le pied sur le pont de la corvette. Comme M. de Montigny, M. Alcock n'était entré dans la carrière consulaire qu'après avoir connu les périls et les émotions d'une existence plus aventureuse. Habile chirurgien, il avait servi en Espagne dans le corps du général Évans. Les péripéties de la guerre civile avaient fortifié l'énergie naturelle de son caractère : ce fut la mission pacifique qu'il remplissait à Chang-haï qui mit cette énergie à l'épreuve. Dans quelques complications qui avaient précédé de peu de mois notre arrivée dans le Yang-tse-kiang, M. Alcock avait déployé un sang-froid et une fermeté qu'aurait pu envier plus d'un homme de guerre.

Depuis le traité de Nan-king, les étrangers jouissaient d'une grande liberté dans les ports du nord. Il leur arrivait souvent, montés sur des chevaux de Sydney et du golfe Persique, ou mollement couchés au fond de leurs barques chinoises, de s'avancer à huit ou dix lieues dans la campagne. La seule restriction imposée à leurs promenades était l'obligation de rentrer dans la ville avant le coucher du soleil, et encore les autorités chinoises fermaient-elles volontiers les yeux sur les infractions journalières que subissait cette clause secondaire du traité. Les missionnaires protestants, qui s'étaient montrés pour la première fois en Chine vers la fin de l'année 1807, et dont les progrès étaient loin de répondre aux importants secours que n'avaient cessé de leur envoyer les sociétés religieuses de l'Angleterre et des États-Unis, furent encouragés par cette tolérance à poursuivre avec plus d'ardeur leur œuvre de propagande. On sait que les pasteurs de l'Église réformée attachent le plus grand prix à faire pénétrer, indépendamment de toute prédication et de tout commentaire, la connaissance des saintes Écritures au milieu des nations infidèles. Ce n'est point sur leurs humbles efforts qu'ils veulent compter pour la conversion des idolâtres, c'est sur la lumière éclatante que le Seigneur doit faire jaillir du livre même qui contient sa parole. Aussi, grâce à leur zèle infatigable, la Bible a-t-elle été traduite dans toutes les langues du monde, et la distribution de ces pieux exemplaires semble-t-elle constituer un des soins les plus importants des délégués des associations bibliques. Le village de Tsing-pou, situé à dix lieues de Chang-haï, avait souvent vu les missionnaires anglais s'acquitter impunément des devoirs de leur muet apostolat. Le 8 mars 1848, trois de ces missionnaires firent, sur ce paisible territoire, une nouvelle incursion évangélique. Malheureusement, une mesure récente, adoptée par les autorités chinoises, venait de jeter dans les campagnes du Kiang-nan un dangereux élément de désordre. Au lieu de confier, comme d'habitude, aux jonques du grand canal le transport du riz que les trois préfectures de Sou-tcheou-fou, Song-kiang-fou et Thaï-tsang-fou devaient envoyer cette année à Pe-king, le gouvernement de l'empereur avait prescrit de charger sur des jonques propres à la grande navigation et d'expédier par mer à Tien-tsin la majeure partie du tribut de la province. Ce nouvel arrangement laissait sans emploi quinze ou vingt mille mariniers du Chan-tong, hommes grossiers, turbulents, dont l'oisiveté était un sujet perpétuel d'inquiétudes pour les riverains du Wam-pou.

Débarqués le 8 mars non loin de Tsing-pou, les missionnaires anglais avaient pénétré dans ce village et s'en allaient, suivant leur coutume, de maison en maison, offrant leurs Bibles aux Chinois qu'ils jugeaient en état de les lire. Les Chinois souriaient et tendaient la main ; l'œuvre apostolique s'accomplissait sans encombre. Bientôt cependant les Anglais se virent entourés par de nombreux mariniers que l'apparition des barbares aux cheveux rouges (*hom-mao*), des hommes de l'Occident (*si-iam*), avait fait sortir de leurs jonques, alors mouillées en grand nombre devant le village de Tsing-pou. Une curiosité malveillante semblait animer les nouveaux arrivants. Les missionnaires jugèrent prudent de se retirer. En voulant se frayer un passage à travers la foule, ils eurent le malheur de frapper un des hommes qui s'opposaient à leur retraite. Ce premier coup fut le signal de l'attaque. Armés de longues perches de bambou, de pioches, de socs de charrue, les Chinois obtinrent une victoire facile sur ces trois étrangers. Non contents d'avoir maltraité les missionnaires anglais, ils les dépouillèrent, et les auraient emmenés à bord de leurs jonques, dans l'espoir de tirer de leurs prisonniers une forte rançon, si la milice de Tsing-pou n'eût jugé à propos d'intervenir. Conduits devant le maire du village, les Anglais furent immédiatement relâchés et ramenés, avec tous les égards possibles, à leur embarcation. Dès le lendemain, ils rentraient dans Chang-haï, où les détails de cet événement et l'état déplorable dans lequel se trouvait un des blessés excitèrent une indignation générale.

Le consul anglais n'avait pas besoin d'être animé par l'élan de l'opinion publique pour ressentir cette offense plus vivement que personne. Prompt à réprimer les écarts et les violences de ses compatriotes, nul agent ne mettait plus d'ardeur à maintenir leurs droits dans les causes légitimes. M. Alcock se rend donc sur-le-champ chez le *taou-tai* et réclame avec vivacité la punition des coupables. Le mandarin promet de les faire arrêter, et, comme on pouvait le prévoir à l'avance, cette promesse demeure sans effet. Le consul insiste : le *taou-tai* renouvelle ses protestations ; mais le temps se passe, et les coupables n'arrivent pas. Trois cents jonques déjà chargées de grains pour le nord étaient en ce moment réunies devant Chang-haï. M. Alcock profite habilement de cette circonstance. Le 13 mars, il déclare le blocus du port et formule son ultimatum. Dix des principaux assaillants subiront un châtiment exemplaire, et une somme considérable, juste dédommagement des mauvais traitements infligés aux missionnaires, sera versée à la chancellerie anglaise, ou les jonques attendues à Pe-king ne sortiront pas de la rivière. Un brick de guerre anglais, le *Childers*, s'embosse en travers du fleuve ; c'est avec l'appui de ses seize canons que M. Alcock parle en maître à ce mandarin chinois qui commande à plusieurs millions d'hommes. Le *taou-tai*, indigné, ordonne à ses jonques de forcer le blocus ; mais, au premier mouvement de la flottille, un coup de canon part du *Childers ;* les jonques laissent retomber leur ancre, et, pendant plusieurs jours, cet immense convoi se tient immobile.

L'agitation cependant était extrême à Chang-haï. Qui eût jamais pu croire que les barbares oseraient arrêter *le riz de l'empereur ?* Cette audace sacrilége confondait tous les esprits, en proie à mille terreurs ; l'infortuné *taou-tai* ne savait plus quel parti prendre. Il offrait de faire bâtonner deux des témoins de l'attentat ; quant aux principaux coupables, ils étaient, disait-il, parvenus à se soustraire à toutes les recherches. M. Alcock, que n'avaient point ému les rumeurs sinistres dont on avait cherché à s'entourer, comprit cependant qu'il devait, pour en finir, porter cette délicate question à un tribunal plus élevé que celui du préfet de Chang-haï. Un second brick anglais, *l'Espiègle,* venait d'arriver à Wossung. Le capitaine de ce brick consentit à remonter le Yang-tse-kiang jusqu'à Nan-king. A l'annonce de cette nouvelle mesure, les derniers scrupules des autorités chinoises s'évanouirent. Le juge de la province, le *ni-taï,* quitta brusquement Sou-tcheou-fou et se rendit en personne à Tsing-pou. Le 27 mars, il entrait à Chang-haï, amenant avec lui dix Chinois dont la moitié au moins fut reconnue par les missionnaires comme ayant figuré au nombre des mariniers qui les avaient assaillis. Ces dix coupables furent condamnés à porter la cangue pendant un mois, et chaque jour on les conduisit devant la douane, le cou fléchissant sous le lourd collier de bois qui portait, inscrit en gros caractères, le jugement qui les avait condamnés. Dès que cette sentence eut été prononcée, dès que la somme exigée comme réparation pécuniaire eut été déposée par le *taou-tai* entre les mains du consul, le *Childers* ferma ses sabords, éteignit ses boutefeux, et les jonques retenues dans la rivière purent cingler librement vers Tien-tsin. Le 10 avril, *l'Espiègle* arrivait de Nan-king et apportait à M. Alcock un nouveau témoignage de l'effroi et de la soumission des autorités chinoises. Li, précepteur de *l'héritier apparent de la grande et pure dynastie*, président du conseil de la guerre et gouverneur général des deux Kiang, annonçait au consul anglais la destitution du *taou-tai* Hien-ling, commandant des trois départements de Sou-tcheou-fou, Song-kiang-fou et Thaï-tsang-fou, « qui s'était, écrivait le vice-roi, complétement mépris dans l'accomplissement de ses devoirs. »

Pendant que ces événements se passaient dans le nord de la Chine, le nouveau gouverneur de Hong-kong, M. Bonham, se montrait peu rassuré sur les conséquences que pouvaient entraîner les mesures vigoureuses adoptées par M. Alcock. Étonné qu'un agent subalterne eût osé pousser les choses aussi loin sans son agrément, il avait expédié en toute hâte *le Fury* à Chang-haï. Le capitaine du *steamer* devait remettre à M. Alcock l'invitation de se renfermer désormais dans ses attributions consulaires et de ne plus se croire autorisé à porter la paix ou la guerre dans les plis de son manteau ; mais, au moment où *le Fury* arrivait à Chang-haï, la tranquillité était déjà rétablie, la satisfaction accordée était complète, et le blâme infligé à M. Alcock ne pouvait que rehausser aux yeux de ses compatriotes l'éclat du service que sa fermeté leur avait rendu. Comme on pouvait d'ailleurs s'y attendre, l'affaire de Tsing-pou servit longtemps de texte à la polémique des journaux de Hong-kong. On se plut à opposer le succès de la conduite tenue en cette circonstance par M. Alcock aux tristes résultats qu'avaient amenés à Canton les tergiversations de M. Davis. Ce parallèle avait au moins un côté injuste. Le plénipotentiaire et le consul n'avaient point eu à se mouvoir sur le même théâtre. Il fallait tenir compte de l'inégalité des conditions que leur avaient faites les positions si différentes des ports de Chang-haï et de Canton, les instincts pacifiques des habitants du Kiang-nan et l'humeur turbulente des Cantonnais. Une étude impartiale de ce contraste si remarquable entre la Chine du nord et celle du midi eût fait ressortir : l'opportunité des mesures vigoureuses dès qu'on pouvait atteindre, même indirectement, le gouvernement mantchou ; la nécessité d'une politique conciliante quand on devait, au contraire, se heurter aux résistances provinciales.

Si les diplomates européens se trouvent mal à l'aise sur le terrain scabreux où les transporte l'étrangeté des coutumes chinoises, l'embarras des mandarins n'est pas moindre quand ils doivent exercer leur mission dans les cinq ports dont l'accès a été ouvert aux barbares. Le *taoutai* de Chang-haï occupe, comme le vice-roi de Canton, un des postes les plus lucratifs, mais aussi une des situations les plus précaires du Céleste Empire. Il lui faut garantir la sécurité des résidents étrangers en dépit de leurs continuelles imprudences, et complaire aux désirs souvent irréfléchis des consuls sans exciter les ombrages de la cour impériale. D'autres devoirs engagent encore la responsabibilité du *taou-tai* : c'est à lui qu'il appartient d'assurer le transport des impôts de la province ; c'est lui qui doit protéger le commerce maritime contre les pirates, auxquels l'archipel de Chou-san offre des retraites assurées. Le mandarin qui, à l'époque du passage de *la Bayonnaise* à Chang-haï, remplissait dans ce port les importantes fonctions de *taou-tai* était d'origine tartare. Ce nouveau dépositaire des volontés de la cour de Pe-king avait promis d'honorer *la Bayonnaise* de sa présence. Sa visite suivit de près celle de M. Alcock. Vers une heure de l'après-midi, le fracas du gong et les hurlements des licteurs vinrent nous annoncer que, fidèle à ses engagements, S. Exc. Lin-kouei ne tarderait point à paraître. Dès que la chaise de ce haut fonctionnaire déboucha sur le quai de la douane, une salve de neuf coups de canon paya au mandataire du céleste Empereur le premier tribut de notre courtoisie. Un de nos canots venait de transporter à terre M. Alcock : ce fut dans ce canot que s'embarqua, pour se rendre à bord de la corvette française, le *taou-tai* Lin-kouei, mandarin de troisième classe, au bouton bleu transparent, commandant de la milice dans les trois départements de Sou-tcheou-fou, Song-kiang-fou et Thaï-tsang-fou, par ordre suprême surintendant des droits maritimes dans la province du Kiang-sou[1], inspecteur des droits sur le sel et sur le cuivre. Une garde d'honneur composée de vingt canonniers, l'élite de notre équipage, était rangée sur le gaillard d'arrière de la corvette. Après avoir gravi lestement l'échelle de *la Bayonnaise*, le *taou-tai* passa, la tête haute, devant ces soldats immobiles, dont la tenue sévère et la figure martiale sem-

[1] L'ancienne province du Kiang-nan a été subdivisée, à cause de son importance, en deux provinces distinctes, le Kiang-sou et le Ngan-houei.

blèrent avoir pour un instant réveillé les instincts belliqueux de son cœur tartare.

Lin-kouei n'était point cependant un grossier soldat des huit bannières, un de ces mandarins illettrés qui ne savent que tirer de l'arc et monter à cheval. Bien qu'il portât au pouce de la main droite l'anneau de jade, insigne des hommes de guerre; bien qu'il pût, comme un vrai Mantchou, faire ployer un bois flexible sous la corde de soie et lancer à travers l'espace la flèche acérée, c'était dans des concours plus relevés, dans la noble arène des *sieou-tsai*[1] et des *ku-jin*[2], qu'il avait conquis le bouton qui décorait son bonnet de feutre. Les passages les plus obscurs de Confucius et de Mencius n'étaient qu'un jeu pour lui. Il n'y avait point un précepte des anciens sages qu'il n'eût médité et qu'il ne fût en état de citer à propos. Plus de la moitié des *quatre Livres* était gravée dans sa mémoire ; les perles des *cinq Classiques* apparaissaient sans cesse enchâssées dans ses discours, comme les versets de l'Écriture dans les sermons de nos prédicateurs ; mais, en dépit de sa science incontestée, Lin-kouei, avec sa taille gigantesque et ses formes athlétiques, semblait plutôt fait pour combattre sur les frontières du Kan-sou, pour défendre Yarkand ou Kashgar contre les incursions des Usbecks et des Kirghis[3], que pour exercer les fonctions de collecteur

[1] Licenciés.

[2] Docteurs.

[3] Les frontières du Kan-sou et le Turkestan sont le grand champ de bataille des armées chinoises, ce qu'on pourrait appeler leur Caucase ou leur Algérie. C'est là que se sont fondées les réputations militaires qu'en 1840 on essaya d'opposer aux *barbares*. L'ancien généralissime Yishan (le pacificateur des rebelles) commandait en 1848 les troupes opposées aux Usbecks de Ko-kand et aux hordes affamées des Kirghis, dont le chef de Bokhara fomente sans cesse les mécontentements. Le fanatisme religieux a souvent réuni ces tribus musulmanes, et leur soulèvement causa de vives inquiétudes à

d'impôts et d'administrateur des douanes à Chang-haï. Il y avait dans sa démarche, dans ses gestes, dans toute sa contenance, dans l'expression même de sa physionomie, je ne sais quoi de hardi et d'impétueux qui semblait le marquer encore de ce cachet de force brutale que la civilisation n'efface point tout d'un coup sur le front des races conquérantes. Une large pelisse de martre zibeline enveloppait ce fils des Huns d'une chaude et soyeuse fourrure; un double chapelet, distinction honorifique accordée par le souverain au mérite civil, retombait mollement sur sa poitrine. Sur sa tête rasée, un bonnet de feutre aux bords relevés affectait la forme du morion que portaient pendant le combat les fantassins du moyen âge; d'épaisses semelles de carton et de cuir, ajustées à des tiges de satin, ajoutaient à la majesté de sa haute stature. Ce costume n'avait rien de trop efféminé, et pouvait à la rigueur convenir à un guerrier tartare; mais la main nerveuse qui eût dû serrer la poignée d'un sabre de Tolon-noor se voyait réduite à rouler entre des doigts ornés de longs ongles translucides la fiole de jade remplie d'un tabac parfumé, ou à faire glisser sans bruit l'un sur l'autre les grains de corail, de bois de fer et d'ambre.

Il n'y eut que deux des mandarins subalternes, Heou-lieun, commandant en second de la milice du district, et Wan-wei, magistrat de la ville de Chang-haï, qui osèrent pénétrer à la suite du *taou-tai* dans la chambre du commandant de *la Bayonnaise*. Le reste du cortége se tint

l'empereur Tao-kouang dans la sixième année de son règne. Livré par trahison au général chinois Chang-ling, leur chef Jehangir fut conduit en 1827 à Pe-king, où l'on s'empressa de le mettre à mort. Depuis cette époque, la garnison chinoise de Kashgar a été portée à six mille hommes, choisis dans les huit bannières et toujours commandés par un officier mantchou.

respectueusement à la porte. De notre côté, nous étions assez familiarisés à cette époque avec le cérémonial chinois pour pouvoir nous montrer aussi rigoureux observateurs des rites que le courtisan le mieux appris du Céleste Empire. Aucun de nous ne commit donc l'inconvenance de se découvrir devant nos hôtes, ou n'eut la maladresse de les faire asseoir à sa droite. Quand le *taou-tai* eut pris place avec M. Forth-Rouen sur un des divans de la galerie, les officiers de *la Bayonnaise* lui offrirent l'un après l'autre la main gauche, et vinrent occuper les siéges qui les attendaient, silencieux, le sabre au côté et le chapeau *poliment* enfoncé sur la tête. La glace cependant fut bientôt rompue; il suffit d'ajouter à l'hospitalière infusion du pekoe à pointes blanches quelques verres de champagne mousseux et de sherry-brandy, la liqueur favorite des Chinois, pour que la froide étiquette fît place à un gracieux échange de pantomimes qui réussit à suppléer en partie à la rareté des interprètes.

Le *taou-tai* sentait bien qu'il n'avait plus affaire aux ennemis naturels de la Chine ; tout barbares qne nous étions, il pouvait nous traiter avec un degré inusité de confiance. En passant sur le pont et en traversant la batterie, son œil intelligent avait mesuré la mâture et sondé les vastes flancs de *la Bayonnaise*, le plus grand, le plus beau navire européen qui eût jamais mouillé sous les quais de Chang-haï : habilement provoqué par M. de Montigny, dont nous eussions eu mauvaise grâce à contrarier le zèle patriotique, Lin-kouei témoigna le désir de visiter le *sampan* français. Nous promîmes de le lui montrer dans tous ses détails, et je dois avouer que nous ne remplîmes pas à demi cet engagement. La cale, le faux-pont, la batterie, l'installation des soutes à poudre, l'appareil distillatoire adapté à notre cuisine, tout servit de texte à de longs commentaires pour lesquels le vocabulaire de M. Kleiskowsky, interprète du consulat de Chang-haï et longtemps notre compagnon de voyage, ne se trouva pas une seule fois en défaut. Ce jeune sinologue avait quitté la France, muni des premiers éléments de la langue chinoise. Une année de travail opiniâtre, secondé par une rare aptitude, l'avait si bien placé à la hauteur de sa tâche, que, mis en présence de sujets si imprévus, il avait pu soutenir avec une remarquable aisance, une conversation devant laquelle eût reculé sans honte la science d'un encyclopédiste[1].

Lin-kouei semblait prendre un vif intérêt aux explications que lui traduisait M. Kleiskowsky; mais, quand le tambour appela les canonniers à leurs pièces, quand le

[1] On sait que la langue écrite des Chinois renferme de quatre-vingt à cent mille caractères, dont chacun, comme un chiffre arabe, représente une idée. Pour exprimer ces quatre-vingt mille pensées, la langue parlée n'a guère à sa disposition que trois ou quatre cents monosyllabes, dont l'accent modifié par les inflexions de la voix permet à une oreille chinoise de percevoir d'une façon assez distincte près de douze cents sons différents. Un très-grand nombre de caractères se prononcent à peu près de la même manière sans que les idées qu'ils représentent aient le moindre rapport. Le mot *po*, cité comme exemple par les sinologues, veut dire, selon la diversité de l'accentuation, « verre, — bouillir, — vanner, — prudent, — libéral, — préparer, — vieille femme, — casser ou fendre, — incliné, — fort peu, — arroser, — esclave. » De cette pauvreté de la langue parlée comparée à la langue écrite sont venus l'usage et la nécessité de joindre presque constamment deux synonymes dans la conversation pour exprimer une seule et même chose. Ainsi l'on dira *fou-tsin* (père, parent) pour éviter que l'on confonde le mot *père* et le mot *hache*, dont les caractères très-distincts se traduisent cependant dans la langue parlée par la même syllabe. On conçoit néanmoins, malgré cette précaution, à combien de méprises et d'équivoques peut se trouver exposé l'étranger qui n'a pas la voix et l'oreille justes. Le développement du sens musical paraît fort utile pour acquérir rapidement la pratique de la langue chinoise.

mandarin vit ces escouades de marins aux bras nus, au torse musculeux, manœuvrer une batterie de douze obusiers avec l'ensemble d'un peloton qui eût exécuté la charge en douze temps, son enthousiasme ne connut plus de bornes. Bientôt cependant on suspendit ce simulacre de combat pour ménager de nouvelles émotions au *taou-tai*. On fit charger et amorcer devant lui une de ces monstrueuses pièces de 80 qui rappellent par leur masse et leur calibre les canons que Mahomet II employait au siége de Constantinople. Plaçant alors le géant tartare en face de l'énorme obusier béant au sabord, on lui proposa de mettre lui-même le feu à la pièce qui excitait son admiration. A cette offre inattendue, tous les Chinois qui entouraient le *taou-tai* détournèrent la tête et se bouchèrent les oreilles. Lin-kouei, lui seul, ne parut point étonné. Imitant ce qu'il avait vu faire à nos canonniers, il fléchit, sans mot dire, le genou, saisit le cordon de la platine de la main droite, le roidit doucement et avec précaution, puis d'un coup de poignet sec alluma l'étincelle qui devait aller jusqu'au fond de l'âme percer la gargousse et enflammer la poudre. A l'effrayante détonation qui suivit cet acte d'héroïsme, mandarins et satellites faillirent prendre la fuite ; mais Lin-kouei rassura son timide cortége du geste et du regard. Alexandre le Grand, après avoir tranché le nœud gordien, ne dut pas tourner un visage plus radieux vers les habitants de la Phrygie.

Pour nous, loin de railler ce naïf orgueil, nous y applaudîmes à l'envi. Nous déclarâmes à S. Exc. Lin-kouei que dorénavant la pièce à laquelle il avait mis le feu porterait son nom et ne s'appellerait plus que l'obusier de Lin. Un sabre turc, dernière épave sauvée du naufrage de *la Gloire* et léguée au commandant de *la Bayonnaise* par M. Lapierre, avait été destiné par nous au premier chef malais dont nous aurions à reconnaître l'hospitalité. Nous n'eussions jamais songé qu'un pareil hommage pût convenir à un mandarin chinois; après sa prouesse, le *taou-tai* de Chang-haï nous parut digne de ceindre ce riche yatagan. Lin-kouei le reçut des mains du commandant français avec une joie qu'il n'essaya point de dissimuler. Passant autour de son cou le cordon de soie tordue qui soutenait ce long sabre courbe, il le plaça, suivant la coutume chinoise, la poignée en arrière, la lame reposant sur sa cuisse droite. Par un mouvement rapide, ses deux mains disparurent alors derrière son dos; la lame luisante jaillit comme un serpent du fourreau de chagrin, et le *taou-tai* l'agita fièrement au-dessus de sa tête. Puis, comme s'il eût été ramené par une réflexion soudaine à des pensées plus conformes à sa qualité de mandarin civil, Lin-kouei s'empressa de remettre au fourreau l'instrument homicide et de déposer ce gage compromettant de la sympathie des barbares entre les mains d'un de ses serviteurs.

Les heures, on le comprendra, s'étaient rapidement écoulées pendant cette curieuse initiation du fonctionnaire mantchou à la science militaire de l'Europe. Le soleil allait bientôt disparaître derrière la forêt de mâts qui bornait derrière nous l'horizon comme une longue palissade : Lin-kouei s'inclina une dernière fois devant le ministre de France, et, escorté jusque sur le passavant de la corvette par les officiers de *la Bayonnaise*, il descendit avec les mandarins Heou-lieun et Wan-wei dans le canot qui l'attendait au bas de l'échelle, mêlant aux *tchin-tchin* (saluts) les plus affectueux le seul mot français que son cœur reconnaissant eût retenu : Merci !

CHAPITRE XIII.

Les Européens à Chang-haï.

Le consul d'Angleterre ne fut point le seul résidant européen qui voulut se rendre à bord de *la Bayonnaise* le jour même qui suivit l'arrivée de cette corvette dans le port de Chang-haï. Le consul des États-Unis, le préfet apostolique du Kiang-nan, Mgr Maresca, un grand nombre de négociants anglais ou américains, le ministre anglican lui-même, n'apportèrent pas à remplir ce devoir de politesse un moins gracieux empressement. Ce n'était point seulement au représentant de la France que s'adressaient ces hommages : la sympathie publique voulait aussi honorer par ces flatteuses avances la grande pensée qui, au milieu de la lutte acharnée des intérêts commerciaux, avait donné dans l'extrême Orient un défenseur officiel à la cause de la civilisation et de la liberté religieuse. Sur un théâtre où le peu d'importance de nos opérations commerciales eût créé à nos agents et à notre marine un rôle ridicule, ce protectorat dont la tradition remonte aux plus beaux jours de la monarchie française était le seul terrain sur lequel nous pussions planter avec honneur notre pavillon. Aussi bien que les Anglais et les Américains, nous avons maintenant en Chine notre raison d'être. Les navires de guerre, les consuls, les envoyés diplomatiques que nous entretenons dans ces mers lointaines, n'y sont point pour témoigner de la sollicitude affairée d'une administration impuissante, ils ne sont point là non plus pour nous faire assister en rivaux envieux et malveillants aux progrès des nations industrieuses qui se disputent le marché de la Chine : ils sont là pour défendre une noble cause, qui est devenue la nôtre, pour garder de toute atteinte les traités librement consentis avec notre plénipotentiaire par la cour de Pe-king. Si maintenant, par suite d'éventualités qu'il est impossible de prévoir, ces vaisseaux, ces agents étaient appelés à préserver l'intégrité du Céleste Empire, à offrir aux puissances belligérantes une médiation opportune, s'ils savaient inspirer aux Chinois la sagesse, aux Anglais la modération, l'Europe ne pourrait qu'applaudir encore à ce bienfaisant usage de notre influence, et la France n'aurait pas à regretter des sacrifices au prix desquels elle aurait garanti contre de redoutables perturbations l'équilibre politique du monde.

Telle est l'honorable situation que nous ont faite en Chine les traités négociés par M. de Lagrené. A Chang-haï, où notre pavillon commercial n'avait point encore paru depuis l'ouverture des cinq ports, la présence d'un navire de guerre français ne surprit cependant personne. Anglais, Américains, Chinois, tous savaient ce qui amenait dans ces parages le ministre de France. Quand ils avaient entendu gronder le canon de la corvette, les cultivateurs du Kiang-nan s'étaient écriés : *Voilà les amis de l'évêque!* Les Européens s'étaient empressés de tendre la main aux protecteurs des chrétiens chinois. Les autorités chinoises elles-mêmes s'étaient montrées disposées à oublier leur réserve habituelle en faveur de ces étrangers dont la conduite ouverte n'avait jamais caché d'embûches. C'était maintenant à nous de reconnaître par un prompt retour ces prévenances et ce bienveillant accueil; aussi décidâmes-nous sans regret que nous consacrerions une nouvelle journée, une journée tout entière, à rendre les visites que nous avions reçues. Le 25 janvier, vers onze heures du matin, les canots de *la Bayonnaise* transportèrent au débarcadère le plus rapproché du consulat de France M. Forth-Rouen et le brillant cortége que lui composait l'état-major de la corvette. Ce jour-là, le brouillard qui pèse si souvent sur les bords humides du Wam-pou s'était dissipé devant les premiers rayons du soleil, la gelée avait raffermi le sol, et nous pûmes, sans nous embourber jusqu'à la cheville, traverser les ruelles fangeuses qui conduisent du rivage à la demeure de M. de Montigny.

Un goût délicat s'était chargé d'embellir cette humble retraite et de transformer un *cottage* chinois en maison européenne. Chaque été, malheureusement, les grandes crues du Wam-pou venaient inonder le jardin, baigner le rez-de-chaussée et souiller de leur limon les parquets posés à fleur de terre. Si l'on voulait échapper aux miasmes pestilentiels qu'engendrent ces inondations, il fallait évacuer le consulat de France pendant un ou deux mois de l'année, et s'enfuir avec la majeure partie des résidents européens jusqu'aux lointaines collines qu'on voit du haut des pagodes de Chang-haï s'élever comme des îlots perdus au milieu d'un océan de rizières. On éprouvait un sentiment d'intérêt pénible en pénétrant sous ce toit hospitalier. Toute une jeune famille s'y trouvait réunie. Pieusement associée à l'exil paternel, grandissant dans la joie et dans l'innocence, elle semblait sourire aux dangers de ce sol perfide; mais les hôtes qu'elle charmait par sa gaieté naïve ne pouvaient s'empêcher de sonder pour elle l'avenir, et de songer à quelle soie fragile, à quelle santé précaire, à quelle existence toujours prompte à se prodiguer, était suspendu tout ce bonheur[1].

L'orgueil patriotique de M. de Montigny s'était promis de rehausser aux yeux des Chinois, par un appareil imposant, le caractère officiel du ministre de France. Vingt chaises, les plus splendides qu'on eût pu trouver, étaient réunies au consulat : le dernier des aspirants avait quatre porteurs pour lui seul. La chaise du ministre de France reposait sur les épaules de huit cariatides; celle du commandant de *la Bayonnaise* était supportée par un triple brancard. Sur le bonnet des *coulis* s'étalait fièrement la houppe de soie aux couleurs nationales. Les domestiques du consul, transformés en écuyers, ouvraient la marche. Le page de M. Kleiskowsky, malicieux vaurien aux yeux de singe, véritable Flibbertigibbet chinois, fustigeait de sa queue les curieux qui ne se rangeaient point assez vite pour nous livrer passage. Aussi la foule s'ouvrait-elle respectueusement devant nous; les lettrés au bouton d'or se collaient contre la muraille, le menu peuple se pressait dans les carrefours pour nous voir. On eût dit la marche triomphale d'un Bouddha vivant dans quelque cité sainte de la Mongolie; mais les rues de Chang-haï n'étaient pas toujours assez larges pour les évolutions de ce brillant cortége. Parfois les brancards s'embarrassaient dans les piliers ou dans la devanture de quelque échoppe chinoise, le mandarin français était obligé de descendre

[1] En se rendant par terre de Ning-po à Chang-haï, M. de Montigny a souvent couru de grands dangers; mais la plus périlleuse aventure où l'ait entraîné son dévouement, c'est cette campagne de quinze jours sur les côtes de Corée dont les journaux anglais nous ont transmis le récit, campagne qu'il n'hésita pas à entreprendre dans une *lorcha* portugaise pour recueillir l'équipage du baleinier français *le Narval*, naufragé sur une des îles qui bordent la péninsule coréenne.

de sa chaise pour aider ses porteurs à sortir de ce mauvais pas, et la dignité de l'idole se trouvait compromise.

Le consul d'Angleterre avait droit à notre première visite, et c'était la maison qu'il habitait alors au sein de la ville intérieure[1] que nous nous efforcions d'atteindre à travers le labyrinthe le plus compliqué qu'ait jamais renfermé l'enceinte d'une cité orientale. Après mille détours, nous vîmes enfin apparaître les murs du consulat britannique; les disques d'airain suspendus dans la loge du concierge frémirent sous les coups répétés des serviteurs chinois; la porte massive tourna lentement sur ses gonds, et les officiers qu'annonçait ou saluait cet affreux vacarme furent reçus par l'interprète et le vice-consul anglais au bas du perron de la cour d'honneur. Les Chinois ont poussé l'horreur de la symétrie jusqu'à la puérilité. Si vous étudiez leurs monuments, si vous pénétrez dans leurs demeures, vous y remarquerez à chaque pas la simplicité des lignes sacrifiée à dessein, l'unité de l'ensemble brisée comme à plaisir, pour faire place aux surprises ménagées par un goût bizarre. La maison qu'habitait M. Alcock, fermée aux rayons du soleil, mais ouverte à la brise, pouvait flatter le caprice d'un artiste : l'admirable patience que la race anglo-saxonne apporte en tous lieux à la poursuite de son bien-être avait pu seule y mé-

[1] La chancellerie du consulat d'Angleterre avait été élevée sur le terrain cédé à la communauté britannique; toutefois, pour établir plus sûrement leur droit de circulation dans la ville de Chang-haï, les Anglais avaient voulu, après le traité de Nan-king, que leur consul résidât, non pas dans les faubourgs, mais en dedans de l'enceinte fortifiée, au milieu de la ville chinoise. Aujourd'hui que leur droit ne peut plus, après une longue jouissance, être contesté, ils s'occupent de construire sur le terrain qui leur appartient un véritable palais pour leur consul. Chaque officier du consulat aura une maison séparée. Un vaste jardin et une promenade publique entoureront ces habitations.

nager un logement convenable pour une famille anglaise. Deux consuls y avaient consacré leurs efforts. Telle qu'elle s'offrait à nous, transformée par de longs et coûteux sacrifices, cette étrange habitation semblait avoir acquis tous les avantages d'une maison européenne, sans avoir perdu le cachet pittoresque que lui avait imprimé l'imagination de l'architecte chinois. Des poêles et des cheminées portatives en avaient chassé le froid et l'humidité. Dès qu'on y entrait, on se sentait enveloppé d'une douce température, comme si des mains invisibles vous eussent jeté une chaude pelisse sur les épaules. Un vestibule imposant vous introduisait dans la salle à manger, vaste pièce attristée par un jour avare, où veillait à l'un des angles un calorifère constamment allumé. A l'étage supérieur, sous les combles, se trouvait le salon, auquel on arrivait par un obscur corridor. Les solives du toit formaient en s'inclinant le plafond de cette nouvelle pièce; un double pilier qui, suivant la coutume chinoise, soutenait le faîte, sujet à fléchir, occupait avec un poêle de fonte le centre de l'appartement. Le vernis de Ning-po avait donné l'éclat d'une laque brune à ces charpentes grossières. Ce cadre indigène était en harmonie parfaite avec les meubles incrustés du Che-kiang, les bronzes de Nan-king, les porcelaines de Sou-tcheou-fou, rassemblés dans cet étroit espace. Le salon de M. Alcock, dans sa pittoresque étrangeté, eût mérité de figurer à l'exposition de Londres. Pour nous, c'était tout un musée à étudier, non pas un musée composé de cette banale pacotille de Canton faite pour séduire le touriste inexpérimenté, mais un musée tout rempli de curieuses reliques contemporaines des beaux temps de la céramique chinoise. Ce fut une bonne fortune pour notre curiosité de rencontrer cet intérieur chinois embelli par des mains anglaises, une plus heureuse fortune encore de trouver sur la terre étrangère l'accueil que nous y réservait la gracieuse et bienveillante famille de M. Alcock.

Bien des Anglais n'ont point complétement abjuré les vieux préjugés qui obligeaient jadis tout bon insulaire à détester le Pape et à maudire la France. Ceux d'entre eux qui ont gardé le fiel héréditaire, qui prêtent encore le serment du *test* en leur cœur, nourrissent contre nous une de ces antipathies sombres et opiniâtres qui étonnent notre générosité. Avec de pareils Anglais, que votre réserve ne désarme point devant de premières avances ! Sous les formes les plus polies, sous l'enveloppe la plus courtoise, vous ne tarderiez pas à sentir la pointe du trait caché que la haine semble avoir trempé comme une flèche malaise dans le suc de l'upas. M. Alcock n'appartenait point heureusement à cette classe d'ennemis invétérés : il éprouvait un penchant réel pour la France ; il souhaitait sincèrement pour son pays l'amitié d'un peuple éclairé, l'alliance d'un gouvernement libéral. Ce sentiment, il l'eût proclamé sans crainte à la face du Royaume-Uni : il aimait à le confesser par ses actes, sans se laisser arrêter par les vains scrupules auxquels sacrifie trop souvent un faux patriotisme. Aussi le consulat d'Angleterre nous fut-il ouvert à Chang-haï, pendant notre court séjour dans ce port, avec autant d'abandon et de confiance que l'avait été le consulat de France.

Notre première séance dans cette aimable demeure était trop officielle pour qu'elle pût se prolonger au delà de quelques minutes. D'ailleurs nos moments étaient comptés Nous étions attendus à deux heures précises chez le *taou-tai*, et notre politesse devait être celle des souverains. Nous nous empressâmes donc de regagner nos chaises et de nous diriger vers le palais du mandarin Lin-kouei.

Cette fois ce ne furent pas les éclats du gong, mais les détonations de la poudre qui nous accueillirent. Un artilleur chinois, se bouchant, d'une main l'oreille droite, tenant de l'autre un bâtonnet allumé, mettait successivement le feu à neuf petits mortiers de fonte qui faisaient une culbute complète à chaque coup et allaient rouler dans le sable. Les salves des Chinois ne dépasssent jamais trois coups de canon ; mais en cette circonstance il fallut que les usages du Céleste Empire cédassent à la nécessité de reconnaître par un égal hommage les honneurs que *la Bayonnaise* avait rendus la veille au *taou-tai* Lin-kouei. M. de Montigny eût été intraitable sur ce chapitre ; le *taou-tai* le savait. Aussi jugea-t-il prudent de s'exécuter de bonne grâce. Sorti de son palais à la première explosion qui lui annonçait notre arrivée, Lin-kouei vint recevoir le ministre de France à l'entrée même du prétoire. Dans cette salle ouverte à tous les vents, en présence de la chimère gigantesque peinte à grands traits sur le mur de la cour extérieure, à quelques pas de la geôle où gémissaient les prévenus, le *taou-tai* rendait d'ordinaire la justice. Une table rectangulaire, des chaises de bois massif recouvertes d'un coussin de drap rouge et rangées le long des murs, tel était l'ameublement de ce tribunal qui voyait à la fois prononcer les sentences et s'exécuter la majeure partie des arrêts. Sur une table nue et froide figurait, sinistre ornement, l'urne fatale où la main des Minos chinois saisit les baguettes de bambou qui, jetées au bourreau, lui indiquent le nombre de coups qu'il doit infliger au patient. Nous ne fîmes que traverser cette salle officielle. Introduits dans une seconde cour, nous trouvâmes sous un nouveau péristyle une collation préparée à l'avance : des fruits confits, de blanches pyramides d'amandes, des pâtisseries chinoises, des fromages mantchoux qu'on eût pris pour d'innocentes sucreries, et le plus délicat des thés verts, le *you-tsien* [1], étalant ses feuilles épanouies au fond des tasses recouvertes dans lesquelles la sensualité des gourmets enferme jusqu'au dernier moment le précieux arome. Cette infusion chinoise nous sembla cependant inférieure au mélange de pekoe et de sou-chong que plus d'une fois nous avions offert nous-mêmes aux mandarins de Canton. Ce parfum printanier des premiers bourgeons enlevés à l'arbuste avant le complet développement des feuilles avait quelque chose de trop vague, de trop insaisissable pour nos sens émoussés. Il nous fallait les gros crus du Fo-kien, les thés de Tchin-tcheou et d'Amoy, les feuilles grossières que nourrit le sol granitique du district de Bohea, et que l'action du feu a complétement noircies et desséchées : voilà le rude arome qui plaisait à nos palais barbares, comme à celui de nos matelots l'âpre bouquet des vins de Portugal ou de Catalogne.

Le *taou-tai* nous fit avec une grâce parfaite les honneurs de son palais. Il fut gai, bienveillant, naturel, et parut répondre à nos questions avec une sincérité bien rare chez un fonctionnaire chinois. Quand nous lui parlâmes des armées du Céleste Empire vaincues par une poignée d'étrangers, il n'hésita pas à convenir de l'impuissance des milices provinciales : il avoua que toutes ces troupes rassemblées sous l'étendard vert, divisées en *ma-ping* (cavalerie), *pou-ping* (infanterie), *chéou-ping* (garnisons sédentaires), n'étaient point en état de tenir tête à quelques régiments européens ; mais il s'étendit avec orgueil sur les mérites des régiments tartares cencentrés autour de Pe-

[1] Littéralement : *avant les pluies*. C'est le même thé qui se vend à Canton sous le nom de *jeune hyson*, qui fut autrefois très-recherché par les Américains, et que des marchands chinois ont eu le tort de contrefaire.

king ou dispersés sur les frontières du nord, dont il portait l'effectif à plus de cent mille hommes, et dont l'entretien coûtait, suivant lui, près de 120 millions de francs à la cour impériale. Il vanta la valeur et la discipline de ces troupes d'élite, qui avaient dompté les Éleuthes et les Usbeks, qui eussent repoussé en 1842 les barbares, si l'empereur eût consenti à se séparer des plus fidèles gardiens de son trône. Ce fut encore Lin-kouei qui nous apprit que le code militaire prononçait la peine de mort contre le soldat chinois ou tartare qui, à l'heure du combat, ne marchait point en avant dès qu'il entendait le tambour, ou ne s'arrêtait point dès que résonnait le gong, contre celui qui décourageait ses compagnons par des histoires de démons ou de fantômes, qui rôdait autour des tentes du général pour surprendre le secret de ses conférences, qui assassinait un homme paisible et venait se vanter d'avoir tué un ennemi ; qui, chargé d'une reconnaissance, n'osait point l'exécuter et n'en faisait pas moins son rapport, qui se targuait de services imaginaires, ou s'attribuait comme Falstaff les hauts faits des autres.

Malgré son long commerce avec « le plus saint des instituteurs des temps anciens[1], » malgré le discrédit dans lequel les habitudes d'une longue paix ont laissé tomber parmi les sujets du Céleste Empire le métier des armes, Lin-kouei avait gardé de la nature sauvage au milieu de laquelle s'étaient écoulées ses premières années je ne sais quel levain batailleur qu'aurait condamné la doctrine des *sages*. Comme ce berger, qui, devenu ministre, avait secrètement emporté sa houlette à la cour, Lin-kouei, devenu mandarin civil, avait caché dans un coin de son

[1] Tel est le titre qui fut accordé par la dynastie des Ming au philosophe Confucius.

palais son cheval de bataille. Ce fonctionnaire mantchou, sur la poitrine duquel brillait cependant le pacifique emblème de la cigogne, voulut nous montrer quelle figure il aurait pu faire à la tête d'un escadron d'archers ou de mousquetaires. Il fit amener devant le péristyle sous lequel nous étions assis son coursier tartare, horrible petite bête à la tête énorme, au poil hérissé, à la robe d'un blanc sale, assez semblable à ce cheval baskir, triste souvenir de l'invasion de 1815, qu'on peut voir empaillé dans une des galeries du Jardin des Plantes. Lin-kouei ne fit que poser le pied sur l'étrier de bois ; enlevant d'un seul effort de ses robustes poignets son corps gigantesque, il enfourcha le poney, dont les reins semblèrent fléchir sous ce poids disproportionné, et lui fit faire deux ou trois courbettes, qui obtinrent nos plus chaleureux applaudissements.

Après son cheval de bataille Lin-kouei voulut nous présenter ce qu'il avait de plus cher au monde, sa fille, jeune Mantchoue âgée de dix ans à peine, qu'une pelisse d'hermine et l'horreur des ablutions défendaient doublement contre la froidure de l'hiver. La propreté n'est pas la vertu des Chinois du nord ; mais il y avait tant de gentillesse dans les grands yeux de cette jeune fille tartare, que, sans songer à ses mains gercées ou aux veines grisâtres qui marbraient le carmin de ses joues, chacun de nous s'empressa de complimenter le *taou-tai* sur les promesses de beauté que renfermait ce calice à demi entr'ouvert. Lin-kouei nous fit remarquer avec un certain orgueil que sa fille n'avait point le pied mutilé. Les Tartares ont imposé leur costume aux Chinois, le front rasé, la longue tresse de cheveux pendante : aucun signe extérieur ne distingue aujourd'hui les conquérants du peuple vaincu ; mais les femmes mantchoues ont refusé d'asservir leurs enfants à

Tome 1er, page 290.

Le Taou-taï de Chang-haï présente sa fille aux officiers de *la Bayonnaise*.

la mutilation que subissent, dès le jour de leur naissance, la plupart des jeunes filles chinoises.

La présentation de la jeune Lin-kouei à des barbares était la démarche la plus contraire aux rites que pût se permettre le *taou-tai;* nous laissâmes à Lin-kouei le soin de régler cette affaire avec le *Li-pou* (bureau des rites) ou le *Tou-cha-youen* (bureau des censeurs), et nous saisîmes avidement une aussi heureuse occasion d'obtenir enfin l'explication de cette étrange coutume qui, sous prétexte d'un raffinement de beauté, impose depuis des siècles aux jeunes Chinoises de si cruelles tortures. Hélas! notre espoir fut encore déçu. Cette coutume se perdait dans la nuit des temps. Lin-kouei savait que, célébrés par les poëtes, toujours cités comme le cachet de la distinction, les *lys dorés* (les petits pieds) étaient devenus la perfection la plus recherchée des dames chinoises ; mais il ignorait, comme nous, l'origine de cette mode bizarre. Fallait-il en attribuer l'adoption au dévouement servile qui avait voulu imiter le pied-bot d'une princesse, ou devait-on reconnaître dans cette mutilation précoce la prévoyance de la jalousie conjugale? Les Chinois avaient-ils pensé, comme Sancho, que la « vertu des femmes ne s'en trouverait pas plus mal pour une jambe cassée? » avaient-ils choisi ce cruel moyen d'enchaîner au foyer domestique les aimables filles de l'air et de la fantaisie? C'est vers cette supposition qu'inclinait Lin-kouei. Il pensait qu'en brisant les pieds de leurs femmes, les Chinois avaient moins voulu donner à leur démarche « le balancement du saule agité par la brise » que leur créer des habitudes sédentaires. — Combien nous eussions aimé à prolonger de pareils entretiens, si une impatience, justifiée par les événements qui se préparaient à Canton[1], ne nous eût emportés

[1] L'ouverture des portes de Canton avait été fixée par la dernière

à travers ce voyage comme une trombe que chasse devant elle la tempête, qui tourbillonne sans cesse et ne s'arrête nulle part.

Avant que le coucher du soleil vînt borner le cours de nos visites et nous ramener à bord de *la Bayonnaise*, il nous fallait encore saluer le préfet apostolique du Kiang-nan, Mgr Maresca, et, s'il était possible, nous rendre en dernier lieu chez le consul des États-Unis. Trois heures venaient de sonner, et nous n'avions plus un instant à perdre. Nous prîmes donc congé du *taou-tai*, qui, les mains jointes, nous accompagna jusqu'à nos chaises de ses remercîments et de ses vœux. Lin-kouei devait partir le lendemain pour Sou-tcheou-fou ; mais il avait promis de hâter son retour dans l'espoir de retrouver à Chang-haï les mandarins français et de les voir « illuminer une seconde fois son palais de leur présence. » Nous entendions encore les fervents *tchiñ-tchin* de l'aimable Mantchou, que, depuis longtemps déjà, nos chaises avaient disparu à ses regards.

Nos coulis se dirigeaient d'un pas rapide vers le haut de la rivière, où, sur une pointe avancée, à l'extrémité du dernier faubourg, s'élève le palais épiscopal, ancienne concession de l'empereur Kang-hi, qui fut restitué à nos missionnaires par les soins de M. Lagrené. C'est avec la croix de bois que nos missionnaires ont entrepris de sauver la Chine. Aussi attendez-vous, quand vous visiterez les côtes du Céleste Empire, à trouver plus d'un évêque vêtu comme un pauvre marchand chinois et dormant sous un toit de chaume. A Chang-haï toutefois, sans être somptueuse, la demeure épiscopale, aux murs de briques, à la

convention, conclue avec sir John Davis, au 6 avril 1849 ; mais le nouveau vice-roi se montrait peu disposé à remplir cet engagement, et l'on prévoyait pour le 6 avril une nouvelle et sérieuse rupture.

couverture de tuiles, réjouit l'œil par son exquise propreté et sa modeste élégance. Appelé à protéger du prestige qui s'attache à son rang et à sa personne les missions dispersées dans la riche province du Kiang-nan, souvent mis par sa position, que reconnaissent et protégent les traités, en relations directes avec les autorités chinoises, Mgr Maresca a dû s'entourer d'une certaine pompe inconnue aux évêques proscrits du Su-tchuen ou du Hou-nan. Cet ancien compagnon des martyrs, ce courageux confesseur de la foi qui fut à la veille de suivre M. Perboyre au supplice, a vu des mandarins s'asseoir à sa table et un peuple immense assister silencieux au saint sacrifice, pendant que, dans la chapelle ouverte à tous les regards, les chrétiens à genoux psalmodiaient les prières de l'Église traduites en chinois par les premiers missionnaires. Mgr Maresca, évêque de Solen et préfet apostolique du Kiang-nan, est un prélat italien ; mais en Chine tous les prêtres catholiques ont le cœur français, tous les missionnaires apprennent à leurs néophytes à bénir le nom de la France. Le préfet apostolique du Kiang-nan était au nombre des personnes que nous devions souvent revoir. Aussi profitâmes-nous de son indulgence pour brusquer un peu cette première visite et nous acheminer en toute hâte vers le consulat des États-Unis, dont le pavillon flottait à deux milles de là, sur le terrain de la communauté anglaise, presque en face du mouillage occupé par *la Bayonnaise*.

Le consul américain, M. Griswold, était à Chang-haï le représentant de la maison Russell : la cordiale franchise de cet associé de M. Forbes acheva ce qu'avait préparé une si heureuse coïncidence et assura l'intimité de nos rapports avec le consulat des États-Unis. La maison qu'habitait M. Griswold portait, comme celle des négociants anglais, associés des Dent ou des Matheson, ce cachet grandiose qu'imprime encore, sur les côtes de Chine, à toutes les constructions européennes le souvenir des beaux temps de la Compagnie des Indes. Dans ce palais qu'il habitait seul, M. Griswold eût voulu retenir, pour tout le temps de leur séjour à Chang-haï, une partie des officiers de la corvette française. Nous n'eussions point eu de motifs pour décliner une offre aussi aimable que sincère, si *la Bayonnaise* eût été mouillée, comme à Macao ou à Manille, à trois milles de la terre; mais à Chang-haï, où la corvette se trouvait à portée de voix du quai, à quelques mètres du rivage, nous préférâmes, malgré les gracieuses instances de M. Griswold, rester fidèles à nos habitudes. Le soir même, au moment où les ténèbres de la nuit commençaient à s'étendre sur le fleuve, brisés de fatigue, enchantés cependant de notre journée, nous regagnâmes, comme l'oiseau qui retourne à son nid, le noble et beau navire sur lequel nous devions achever le tour du monde.

CHAPITRE XIV.

La ville de Chang-haï et le village de Su-ka-wé.

Après quarante-huit heures consacrées, avec une conscience qui eût édifié le tribunal des rites, aux plus minutieuses exigences de l'étiquette, nous avions enfin reconquis notre indépendance. Chacun de nous pouvait désormais suivre librement le chemin où l'entraînerait sa fantaisie. Cette fois nous avions bien devant nous la *Chine ouverte :* plus de *tigres* veillant, comme à Canton, aux portes de la ville pour en écarter les barbares, plus de populace insolente pour entourer de périls la moindre reconnaissance poussée au delà de *China street.* A Chang-haï, l'Européen parle et agit en maître. Ce sont les Chinois qui ne sont plus chez eux. Plus humbles que les juifs de l'Orient, on ne les voit jamais se redresser sous l'insulte ; ils fuient comme un troupeau de daims devant le moindre couli revêtu de la livrée consulaire. On n'est obligé à quelques égards qu'envers les colons du Fo-kien, que l'on reconnaît encore mieux à la fierté de leur physionomie qu'à la tresse de cheveux et à la ceinture qu'ils tournent en guise de turban autour de leur tête. Ces Fokinois, bateliers pour la plupart, ne baiseraient point, comme les Chinois dégénérés de Chang-haï, la main qui oserait les frapper ; ils rendraient hardiment coup pour coup : on le sait et on les respecte. Pourvu que l'on ait soin de ne point se faire de querelle avec ces colons d'humeur peu accommodante, on pourra s'égarer impunément de nuit et de jour dans les rues de Chang-haï sans courir d'autre risque que celui d'être obligé parfois *de battre un homme à jeu sûr,* ce qui, suivant la remarque judicieuse de Sosie, ne convient guère à *une belle âme.*

Chang-haï renferme plus de trois cent mille habitants. Cette ville populeuse n'est cependant qu'une sous-préfecture, un *hien.* La Chine compte douze cent soixante-dix-neuf de ces villes de troisième ordre, deux cent trente-sept *tcheou*, chefs-lieux de préfecture, et cent quatre-vingt-dix-huit *fou,* cités plus importantes encore, dans lesquelles réside souvent, comme à Canton ou à Soutcheou, l'administration centrale de la province. Toutes ces villes, les *hien* aussi bien que les *tcheou* et les *fou,* sont entourées d'une enceinte fortifiée. L'enceinte de Chang-haï, sans y comprendre les vastes faubourgs qui s'étendent sur les bords du fleuve, a cinq ou six milles de circuit. Crénelés et flanqués de bastions, ces remparts, dont la hauteur ne dépasse pas huit ou neuf mètres, ne sont protégés par un fossé que du côté de la campagne. Il n'ont jamais été destinés à recevoir de l'artillerie, car sur plusieurs points les maisons touchent presque la muraille. De pareils boulevards, écroulés en partie ou sillonnés par de profondes crevasses, ne pouvaient arrêter une armée anglaise. Aussi, en 1842, les mandarins n'essayèrent-ils pas de les défendre. Ils évacuèrent la ville, où les Anglais pénétrèrent sans coup férir. Au dire de nos missionnaires, qui a vu une ville chinoise les a vues toutes. Il est certain que l'aspect de Chang-haï diffère peu de celui de Canton. N'y cherchez point de beaux quais, des édifices imposants, des rues alignées au cordeau. Dès que vous aurez dépassé les limites du terrain accordé à la communauté anglaise, vous ne trouverez sur les bords du Wam-pou qu'un talus fangeux supportant d'horribles masures minées par les eaux et tombant de vétusté. Dans l'intérieur de la ville, des rues sales, étroites et tortueuses se croisent et s'enchevêtrent de telle façon qu'il faut de longues études pour apprendre à se reconnaître au milieu de ce labyrinthe. Du reste, nulle régularité dans l'alignement des maisons, point de trottoirs, aucun moyen de se mettre à l'abri de la foule qui se presse et se coudoie sur la chaussée ou qui s'ouvre brusquement devant la chaise d'un mandarin.

L'importance de Chang-haï tient surtout à sa position. Située à quatorze milles de l'embouchure du Yang-tse-kiang, peu distante des bouches du Pei-ho et du Houang-ho, cette ville communique par le fleuve qui la traverse, avec Sou-tcheou-fou, dont elle n'est éloignée que de cent cinquante milles. C'est à Sou-tcheou-fou que se rendent les jeunes gens qui viennent d'hériter et les marchands qui ont fait une fortune rapide. Les restaurateurs les plus habiles, les bateaux de fleurs les plus somptueux, les femmes les plus élégantes et les plus belles, y appellent les épicuriens chinois. Cette riche cité, la plus policée et la plus dissolue de l'extrême Orient, la Corinthe du Céleste empire, est aussi une grande place de commerce : elle attire à elle la majeure partie des importations étrangères, et les reverse, par de nombreux canaux, jusqu'au fond de dix provinces. Chaque année amène à Chang-haï, qui n'est en réalité que le port de Sou-tcheou-fou, près de dix-huit cents jonques jaugeant au moins trois cent mille tonneaux. C'est sur ce marché, dans cet entrepôt des produits du Nord et de ceux du Midi, que s'échangent les bois de construction, les salaisons, les eaux-de-vie, le blé, les légumes, les fruits du Pe-tche-li, du Chan-tong et du Leau-tong, contre le sucre, l'indigo, le thé noir, le poisson salé du Fo-kien, la cannelle, les cristaux et les parfums du Kouang-tong. Les riches provinces du Kiang-nan et du Che-kiang prennent, comme on peut le présumer, une part considérable à ce mouvement commercial. Plus de cinq mille barques de diverses grandeurs y apportent, par le Yang-tse-kiang et les nombreux affluents de ce grand fleuve, les soieries et les cotonnades, les poteries et la porcelaine que les jonques destinées à la grande navigation vont distribuer avec la mousson favorable sur tout le littoral de l'empire.

L'activité industrielle de Chang-haï répond d'ailleurs à cette activité maritime. On n'y rencontre guère de maison qui ne soit un atelier ou une boutique. Le bambou et l'argile s'y montrent façonnés par la plus ingénieuse industrie, émaillés ou ciselés par des ouvriers qui ne dépensent pas vingt-cinq centimes par jour et qui travaillent au moins quatorze heures sur vingt-quatre. Les marchands de Chang-haï n'ont point encore appris, comme ceux de *China street*, à exploiter la simplicité européenne; la plupart des objets de curiosité s'y vendent beaucoup moins cher qu'à Canton. Aussi est-il probable que le premier usage que nous eussions fait de notre liberté eût été de courir, nos piastres de Charles IV à la main[1], chez ces dangereux tentateurs, si les réjouissances qu'entraîne à sa suite le nouvel an chinois n'eussent encore, pour quelques jours, fermé toutes les boutiques et interrompu toutes les affaires. Depuis que le soleil avait atteint le 15e degré du

[1] Les marchands de Chang-haï n'acceptent avec confiance que les piastres frappées à l'effigie de Charles IV. Une de ces piastres vaut 1500 à 1600 sapecs, tandis que les pièces mexicaines ou frappées à l'effigie de Ferdinand VII en valent à peine 11 ou 1200. Les dollars poinçonnés de Canton subissent une dépréciation encore plus considérable.

Verseau, et que la lune naissante avait signalé le commencement de la vingt-neuvième année du règne de Tao-kouang, les marchands de Chang-haï, retirés au fond des plus secrets asiles de la vie privée, ne songeaient plus qu'à recevoir gaiement leurs amis et à écarter les esprits malfaisants du foyer domestique. On sait que les Chinois attribuent la plupart des maladies qui les affligent à quelque influence diabolique. Ils ont les cinq démons impurs, — les *laom-zen*, — que je soupçonnerais d'une secrète parenté avec les succubes du moyen âge. Ces démons s'attaquent de préférence aux nouvelles mariées, ou tourmentent sans pitié les maris fidèles. D'autres esprits subalternes frappent le corps de paralysie et la langue de mutisme, s'amusent à briser la vaisselle, ou viennent, pendant la nuit, ouvrir et fermer les portes et les fenêtres avec fracas. Ces lutins si importuns sont heureusement d'une poltronnerie extrême. Le bruit des pétards les effraye, le son belliqueux du gong les fait fuir. Aussi, quand au premier jour de l'année nouvelle il a nettoyé son habitation, quand il a décoré l'autel des dieux lares des vases de porcelaine où fleurit sur un lit de cailloux humides la fleur du narcisse, le marchand chinois n'a-t-il pas de soin plus pressant que de s'armer du gong ou des cymbales, pour mettre en fuite les démons qui rôdent autour de sa demeure. Les étrangers qui s'aventurent à cette époque dans les rues tortueuses de Chang-haï seraient tentés de se croire au milieu d'un vaste hospice d'aliénés. Au sein de chaque boutique bien close rugit le plus épouvantable tapage : on dirait des damnés ou des fous qui secouent leurs chaînes. On ne soupçonnerait jamais que ce sont des citoyens paisibles qui accomplissent pieusement un devoir religieux et se délassent de cette façon des pénibles travaux de l'année.

Puisque l'accès des magasins où se trouvaient rassemblés les futiles trésors, objet de notre convoitise, nous était pendant quelques jours interdit, il fallait remettre à un autre moment le plaisir de fouiller les plus secrètes étagères du marchand de porcelaines ou du marchand de curiosité, et chercher un autre emploi à nos loisirs. Sur un terrain où tout était nouveau pour nous, il suffisait d'errer à l'aventure pour faire une ample moisson de détails instructifs et de curieuses impressions de voyage ; mais, chose singulière, nous nous étions fait, avant d'arriver sur les côtes du Céleste Empire, l'idée d'une Chine si bizarre, d'une planète si différente de la nôtre, qu'à Chang-haï comme à Canton rien ne nous frappait plus vivement que de trouver tant de coutumes et d'institutions presque européennes. Quand on nous expliquait le mécanisme des banques chinoises, quand on nous parlait de lettres de change circulant d'un bout de l'empire à l'autre, quand on nous citait le papier-monnaie avec lequel le fondateur de la dynastie mongole, Koubilaï-Khan, payait jadis ses armées, quand on nous faisait parcourir enfin les longues galeries des monts-de-piété où l'usure exploite jusqu'aux plus misérables haillons, jusqu'à la casaque trouée du pauvre[1], nous ne pouvions assez nous étonner de ces analogies entre deux civilisations qui ont grandi à part, complétement étrangères l'une à l'autre, et sont arrivées cependant à rencontrer les mêmes inspirations pour répondre aux mêmes besoins.

[1] Ces monts-de-piété sont des établissements particuliers, autorisés par les mandarins, où les prêteurs sur gages prélèvent des intérêts énormes. Le mont-de-piété que nous avons visité à Chang-haï était un immense édifice rempli de vieux vêtements. Cet édifice avait servi en 1842 de logement aux troupes anglaises, qui y trouvèrent un pillage facile.

En quittant dès le matin la corvette, nous partions sans but déterminé, laissant au hasard le soin de nous conduire. Quelquefois un spectacle en plein vent nous arrêtait au coin d'une rue; d'autres fois, les aigres accents d'un hautbois nous attiraient dans l'intérieur d'un temple : tout un orchestre y occupait une estrade élevée en face de l'autel. Les cordes métalliques du *yon-kam* mêlaient leurs grincements à la voix grave du *ta-tong* et aux ronflements du *sam-siou*[1], pendant qu'un malheureux enfant aux veines gonflées, à la face cramoisie, exhalait d'une voix perçante des strophes qui semblaient devoir épuiser son dernier souffle. Un honnête marchand payait tout ce tapage ; il était là, calme et placide, offrant d'un air béat aux mânes de ses ancêtres cette mystique harmonie et le fumet d'un repas splendide qu'il avait fait dresser devant l'image vénérée de Bouddha. Notre présence ne parut causer aucun déplaisir à ce lugubre amphitryon. Il nous sourit d'un air de bonne humeur et nous fit signe d'avancer jusque sur les marches de l'autel : nous n'avions point à craindre de troubler ses prières ou sa douleur, car il n'était venu dans ce temple que pour accomplir un rite. On n'eût pu découvrir sur ses traits la moindre émotion, le plus léger indice d'un pieux souvenir ou d'une religieuse espérance.

Les Chinois sont le peuple le moins spiritualiste de la tere. Ils ont à peine le pressentiment d'une autre vie, et acceptent cependant avec une singulière apathie la pensée de la mort. « Naître et mourir, disent-ils, sont également dans les lois de la nature. C'est le jour qui fait place à la nuit ; c'est l'hiver qui fait place à l'automne. » En Europe, nous tenons à éloigner de nos yeux tout ce qui pourrait

[1] Instruments de musique chinois.

nous rappeler ce cruel arrêt du destin. Les Chinois conservent quelquefois pendant des années, à l'entrée même de leur maison, le cercueil d'un père, sans que personne s'émeuve de la présence de cet objet sinistre ou paraisse songer au funèbre dépôt qu'il renferme. Les lois ont proscrit, il est vrai, ce pernicieux usage; mais, dans une province aussi populeuse que le Kiang-nan, les vivants disputent trop âprement le terrain aux morts pour que chacun puisse se flatter d'y avoir sa dernière demeure. Les enfants qui meurent avant d'avoir atteint un certain âge sont entassés dans des puits, affreux charniers souvent remplis jusqu'au bord, près desquels nous ne pouvions passer sans frémir. Pour les hommes faits, il faut les six pieds de terre que respecte la houe et sur lesquels jamais la charrue ne pourra tracer de sillon. La piété filiale qui n'a pu amasser la somme nécessaire à l'acquisition d'un pareil terrain doit donc se résigner à braver les lois, toujours indulgentes pour de pareils crimes. Le cercueil paternel devient alors un meuble de famille, à moins que, déposé au milieu du vaste champ des morts qui s'étend entre le consulat de France et l'enceinte extérieure de la ville, il ne soit chaque nuit frauduleusement recouvert de la terre enlevée aux tombes voisines.

Le matérialisme des prêtres de Bouddha paraît égaler celui des laïques qui fréquentent leurs temples. « Je n'admets que quatre vérités, disait un bonze à un de nos missionnaires : la faim et la douleur, le besoin de se vêtir et la nécessité de manger. » La moindre pièce de monnaie a un attrait invincible pour ces misérables. Il nous est arrivé maintes fois de nous donner pour quelques sapecs le spectacle de leur dévotion. Pieusement agenouillés, ils exécutaient les neuf prostrations devant la trinité bouddhique, ou chantaient, en battant doucement la mesure sur une sphère entr'ouverte de bois sonore, des prières qu'ils ne comprenaient pas. Quelle qu'ait pu être l'heureuse influence exercée par le bouddhisme sur les tribus tartares, il est certain que ce culte superstitieux, dans l'état de dégradation où sont tombés ses ministres, ne peut être aujourd'hui que funeste à la Chine. Il n'est pas une vertu sociale dont ces hommages sceptiques rendus à la divinité puissent devenir la source. Mieux vaudrait cent fois pour le Céleste Empire retourner à la philosophie de Confucius, que persévérer dans ces pratiques religieuses dont une foi douteuse voudrait substituer les mérites à ceux de la vertu et de la charité. C'est à Chang-haï surtout que l'on prend en pitié ce vaste empire menacé d'un double péril par le relâchement de ses mœurs et par l'excès croissant de sa population. Dans cette ville, entrepôt d'un commerce immense, on trouve à chaque pas, couchés sur le bord des chemins, des mendiants demi-nus, des infirmes étalant aux yeux du public les plus hideux ulcères, des moribonds expirant dans la fange, des femmes au teint hâve montrant leur face lymphatique à la porte des maisons obscures et humides dans lesquelles elles vivent agglomérées. Au milieu de ce peuple abject et scrofuleux, tout dévoué au plus sordide sensualisme, on sent la dignité humaine si ravalée, qu'on ne peut souvent se défendre d'un mélancolique dégoût de la vie. C'est alors qu'il faut abandonner pour quelques jours l'enceinte de Chang-haï, quitter ce cloaque entrecoupé de ruisseaux et d'immondices, pour aller demander à la campagne le bienfait d'un air plus pur et le spectacle d'êtres moins dégradés.

Une riche pagode, peuplée de tous les demi-dieux de l'Olympe chinois, a été élevée par la dévotion des prêtres de Bouddha sur la rive droite du Wam-pou, à cinq ou six milles de Chang-haï. Ce temple a le privilége d'attirer les étrangers et de servir de but à toutes les promenades. M. Alcock voulut nous y conduire lui-même et gravir avec nous la tour octogonale dont les mille clochettes agitées par la brise mêlaient au murmure des bambous et des saules la joyeuse harmonie de leurs voix argentines. Quand nous eûmes atteint la dernière des galeries couvertes, posées comme autant d'étages l'une au-dessus de l'autre, nos regards embrassèrent une immense plaine coupée dans tous les sens par des canaux et des rivières que sillonnaient d'innombrables flottilles. A part quelques groupes de maisons, la plupart des habitations se montraient isolées au milieu des champs divisés par des digues transversales. Bâties presque à fleur de terre pour mieux résister à la fureur des typhons, humbles comme un nid de fauvette, ces rustiques demeures étaient souvent égayées par quelque bouquet d'arbres : des pêchers, des mûriers ou des saules. Dans ce vaste panorama déployé sous nos yeux, on eût en vain cherché un coin de terre en friche. Les champs, que l'inondation submerge chaque année vers le mois de juillet, étaient consacrés à la culture du riz. Le coton herbacé, que l'on sème au commencement du printemps pour le récolter dès les premiers jours de l'automne, devait croître sur les terrains plus secs et plus élevés. Tout indiquait autour de nous l'intelligente activité de la population et la fécondité de ce sol inépuisable du Kiang-nan, qui, sur une superficie inférieure de plus de moitié à celle de la France, nourrit aujourd'hui soixante-douze millions d'habitants.

Nous avions déjà visité tant de temples bouddhiques, qu'en descendant de la tour désignée par M. Alcock à notre curiosité, nous dédaignâmes d'aller saluer, dans la célèbre pagode qui avait été cependant le but de notre promenade, la vierge Kouan-yn, le dieu Fo[1], ou les dix-huit *lohan*[2]. Un autre temple méritait mieux nos hommages : c'était celui que venaient d'élever au Dieu des chrétiens, près du village du Su-ka-wé, les Pères de la Compagnie de Jésus. Ces héritiers d'une illustre mission, appelés à seconder un prélat italien, avaient voulu s'établir sur le lieu même où le Père Ricci, dans les premières années du dix-septième siècle, conquit à l'Évangile le fameux Paul Su, un des ministres qui ont servi le plus fidèlement la dernière dynastie chinoise. Après avoir lutté courageusement contre les dénonciations calomnieuses qui vinrent l'assaillir, après avoir, dans un livre qui est demeuré un modèle de clarté et d'élégance, vengé la religion catholique des injures de ses ennemis, ce philosophe chrétien s'éloigna volontairement de la cour, et vint se retirer au village de Su-ka-wé, propriété de la famille Su, à quelques milles de Chang-haï. Un canal gonflé par la marée montante, mais dont les longues rames de notre canot touchaient les deux bords, nous conduisit au pied même du nouveau monastère, simple et frais édifice, d'où notre arrivée fit sortir un essaim de Chinois gigantesques. La figure martiale et les longues moustaches de pareils Chinois auraient suffi pour mettre en fuite toute la milice de Chang-haï. Ces prétendus enfants du Céleste Empire n'étaient autres que le P. Gotland, le P. Poissemeux, supérieur de la mission, le P. Clavelin, le P. Lemaître, le P. Brouillon, que *la Bayonnaise* avait porté de France à Macao, le P. Massa, fléchissant déjà sous la maladie qui devait l'enlever. Nous avions sous les yeux l'élite des missionnaires de la Compagnie de Jésus. Si l'on veut son-

[1] Le dieu Fo est le même que Bouddha.

[2] Les dix-huit *lohan* sont des génies qui prennent soin de l'âme de ceux qui meurent.

ger avec quelle force les préjugés contractés dès l'enfance s'incrustent dans l'esprit, si l'on veut se rappeler avec quelle animosité les Jésuites furent jadis signalés à notre juvénile indignation, on comprendra quelle surprise agréable ce fut pour nous de voir apparaître les *ténébreux enfants de Loyola* sous des traits qui ne rappelaient en aucune façon le type consacré par les préventions populaires. Nous étions habitués à l'aimable franchise, à l'exquise urbanité des enfants de saint Vincent de Paul et des Pères des Missions-Étrangères : nous avions donc le droit de nous montrer difficiles en fait de missionnaires; mais je dois confesser que nos nouvelles connaissances soutinrent sans désavantage la comparaison. Les Pères de Su-ka-wé semblaient se multiplier pour répondre à nos questions et faire aux officiers français les honneurs de leur monastère. Les religieux du mont Saint-Bernard ne reçurent pas avec plus d'empressement le héros qui venait de gravir les Alpes. Il y avait sur ces loyales physionomies une empreinte de droiture et de bonté qui inspirait le respect et commandait la sympathie. L'habitude du danger et des privations, la foi exaltée de l'apôtre, impriment à la figure du missionnaire un cachet à part. La Chine, la Cochinchine, le Tong-king, sont le champ de bataille de l'Église militante, et les prêtres qui ont campé sur les sommets du *Tant-la*, voyagé dans les brouettes du Kiang-nan, ou traversé le lac Po-yang dans de frêles barques, ne peuvent ressembler aux paisibles desservants de nos paroisses. Ils ont je ne sais quoi de hardi et de résolu dans les manières qui les distingue du soldat évangélique condamné à végéter toujours dans la même garnison.

Quand nous eûmes visité le monastère dans tous ses détails, le P. Poissemeux voulut nous montrer le tombeau de l'illustre néophyte converti par le P. Ricci. Ce tombeau s'élève à douze pieds environ au-dessus du sol. Autour du sépulcre, deux lions de pierre, des lions chinois, qui ne ressemblent guère à ceux de Barye, rappelaient la puissance du mandarin ; deux chevaux près de là figuraient sa majesté, et, placées en regard, touchant presque le mausolée, deux brebis représentaient le peuple. Des chrétiens qui comptaient parmi leurs ancêtres les oncles du dernier ministre de la dynastie des Ming, nous furent présentés par le P. Lemaître. On eût voulu nous conduire dans la chaumière où cette famille déchue conserve encore les portraits de Paul Su et de ses parents, mais la nuit allait bientôt arriver ; la marée descendait déjà depuis deux heures, et nous dûmes prendre congé de nos aimables hôtes pendant qu'il nous restait encore assez d'eau et de jour pour regagner le Wam-pou. On ne nous laissa point partir cependant sans nous obliger à emporter un souvenir de notre passage à Su-ka-wé. Pour ma part, j'eus deux idoles, le dieu des nuées à la face flamboyante et le patron des familles, dont la protubérance frontale accusait la bienveillance extrême, idoles mutilées, jadis l'objet de la vénération d'un bonze, mais dont ce prêtre converti se fût servi pour faire chauffer son thé, si un missionnaire bien inspiré ne se fût opposé à ce vandalisme inutile.

De toutes les journées que nous passâmes à Chang-haï, celle-ci fut pour nous la plus intéressante : elle avait été employée tout entière dans la société des hommes qui ont le plus d'occasions d'observer non pas les mœurs toujours altérées, toujours un peu factices des villes, mais les mœurs de la campagne. En Chine plus que partout ailleurs, si l'on veut retrouver quelques restes des vertus antiques, c'est loin des villes qu'il faut les chercher. Les cultivateurs du Kiang-nan, comme les habitants des Lou-tchou, se distinguent surtout par les qualités passives qui échappent le mieux à l'action délétère du matérialisme : la simplicité et la douceur. Dans cette riche province, nos missionnaires n'ont point à craindre la persécution ; ils ne se plaignent que de l'humeur insouciante et joviale des païens qu'ils veulent convertir. Semblables à ce peuple de l'antiquité qui n'avait pu sans rire sacrifier un bœuf à Neptune, c'est par un mot plaisant que ces joyeux sceptiques s'efforcent d'échapper aux efforts du prédicateur. Ce sont les Andalous de la Chine, comme les Fokinois en sont les Catalans. Ces paysans pacifiques ne possèdent point en général le champ qu'ils cultivent ; ils le reçoivent à titre de fermage des mains du propriétaire. Dans les temps primitifs dont les chroniques chinoises ont gardé la mémoire, la possession du sol était le privilége de quelques familles princières ; le peuple vivait dans un état voisin du servage[1] : il livrait à l'empereur ou aux princes feudataires le dixième des grains récoltés ; mais depuis deux mille ans, les souverains du Céleste Empire — sans abdiquer les droits nominaux de leur couronne, sans sacrifier les droits plus réels de leur trésor — n'en ont pas moins constitué dans leurs États la propriété foncière sur une base qui diffère peu de celle qu'ont en Europe consacrée les progrès de la civilisation.

Il est probable que les premiers titres de propriété eurent pour origine, dans cette partie de l'extrême Orient, la libéralité du souverain ou le défrichement d'un terrain inoccupé. Aujourd'hui même, il suffit de mettre en valeur

[1] Voyez le *Tcheou-li*, ou rite des Tcheou, code administratif rédigé par un des princes qui régnaient sur la Chine il y a trois mille ans, près de six cents ans avant la naissance de Confucius. Ce curieux ouvrage, qui ne comprend pas moins de deux gros volumes in-8°, a été traduit pour la première fois par M. Édouard Biot, jeune savant plein d'avenir qui a usé sa vie à ce rude labeur.

une portion de terre inculte ou de soustraire à l'action de la mer quelque alluvion récente pour obtenir la pleine et entière possession du sol qu'on a rendu fertile. Le magistrat du district, dont il faut obtenir l'agrément avant de s'engager dans de semblables entreprises, délivre au cultivateur — après une enquête préalable et un délai de cinq mois accordé aux réclamations qui pourraient se produire — un acte de concession timbré d'avance par le surintendant de la province. Cet acte est un titre de propriété qui peut servir de base aux transactions futures, et dont la transmission substitue aux droits du premier possesseur les droits d'un nouveau maître. Toutefois, quand l'origine de la propriété se perd dans la nuit des temps, les contrats de vente antérieurs, soigneusement conservés et toujours revêtus du sceau des mandarins, suffisent pour valider une aliénation nouvelle. Il est d'usage, surtout dans les provinces méridionales, que le propriétaire se dessaisisse entièrement de ses droits en faveur du fermier, moyennant le payement d'un droit de mutation et l'acquittement d'une rente annuelle. C'est ainsi que le morcellement des biens-fonds est, en réalité, poussé dans le Céleste Empire jusqu'à ses extrêmes limites. Heureusement l'énergique intervention du pouvoir central a prévenu les inconvénients que devait entraîner un pareil état de choses. Les mêmes lois qui ont constitué, depuis vingt siècles, la propriété foncière dans l'empire chinois, se sont occupées d'organiser, en vue de l'intérêt public, un service d'irrigation générale. Le *Tcheou-li* assignait, six cents ans avant Jésus-Christ, aux cours d'eau artificiels qui sillonnaient déjà dans tous les sens les provinces du nord, leur largeur, leur profondeur et leur direction. La solution des plus importantes questions sociales remonte donc, on le voit, en Chine, à la plus haute antiquité, et tout fait présumer que ce vaste empire a connu, avant l'invasion des superstitions indiennes, des temps plus prospères — on pourrait dire un état de civilisation plus avancé.

Ces curieux détails, recueillis à la hâte, souvent entrecoupés par d'autres dissertations, furent le butin d'une journée que nous n'eussions pas manqué de prolonger, si nous avions eu, comme Josué, le don d'arrêter le soleil, ou, comme Moïse, le pouvoir de suspendre l'action de la marée. Nos regrets nous retinrent même trop longtemps à Su-ka-wé, car plus d'un passage difficile ne fut point franchi sans peine par notre lourde embarcation, et il était près de neuf heures quand nous rejoignîmes *la Bayonnaise*.

CHAPITRE XV.

La maison d'un chrétien chinois. Le *Sing-song* de Lin-kouei.

En arrivant à bord de la corvette, nous trouvâmes des lettres d'invitation qui nous avaient été adressées par le chef d'une famille respectable, chrétienne depuis deux cents ans. La lettre destinée au commandant de *la Bayonnaise* portait sur sa longue enveloppe rouge une bande de même couleur constellée d'hiéroglyphes, chef-d'œuvre de calligraphie chinoise, dont la traduction eût embarrassé la modestie d'un homme moins habitué aux formules pompeuses du Céleste Empire. Le peuple chinois est le peuple le plus poli du monde, s'il n'est le plus honnête. La lettre en question était donc adressée au « *grand* commandant militaire des forces navales françaises... *grand* personnage. » Le caractère *ta* s'y trouvait reproduit deux fois. Nos missionnaires, que les chrétiens chinois révèrent presque à l'égal de la Divinité, ne sont presque jamais désignés par eux que sous le nom de *ta-ta* (*magnus-magnus*). Quand le *grand commandant militaire* eut brisé le sceau qui fermait cette enveloppe, il trouva un petit volume composé de dix feuillets. Sur la première page était inscrit un seul caractère assez semblable à un E majuscule, touchante et modeste inscription qu'un des missionnaires transportés par *la Bayonnaise* de Macao à Chang-haï, le P. Huc, avait traduite par ces quatre mots : « Avec un cœur droit. » Sur le second feuillet, l'invitation se trouvait précisée et remplissait deux colonnes d'inégale hauteur : « On vous attend pour une modeste collation le douzième jour de la première lune (4 février), au dixième coup de l'horloge.... Vous illuminerez par votre présence Lo-tsuen, qui vous invite humblement. »

Personne ne doutera de l'empressement avec lequel tous les officiers de *la Bayonnaise* se crurent tenus de répondre à cette gracieuse invitation. Dix heures sonnaient quand nous entrions chez le vénérable Lo, vieillard septuagénaire, qui revivait dans deux fils et dans je ne sais combien de petits-enfants. Lo ne nous avait point trompés : notre présence avait eu en effet le don d'illuminer sa face amaigrie et ses yeux presque éteints. Il était radieux, et montrait, pour nous accueillir, toute l'activité d'un jeune homme. Le Plutus chinois, devant lequel les païens brûlent tant de lingots de papier argenté et allument tant de bâtonnets, n'eût pu se montrer plus libéral pour Lo-tsuen que le Dieu des chrétiens, au nom duquel on ne demandait au vieux négociant qu'*un cœur droit* et une foi simple. Les affaires de l'honnête Lo avaient constamment prospéré depuis que le traité de Wam-poa avait mis un terme aux persécutions si longtemps dirigées contre les chrétiens du Céleste Empire. Ses jonques n'étaient point tombées entre les mains des pirates, ses soieries s'étaient bien vendues à Tien-tsin, ses débiteurs l'avaient régulièrement payé, ses fils n'allaient point dans les jardins de thé ou sur les bateaux de fleurs jeter les dés et fumer l'opium; l'abondance et la paix régnaient dans sa maison. Cette calme félicité était faite pour gagner à la cause de l'Évangile de nombreux prosélytes, car les Chinois, il faut bien l'avouer, ne comprennent guère le Dieu qui éprouve ses fidèles, et ne se sentent aucun goût pour les *châtiments miséricordieux* qui dépassent leur intelligence.

Dans la demeure de Lo-tsuen, la plus belle pièce de la maison avait été érigée en chapelle. Le P. Maistre, des Missions étrangères, la tête coiffée du *zi-kin,* barrette de soie noire brodée d'or, y célébra la messe, qui fut servie par le fils aîné de la maison et à laquelle nous voulûmes tous assister. Après la messe, on nous introduisit dans le salon. Une première collation nous y attendait. C'est dans cet appartement que nous trouvâmes les brus chéries de Lo-tsuen, vêtues de leurs plus belles pelisses et coiffées de leurs plus belles fleurs. On m'a souvent demandé, depuis mon retour en France, si les femmes chinoises étaient jolies. Je ne me flatte point d'avoir vu ce que le type mongol peut offrir de plus séduisant, mais je dois déclarer ici que toutes les femmes chinoises que j'ai pu voir en Chine ne répondaient nullement à l'idée que je me suis toujours faite de la beauté. Si les peintres chinois ont défiguré leurs mandarins par un embonpoint ridicule, je crains bien que leur pinceau n'ait, au contraire, prêté des charmes fabuleux au sexe le plus faible et le plus dangereux du Céleste Empire. Les peintres cependant ne sont pas en Chine les seuls flatteurs de cette puissance occulte : les poëtes brûlent aussi sur ses autels un encens non moins menteur peut-être. Il n'est point de beauté dont le teint ne rappelle dans leurs vers la *fleur du pêcher*, dont les lèvres n'aient l'*incarnat du whampi.* Je ne sais trop quelles métaphores les deux belles-filles du vieux Lo-tsuen eussent pu inspirer à un poëte chinois; mais je les aurais volontiers comparées pour ma part à la pâle Phébé, telle qu'elle se montre à nous quand elle fait briller son premier croissant au fond d'un ciel pur. Ces faces concaves et impassibles étaient bien loin assurément de rappeler la grâce majestueuse du profil grec ou la piquante mobilité d'une physionomie française. Le véritable charme de ces deux jeunes femmes consistait dans la modestie de leur contenance et la douceur bienveillante de leur regard. Restées Chinoises même en devenant chrétiennes, elles se gardèrent bien de se mettre à table avec nous, et assistèrent debout à ce premier repas, qui n'était d'ailleurs qu'un essai, un prélude au véritable dîner.

Ce fut au rez-de-chaussée que nous trouvâmes cette modeste collation que nous avait annoncée l'humilité de Lo-tsuen. Un mandarin de première classe, un *tsong-tou*, n'eût pas mieux fait. A la vue de la table chargée de mets étranges et fumante de vapeurs inconnues, nous craignîmes de retrouver sous ce toit ami les trahisons qui nous avaient accueillis à Canton, et, malgré tout le chagrin qu'en pouvait concevoir Lo-tsuen, malgré toutes ses instances, les plus sages d'entre nous s'abstinrent. Il fallait une résolution bien ferme pour ne pas céder à ce bon vieillard, si fier de ses illustres hôtes, si heureux de ce grand jour; mais du sam-chou, des œufs fermentés et de l'huile de ricin! de bonne foi, était-ce possible? Nos démonstrations affectueuses réussirent, je l'espère, à consoler notre hôte; du moins, quand nous le quittâmes, le nuage qui avait un instant assombri son front avait complétement disparu, et j'aime à penser que sa mémoire ne garda, comme la nôtre, qu'un souvenir agréable du 4 février 1849. Pour nous, un intérêt plus sérieux que celui d'une vaine curiosité nous avait rendu cette visite précieuse. Ce n'était point seulement au sein d'une maison chinoise qu'une circonstance inattendue nous avait fait pénétrer, c'était la porte d'une maison chrétienne que l'invitation de Lo-tsuen nous avait ouverte. Nous étions maintenant suffisamment éclairés sur une question longtemps débattue entre nous; le zèle des missionnaires catholiques était légitimé à nos yeux. Aux personnes qui pourraient douter de l'heureuse influence exercée par leurs prédications, qui demanderaient encore si, en convertissant les Chinois à l'Évangile, ils les rendent meilleurs, ces nouveaux apôtres feront bien de montrer le vieux Lo et sa jeune famille. Il n'est point d'homme sincère qui ne sorte de cette maison à jamais guéri de ses doutes et prêt à rendre hommage aux bienfaits d'un généreux prosélytisme.

Le *taou-tai* cependant était revenu de Sou-tcheou-fou. Le préfet apostolique du Kiang-nan, Mgr Maresca, voulut faire asseoir à sa table un homme devant lequel, peu de mois avant le traité de Wam-poa, il n'eût pu paraître qu'agenouillé et chargé de chaînes. Lin-kouei accepta l'invitation de l'évêque, et la cour de la résidence épiscopale reçut dans son enceinte le nombreux cortége du *taou-tai.* Arrivés les premiers à l'évêché, nous vîmes défiler devant nous les bourreaux au chapeau conique surmonté d'une plume grise, armés de fouets et agitant des fers, les hérauts écartant la foule par leurs cris barbares, les licteurs, le bambou sur l'épaule, prêts à bâtonner les récalcitrants, les satellites rangés de chaque côté de la litière de Son Excellence, les serviteurs portant les uns des parasols d'honneur, d'autres les tablettes rouges sur lesquelles se lisaient en caractères d'or tous les titres du mandarin civil. Le *taou-tai* parut enchanté de nous retrouver dans le salon de Mgr Maresca ; mais, quand il eut serré la main des officiers de *la Bayonnaise*, il remarqua avec étonnement un visage inconnu dans les rangs de ses anciens amis. Un homme vêtu d'une longue robe noire, aux cheveux flottant sur les épaules, à la barbe soyeuse, était assis à côté du ministre de France. Avant que Linkouei eût pu demander les titres de ce nouveau personnage, le P. Huc — car l'inconnu n'était autre que ce célèbre missionnaire, qui, ayant pris passage à Macao sur *la Bayonnaise* pour se rendre à Chang-haï, n'avait pas quitté l'évêché depuis le jour de notre arrivée — le P. Huc se leva, et, s'avançant vers le *taou-tai*, lui adressa la parole en mantchou.

Il faut renoncer à peindre la surprise du surintendant. Depuis le règne de Kang-hi, la nationalité mantchoue s'est trouvée comme étouffée sous les émigrations qui, en dépit de tous les édits du souverain, n'ont cessé de se précipiter en dehors de la grande muraille. L'usure chinoise a conquis la Mantchourie sur les conquérants du Céleste Empire. Asservis par la civilisation efféminée des vaincus, dépossédés du sol natal par l'astuce d'une race avide et patiente, les Mantchoux en moins de deux siècles ont tout perdu : leurs mœurs, leur pays, leur langage même. La langue mantchoue, autrefois honorée à la cour de Pe-king, n'est plus aujourd'hui qu'une langue morte, cultivée par de rares adeptes, conservée comme un dernier souvenir de la patrie par les sujets de Tao-kouang, qui portent encore sous l'uniforme chinois un cœur vraiment tartare. Un Européen lui adressant la parole dans cette langue sacrée dont les accents n'avaient pas depuis bien des années frappé ses oreilles devait donc paraître une merveille à Lin-kouei. Le P. Huc avait longtemps vécu sur les confins de la Chine et de la Mongolie ; il avait accompli, avec M. Gabet, ce remarquable voyage qui, à travers les grandes solitudes de la terre des Herbes, les monts sablonneux des Ortous, et les plateaux de la haute Asie, avait conduit les deux apôtres jusqu'au sein de la capitale du Thibet. Le P. Huc avait étudié dans les lamaseries mongoles les dernières transformations des doctrines bouddhiques, il parlait avec la même facilité le chinois, le mongol, le mantchou et le thibétain. Lin-kouei demeurait suspendu aux lèvres du *savant lama du ciel d'Occident.* — Quels sont les trois trésors de la Mantchourie? lui demanda le P. Huc. — Le *jin-seng*, les peaux de zibeline et l'herbe de *houla*, répondit le *taou-tai.* — On connaît depuis longtemps le jin-seng en Europe; on sait que cette racine a des propriétés toniques auxquelles les Chinois attribuent le don de réchauffer le sang dans les veines du vieillard. Nous ne saurions pas encore ce qu'est l'herbe de houla, si la curieuse relation du P. Huc ne nous l'eût fait connaître. Le jin-seng, qui se vend au poids de l'or, ne peut servir qu'au riche; l'herbe de houla est le trésor du pauvre. Il n'est point de bottes fourrées qui communiquent aux pieds une chaleur plus douce que les chaussures de cuir garnies intérieurement de cette herbe bienfaisante. Lin-kouei nous promit de nous en envoyer à Macao; mais cette promesse faite au milieu d'un dîner ne tarda point probablement à sortir de sa mémoire, et deux ans après notre passage à Chang-haï, doublant le cap Horn à la fin de l'hiver, nous nous demandions, pendant que nous marchions à grands pas sur le pont pour nous réchauffer, ce qu'était devenue l'herbe de Lin-kouei. Il faut être juste cependant envers le *taou-tai :* s'il oublia un engagement pris à la légère, il se souvint du P. Huc. Rentré chez lui, après un dîner qui s'était prolongé jusqu'à dix heures du soir, il saisit le plus délicat de ses pinceaux, et sans vouloir attendre jusqu'au lendemain, remercia par écrit le missionnaire catholique du plaisir qu'il avait éprouvé à l'entendre.

C'était le guerrier mantchou qui nous avait promis l'herbe de houla; ce fut le mandarin chinois, Lin-kouei, *notre plus humble frère cadet*, qui, *avec un cœur droit*, nous prévint que le seizième jour de la quatrième lune (8 février), à trois heures du soir, un repas attendrait *la lumière de notre présence.* Dans une salle ouverte à tous les vents, où les plus heureux d'entre nous étaient ceux qui avaient pu gagner le voisinage du *brasero* au fond duquel des cylindres de charbon de terre pilé se consumaient lentement, se trouvait servi un splendide banquet chinois que M. de Montigny avait eu l'heureuse idée d'enrichir de deux énormes pâtés européens offerts au *taou-tai.* En face de la table se dressait la scène d'un théâtre improvisé. On connaît la passion des Chinois pour le théâtre. Il n'est guère de fête qui ne soit suivie chez eux de quelque représentation dramatique, et cependant la profession de comédien est souverainement méprisée dans le Céleste Empire. Des troupes d'acteurs ambulants parcourent les provinces, montent sur les tréteaux des places publiques, ou vont de maison en maison égayer les loisirs des riches particuliers qui les appellent. Les rôles de femmes sont ordinairement joués par de jeunes garçons, et comme ce n'est qu'après les premières années de la jeunesse qu'on voit apparaître sur le menton des Chinois le tardif duvet d'une barbe en général peu fournie, l'illusion à cet égard est complète. Du reste, on le sait, peu ou point de décorations : la simplicité des tréteaux de Thespis ou de la scène qui vit représenter les chefs-d'œuvre de Shakspeare.

Ce fut vers la fin du dîner que Lin-kouei donna le signal, non pas de lever le rideau, mais de faire avancer les acteurs et de commencer ce que dans leur jargon anglo-chinois, les Cantonnais ont appelé le *sing-song.* Tout dans cette fête était empreint au plus haut degré de couleur locale. Assis sous un vaste péristyle, nous étions adossés à une cloison capricieusement découpée, sur laquelle on avait étendu les feuilles d'un papier diaphane fabriqué à Séoul par les Coréens. Des lanternes suspendues derrière cette cloison transparente en éclairaient tous les détails d'une lumière fantastique. Lin-kouei avait fait apporter devant lui une petite table sur laquelle étaient posés des pinceaux, un godet de marbre et quelques feuilles de papier. Groupés autour du *taou-tai*, nous vîmes son pinceau, légèrement imbu d'encre de Chine ou de carmin, tracer sans esquisse, à main levée, un canard barbottant dans la fange, un crabe dont l'ongle de Son Excellence retouchait les contours, une chrysanthème aux fleurons épanouis, ou une touffe de bambou au milieu de laquelle soupirait une mésange. Pendant ce temps, nous savourions les délices d'un cigare de Manille, et la troupe ambulante déroulait devant nous les richesses de son répertoire : tragédie historique, drame, opéra, opéra-comique, vaudeville, ballet-pantomime, féerie, tours de force et de souplesse, tout passa en un seul jour sous nos yeux, et grâce à l'obligeance de deux habiles interprètes, Mgr Maresca et M. Kleiskowsky, nous pûmes emporter de cette séance une idée assez complète de la scène chinoise. Ici encore la Chine nous parut moins étrangère à nos idées que nous ne nous y étions attendus.

Voyez plutôt : quel est ce gueux en haillons qui sort de la coulisse? N'est-ce pas un de ces personnages bien connus du public des boulevards? N'est-il pas un peu parent de Robert Macaire, ce malfaiteur qui nous raconte d'un air si dégagé comment il vient de tuer un homme? En se rappelant cet horrible exploit, le scélérat se frotte les mains, rit à se tenir les côtes, et fait entendre de petits cris de jubilation. Survient un passant qui l'aborde, lui offre le thé et le *sam-chou,* excite adroitement son amour-propre, et finit par lui dérober son secret. Quand le meurtrier a confessé son crime, il soupçonne tout à coup qu'il est en présence d'un juge. Alors il cherche à rétracter ses aveux, revêt subitement l'air le plus candide du monde, affecte de railler la crédulité avec laquelle a été accueillie son invraisemblable histoire, et met tant de finesse dans son jeu, varie avec tant de naturel l'expression de sa physionomie, les inflexions de sa voix, que, sans comprendre un mot de la langue chinoise, il est impossible de ne pas deviner ce qui se passe entre lui et le mandarin. La clairvoyance et l'habileté du juge finissent par triompher de l'astuce de ce misérable; il est livré aux satellites qui l'entraînent. Mais voici une nouvelle action, voici un nouveau mandarin! Celui-ci a une affaire bien autrement difficile à éclaircir, une trame bien autrement subtile à démêler. Une jeune femme a reçu son amant sous le toit conjugal. Assis devant une table chargée de mille friandises, les deux coupables semblent aussi tranquilles qu'Adam et Ève au milieu des bosquets du paradis terrestre. Ils ont complétement oublié qu'il existe un mari de par le monde. Cet importun arrive à l'improviste. Le don Juan n'a que le temps de se cacher sous le lit, un grand lit de Ning-po, recouvert d'un ciel quadrangulaire, moins semblable à un lit qu'à un cabinet. Au bout de quelques instants, le mari se couche et s'endort. La jeune femme s'est assise à l'autre extrémité de la chambre et paraît plongée dans de profondes réflexions; mais soudain un voleur se montre à la fenêtre laissée entr'ouverte. D'un coup d'œil il a jugé la position : la femme ne l'a point aperçu; elle ne tardera point à se coucher ou à sortir. Il suffit donc de se cacher n'importe où pendant quelques minutes. Le voleur grimpe lestement sur le lit et se blottit entre les planches. Le mari cependant paraît reposer du sommeil du juste : sa femme s'approche de lui, interroge ses paupières, sa respiration : il dort. Elle appelle son amant, qui sort assez maussade de l'asile où il s'est réfugié. A cette apparition inattendue, le voleur, du haut de son estrade, témoigne son étonnement. — Qui se serait douté de cela? semble-t-il dire. Quel est son effroi quand il voit la jeune femme aller chercher une hache bien affilée, la mettre aux mains de son amant et l'engager par ses gestes et par ses discours à la débarrasser de son mari! L'amant proteste, laisse échapper l'arme homicide et veut fuir : sa complice l'arrête. Qu'il frappe à l'instant! ou elle éveille son mari et livre à sa vengeance le séducteur dont l'amour hésite devant le crime. — Il le faut. — Eh bien donc, qu'il meure! L'amant frappe, le mari expire, et les deux coupables s'en vont tout joyeux, après s'être prodigué mille caresses, doucement enlacés l'un à l'autre. Le voleur épouvanté est resté maître du logis; il descend de sa cachette. Si l'on songe aux habitudes peu sanguinaires des voleurs chinois, à l'impitoyable sévérité des juges envers les meurtriers, à l'indulgence des tribunaux quand il ne s'agit que d'un simple vol, on comprendra combien le filou ainsi compromis doit avoir hâte de quitter cette maison infernale. Malheureusement pour le voleur, les assassins ont fermé la porte; il lui reste la fenêtre. Il a déjà le pied sur le rebord de la croisée, il va sauter dans la rue. Hélas! voici la justice de Tao-kouang qui passe. Un homme sortant par la fenêtre, qu'est-ce à dire? Est-ce ainsi que les rites ont réglé la chose? On entre, on saisit le drôle. Eh quoi! dans ce lit un homme assassiné! — Ton procès sera court, sois tranquille. — Mais je suis innocent; cet homme a été assassiné à l'instigation de sa femme. — La belle invention! et qu'un pareil récit a de vraisemblance! Comment! cette jeune femme qui arrive sur la scène en se déchirant les joues, qui se jette sur le cadavre de son mari, qui veut mourir parce qu'il a cessé de vivre, cette jeune femme aurait armé le bras d'un meurtrier! Arrière, imposteur! Prépare-toi à subir le châtiment de ton crime. — Les satellites et les mandarins subalternes ne sont pas obligés de savoir lire au fond du cœur des femmes. Il faut être au moins membre du collége des *han-lin* pour cela. Le pauvre voleur périrait donc victime d'une funeste méprise, si un mandarin d'un ordre supérieur n'intervenait et ne finissait par découvrir les vrais coupables, dont le juge, après de longs débats, prononce la sentence.

Justice est faite; — respect aux morts. Ce n'est plus un couple scélérat, mais un groupe charmant qui occupe la scène. En présence d'un vieillard enveloppé d'une grande robe brune et coiffé d'un chapeau de paille, un jeune garçon et une jeune fille se livrent à leurs joyeux ébats et déploient leurs grâces adolescentes. Le vieillard sourit à ces jeux, et, pendant que les enfants se plaisent à lui décrire tous les plaisirs de leur âge, il suit d'un œil indulgent leur aimable pantomime. Le programme de ce ballet est ce que l'on peut imaginer de plus simple au monde; mais les mouvements des danseurs sont si harmonieux, si mollement cadencés, qu'on ne se lasse point de les voir. Tout cela est doux et frais comme une idylle.

Deux sentiments se disputent le cœur des Chinois : l'amour du sol natal et l'amour de la famille. — Après ces innocentes joies d'un grand-père, contemplez la douleur de ce lettré vêtu d'une casaque jaune, qui a quitté le Céleste Empire pour venir étudier la nature dans la Mantchourie; il regrette maintenant cette belle Chine qu'il a follement abandonnée; il chante ses chagrins sur un mode plaintif, et la musette marie de doux accords à ses chants. Laisse couler tes pleurs, infortuné Chinois, mais renonce à l'espoir de revoir ta patrie. Comment le roi des Mantchoux consentirait-il au départ d'un homme dont il veut faire son premier ministre? Il envoie vers l'illustre étranger deux mandarins qui cherchent à le séduire par les plus riches présents. Le lettré détourne la tête. Les caresses sont impuissantes; la terreur triomphera peut-être de sa résistance. Deux bêtes féroces s'avancent en rugissant sur le théâtre. Des pantalons rouges apparaissent sous la couverture qui les enveloppe. Il faut remonter jusqu'à Nick Bottom, jusqu'au lion qui, dans *le Songe d'une nuit d'été*, se prépare à paraître devant le duc d'Athènes, pour retrouver cette insolente parodie des bêtes à quatre pattes. Quoi qu'il en puisse être de ces animaux féroces, que ce soient des courtisans déguisés ou de véritables quadrupèdes, le lettré, après avoir versé quelques larmes que lui arrache un premier moment d'effroi, dégaîne son sabre, pousse aux monstres, et ceux-ci deviennent ses très-humbles serviteurs. L'insuccès de cette dernière épreuve décourage la persécution, et l'Orphée chinois obtient de franchir de nouveau la grande muraille, menant en laisse les tigres de la Mantchourie.

Depuis deux cent cinquante ans, les Tartares sont assis sur le trône qu'occupait glorieusement la dynastie des Ming, leur volonté est respectée dans tout l'empire; mais sur la scène ils ont toujours le dessous. Un dernier ballet nous montra des Chinois et des Tartares aux prises. Les Tartares étaient représentés par de grands diables noirs auxquels un Chinois, après des discours aussi longs que ceux de Diomède ou d'Hector, ne manquait jamais d'appliquer quelque bon coup de sabre ou de lance. Le Tartare sortait en boitant et rentrait par une autre porte pour recevoir une nouvelle blessure. Un dernier coup d'estoc le jetait à terre. Les guerriers le chargeaient sur leurs épaules et l'emportaient dans la coulisse. Les Chinois, faisant retentir l'air de leurs cris de triomphe, s'empressaient alors d'élever le vainqueur sur le pavois.

Au milieu des mille sensations qu'éveillait dans l'auditoire un spectacle si varié, les heures s'écoulaient sans qu'aucun de nous songeât à se retirer. Ce ne fut que bien avant dans la nuit que nous pûmes nous arracher à l'hospitalité du *taou-tai*. Deux fois encore, chez M. de Montigny et à bord de la corvette, nous revîmes l'aimable Mantchou; mais le palais de Lin-kouei ne s'ouvrit plus pour les officiers français. Depuis quelques jours déjà, nous avions annoncé l'intention de quitter Chang-haï, et ce fut au consulat de France qu'assis à la même table Lin-kouei et M. Forth-Rouen se firent leurs derniers adieux. Soit que cette prochaine séparation eût attristé son âme, soit qu'un sombre pressentiment — *the shadow of coming events* — lui présageât la disgrâce à laquelle devaient aboutir ses tendances libérales[1], Lin-kouei pendant tout le repas se montra distrait et mélancolique. Vers neuf heures du soir, il demanda la permission de se retirer; nous n'essayâmes pas de le retenir. Avant de nous séparer, nous échangeâmes une dernière fois les vœux les plus fervents pour une amitié *de dix mille ans* entre la France et la Chine, et, le lendemain, l'œil de Lin-kouei eût en vain cherché *la Bayonnaise* sous les quais de Chang-haï. Secondés par une brise favorable, nous descendîmes rapidement le Wampou et vînmes jeter l'ancre, le 11 février, devant le village de Wossung, où nous attendîmes vingt-quatre heures une marée propice pour donner dans le Yang-tse-kiang.

[1] Disgracié quelques mois après notre départ, Lin-kouei est venu, en 1851, reprendre son poste à Chang-haï ; mais, instruit par une sévère leçon, il s'est bien gardé de montrer de nouveau vis-à-vis des Européens les sympathies qui avaient failli l'entraîner à sa perte.

Notre passage à Chang-haï fut trop rapide pour avoir sur la santé de nos jeunes marins l'effet heureux qu'on eût pu se promettre d'un plus long séjour dans ce port. Nous pûmes juger cependant combien cette relâche pendant la majeure partie de l'année était préférable aux mouillages de Macao et de Canton. Le poisson, le gibier, les bestiaux y abondent et s'y vendent à vil prix[1]. Le froid qui règne à Chang-haï, l'air vif qu'on y respire du mois de novembre au mois de mai, réparent les forces énervées par le climat des tropiques. Tout semble donc attirer le commerce européen dans ce port, au détriment du port de Canton. Ces deux marchés ont conservé cependant jusqu'ici leur importance spéciale. Situés à deux cent soixante lieues l'un de l'autre, ils se partagent les produits de l'empire chinois. Les thés et surtout les thés noirs du Fo-kien continuent de se diriger sur Canton. Le commerce de la soie se concentre à Chang-haï. En 1849, ce dernier port expédiait en Europe ou aux États-Unis six fois moins de thé et deux fois plus de soie que le marché méridional. Si l'on n'envisageait pourtant que l'intérêt des manufactures britanniques et l'importation des produits européens, Chang-haï occuperait déjà le premier rang parmi les ports du Céleste Empire; mais Canton est le marché de l'Inde. C'est dans ce dernier port que la présidence de Bombay expédie chaque année des cotons bruts pour une valeur de 25 millions de francs, tandis que les provinces du Nord, qui cultivent le coton et le

[1] La viande de boucherie coûtait 45 centimes le kilogramme. On achetait quatre faisans pour une piastre, et l'on pouvait voir chaque jour, suspendus dans la batterie, des chevreuils, des lièvres, des oies sauvages, des canards, des tourterelles, et surtout des faisans, si communs à Chang-haï, qu'on leur préfère les poulets et les dindons.

produisent à bas prix et en grande abondance, n'ont nul besoin de cotons importés.

Les ménagements qu'exige l'intérêt agricole de l'Inde anglaise suffiront probablement pour empêcher le gouvernement de la Grande-Bretagne de tourner ses vues avec une ardeur exclusive vers le nord de la Chine. Les Américains ne sont point retenus par des considérations semblables; c'est à Chang-haï bien plus qu'à Canton que leur commerce tend à se développer. La conquête de la Californie est à plus d'un titre un fait d'une portée immense. La possession de ce nouvel État n'a point seulement doté l'Union américaine de richesses métalliques qui semblent inépuisables : elle lui a aussi ouvert le chemin du Céleste Empire. Depuis quelques années, l'horizon de cette démocratie puissante s'est considérablement agrandi. Le port de Suez est à deux mille cent trente-deux lieues marines de Hong-kong; celui de San-Francisco n'est qu'à mille neuf cent quarante-six lieues de Chang-haï. Un navire à vapeur, gagnant le nord de l'île de Vancouver et la plus occidentale des îles Aleutiennes, pourrait traverser l'océan Pacifique en trente-huit jours. Il suffit, pour admettre la justesse de ce calcul, d'accorder aux paquebots américains la vitesse moyenne de cinquante-huit lieues par jour qu'atteignent les *steamers* anglais dans leur voyage de Suez à Hong-kong. Il n'est donc point douteux que, dans un avenir peu éloigné, l'Union américaine ne soit appelée à partager avec l'Angleterre la clientèle de l'empire chinois.

A côté de ces grands intérêts rivaux, les intérêts secondaires s'effacent. La Russie échange à Kiachta ses pelleteries contre les thés chinois ; les îles espagnoles, dans les années de disette, expédient quelques cargaisons de riz à Canton ou à Chang-haï. La Hollande y apporte les produits de ses colonies. D'autres pavillons n'apparaissent qu'accidentellement sur les côtes du Céleste Empire : ce sont les pavillons de la Prusse, du Portugal, du Danemark et des villes anséatiques.

Quant à la France, dont le commerce tient une place si considérable dans les échanges du monde, elle n'a point un rang supérieur à celui du moindre de ces États dans les relations commerciales de l'Europe avec la Chine. Ce n'est pas une situation que le gouvernement ait acceptée sans avoir fait de louables efforts pour en sortir ; mais il est des obstacles contre lesquels tout le zèle de ses agents ne parviendra point à prévaloir. Les produits qui trouvent en Chine le placement le plus facile sont les produits bruts : nous n'en pouvons point offrir. Le peu d'objets manufacturés que veuille accepter un peuple économe doivent se recommander avant tout par la modicité des prix, et c'est plutôt par la perfection, par la qualité supérieure de ses produits, que notre industrie se distingue. Le bon marché n'est point le but où nous tendons. Complétement effacée sous le rapport commercial, la France est donc réduite, dans le nord de la Chine aussi bien que dans les provinces méridionales, à un rôle d'observation ; mais on peut — si quelque catastrophe ne vient déjouer tous les calculs de la prudence humaine — prévoir le jour où la Chine, entrant dans le cercle de la politique générale, verra son existence placée, comme celle de l'empire ottoman, sous la protection des grandes lois d'équilibre qui régissent aujourd'hui le monde civilisé. La France, ce jour-là, se félicitera de n'être point restée étrangère aux affaires de l'extrême Orient, et d'y avoir développé avec d'autant plus de soin son influence morale, qu'elle avait dû renoncer à y asseoir sa politique sur le terrain des intérêts matériels.

CHAPITRE XVI.

Entrée de *la Bayonnaise* dans la Ta-hea et mouillage devant Chin-haë.

Mouillés à la hauteur du village de Wossung et prêts à reprendre la mer, nous attendions depuis vingt-quatre heures que le vent et la marée nous permissent de franchir la barre du Wam-pou pour rentrer dans le Yang-tse-kiang, quand un *clipper* américain, donnant à pleines voiles dans la rivière, vint jeter l'ancre près de *la Bayonnaise.*

Les nouvelles que ce navire apportait de Hong-kong étaient faites pour nous rappeler la nécessité d'éviter tout délai inutile, si nous voulions, fidèles à nos premiers projets, visiter, avant de reprendre notre station sur les côtes méridionales de la Chine, les ports de Ning-po, de Chou-san et d'Amoy. — On se rappelle que la convention conclue entre sir John Davis et le vice-roi Ki-ing avait fixé au 6 avril 1849 l'ouverture des portes de Canton ; la population turbulente de cette grande ville n'avait point ratifié un arrangement qui froissait tous ses préjugés. Les marchands chinois, réunis par corporations, se concertaient pour frapper d'interdit les produits des manufactures britanniques ; les *braves* des villages n'attendaient qu'un signal pour courir aux armes, et des placards menaçants étaient chaque jour affichés sur les murs des factoreries. Pendant que les mandarins de Canton cherchaient dans cette effervescence un prétexte pour éluder la principale clause d'un traité consenti à regret, pendant qu'au nom de la paix publique, ils disputaient aux Européens l'accès de la ville intérieure, les Anglais, de leur côté, se montraient décidés à briser les portes qu'on refusait de leur ouvrir. Les graves complications que cette contenance hostile des Cantonnais faisait prévoir imposaient au ministre de France le devoir de se retrouver à son poste plusieurs jours avant l'échéance du traité de sir John Davis. Aussi, dès que la marée nous permit de tenter l'appareillage, nous empressâmes-nous de mettre sous voiles. Quelques heures après l'arrivée du *clipper* américain, *la Bayonnaise*, poussée par une belle brise de nord-ouest, avait laissé derrière elle l'embouchure vaseuse du Wam-pou et se dirigeait vers les ports de Ning-po, de Chou-san et d'Amoy, qu'elle devait visiter avant de rentrer à Macao.

Nous avions appris, en remontant le Yang-tse-kiang, combien il était dangereux de s'approcher des bancs de sable mouvant qui limitent vers le nord le chenal navigable : nous voulûmes cette fois serrer d'aussi près que possible la rive méridionale du fleuve. De ce côté, la sonde ne rencontre que des pentes douces et régulières ; la profondeur est moindre qu'au milieu du chenal, mais on n'est pas exposé à voir le fond diminuer subitement, si ce n'est cependant sur un point, le seul peut-être qui présente ce danger, situé à dix-huit milles environ du mouillage de Wossung. En cet endroit, le Yang-tse-kiang forme un coude assez brusque, et le plateau sous-marin, tranché d'une façon plus abrupte, s'étend aussi à une plus grande distance de la côte. Nous nous préparions à contourner ce point critique, signalé à notre attention par la carte du capitaine Béthune, quand le fond monta rapidement de huit à sept brasses, puis à six. Nous mouillâmes à l'instant ; la corvette s'arrêta sur le talus qu'elle allait gravir. Il restait encore près de dix pieds d'eau sous la quille de *la Bayonnaise ;* mais la marée était haute et devait baisser de quinze pieds avant la fin du jusant. Un canot que nous envoyâmes sonder autour de la corvette retrouva heureusement le chenal, et les dernières lueurs du crépuscule nous guidèrent vers un meilleur mouillage. La nuit fut orageuse ; de violentes rafales du nord-ouest nous firent craindre souvent de chasser sur notre ancre. Aux approches du jour, le temps s'éclaircit, et le vent épuisé tomba presque complétement. Dès que le soleil eut percé le brouillard matinal qui couvrait les bords humides du Yang-tse-kiang, nous ouvrîmes de nouveau nos voiles à la brise. Le peu de rapidité de notre sillage, qui ne dépassait pas quatre ou cinq milles à l'heure, nous permit de faire éclairer notre route par une des embarcations de la corvette jusqu'au moment où les îles Sha-wei-shan et Gutzlaff se montrèrent à l'horizon. Nous eûmes dès lors des amers certains pour nous conduire en dehors du fleuve, et nous franchîmes les derniers hauts-fonds du Yang-tse-kiang sans avoir rencontré moins de vingt-quatre pieds d'eau sur notre passage. Le soleil cependant allait bientôt disparaître sous l'horizon. Nous ne voulûmes point, à l'entrée de la nuit, nous engager au milieu de l'archipel de Chou-san ; nous laissâmes donc tomber l'ancre près de l'île Gutzlaff. Le lendemain, aux premiers rayons de l'aube, nous poursuivîmes notre route. La marée nous entraîna rapidement entre le groupe des îles Rugged et celui des îles Parker. A onze heures du soir, nous avions doublé les écueils qui entourent les îles Volcano, et, avant que l'obscurité fût complète, nous étions mouillés sous les hautes terres de l'île Kin-tang, à deux milles environ des *receiving-ships* qui occupent la station d'opium de Lou-kong.

Les dernières bouffées du vent du nord nous avaient conduits à ce mouillage. Avec le jour nous vîmes s'élever une brise d'est qui ne tarda point à fraîchir : c'était une circonstance favorable pour entrer dans le fleuve qui porte, sous les murs de Ning-po, le nom de Yung-kiang, et celui de Ta-hea quand, près de se jeter à la mer, il vient baigner les remparts de Chin-haë. Ce fleuve est moins profond que le Wam-pou; l'accès en est aussi moins facile. Trois îlots granitiques se dressent presque en face de l'entrée, à moins d'un quart de mille de la côte. Deux de ces îlots sont si rapprochés l'un de l'autre, qu'ils semblent se confondre. Le troisième s'élève solitaire à une égale distance de ce premier groupe et de la péninsule escarpée que couronnent à la fois une citadelle et un temple. Trois passes distinctes sont donc ouvertes au navigateur qui se présente à l'embouchure du Yung-kiang. Les alluvions du fleuve ont presque comblé la passe occidentale, à peine praticable aujourd'hui pour les barques du Che-kiang. La profondeur des deux autres passages a été préservée par la violence des marées qui les creusent sans cesse. Ce n'est cependant qu'à la condition de se maintenir dans un chenal sinueux dont la largeur n'excède pas cent vingt mètres qu'un navire européen peut arriver sans encombre devant Chin-haë. Nous avions franchi les huit ou neuf milles qui nous séparaient du continent chinois; nous avions dépassé l'île Square et l'écueil de *la Blonde*[1]; nous donnions à pleines voiles dans la Ta-hea, après avoir évité heureusement les récifs de *la Némésis* et la roche du *Sésostris* : déjà nous apercevions les murs de Chin-haë et les jonques dont les rangs pressés

[1] La plupart des dangers sous-marins sur les côtes de Chine ont conservé le nom de quelque navire anglais dont ils ont déchiré les flancs ou terminé la carrière.

semblaient barrer la rivière, quand *la Bayonnaise*, serrant de trop près la côte, s'arrêta doucement sur la vase. Jamais lit plus moelleux n'avait été préparé pour un échouage. Il nous fallut néanmoins attendre la marée montante pour sortir de ce mauvais pas. Pendant ce temps, nous avions reconnu avec soin la limite des bancs qui entourent la côte, et lorsqu'à midi la mer en se gonflant vint nous remettre à flot, nous pûmes enfiler sans hésitation le milieu du chenal. Deux heures après avoir quitté le mouillage de Kin-tang, *la Bayonnaise* jetait l'ancre sous la citadelle de Chin-haë, à quelques encablures d'une flottille chinoise presque aussi nombreuse que celle que nous avions laissée à Chang-haï.

On prétend que des jonques ont visité jadis les côtes du Kamschatka et les bords de l'océan Indien; mais depuis plusieurs siècles les nefs du Céleste Empire ont cessé de s'aventurer au delà des îles du Japon et du détroit de la Sonde. Les longues traversées effrayent ces navigateurs, qui n'ont aucun moyen de mesurer le chemin qu'ils parcourent ou de déterminer la position de leur navire par l'observation des corps célestes. La boussole, dont les marins chinois furent, dit-on, les premiers inventeurs, cette aiguille merveileuse *qui montre le sud*[1], leur est d'un faible secours quand un orage ou le vent contraire les a détournés de leur route. C'est alors que la science du *ho-chang*[2] se trouble et se déconcerte, que le *to-kung*[3] commande vingt manœuvres à la fois, que les matelots, sourds à son appel, vont offrir de nouveaux bâtonnets à la *reine*

[1] *Ting-nan-tchin*, aiguille qui montre le sud : tel est le nom que les Chinois ont donné à la boussole.

[2] Le pilote.

[3] Le timonier.

du ciel[1], ou jettent à la mer du papier enflammé, des poules même, s'ils en ont encore. La plupart des jonques qui approvisionnaient autrefois des produits de la Malaisie les marchés de Canton et d'Amoy ont dû se retirer devant la concurrence des bâtiments européens, et ont renoncé aux voyages de Singapore, de Manille ou de Batavia; mais il reste aux navires chinois un immense commerce, le commerce de cabotage, que la navigation étrangère n'est point admise à leur disputer. La crainte des pirates rassemble d'ordinaire ces barques timides en nombreux convois. Ne perdant jamais la terre de vue, suivant tous les détours de la côte, s'enfonçant dans tous les golfes, ces caboteurs sont habitués à jeter l'ancre chaque soir. Leurs *koang* ou étapes ont été fixés à l'avance; ils ne les quittent qu'après avoir décidé l'appareillage d'un commun accord. Les jonques qui opinent pour le départ hissent une de leurs voiles, celles qui sont d'avis de rester au mouillage laissent toutes leurs voiles ferlées. Si, malgré le vœu de la minorité, le départ est résolu, la flottille tout entière se met en mouvement et cingle vers une nouvelle étape, semblable aux longues files d'oiseaux voyageurs que l'on voit aux approches du printemps prendre leur vol vers le nord. Malgré tant de précautions, les pirates, qui ne cessent de rôder autour de ces convois, enlèvent souvent quelques-unes des brebis du troupeau. Les côtes du Che-kiang, au moment où nous les visitâmes, étaient plus particulièrement infestées par la piraterie. En vain le général tartare qui commandait à Ning-po les forces de terre et de mer,

[1] *Tien-hou:* tel est le nom d'une vierge qui vivait, il y a quelques siècles, dans le Fo-kien, et que la superstition a divinisée. Chaque navire chinois possède une statuette de cette déité païenne, toujours entourée de hideux satellites. Devant elle brûle une lampe constamment allumée.

le mandarin Chan-lou, multipliait les croisières de tous les *tchuen* destinés à protéger les *eaux extérieures*[1], en vain la *Gazette de Pe-king* prodiguait-elle les récompenses et les encouragements aux braves qui se distinguaient dans les combats dont l'archipel de Chou-san était chaque jour le théâtre; les pirates n'en étaient ni moins entreprenants ni moins nombreux, et les jonques chinoises n'osaient plus se montrer sur la côte. Cette situation menaçait de se prolonger, si des marins portugais, que la décadence commerciale de Macao laissait depuis plusieurs années sans emploi, n'eussent conçu un projet qui semble inspiré par les traditions du seizième siècle. S'associant pour leur entreprise quelques matelots indigènes, ces aventuriers chargèrent de vieux canons de fonte le pont de leurs *lorchas*[2] réarmées à la hâte, et vinrent offrir aux jonques de Ning-po et de Hang-tchou-fou une escorte plus sûre que celle de tous les *tsung-ping*[3] et de tous les *fou-tsiang*[4] du Céleste Empire. Les jonques se cotisèrent pour payer le prix stipulé par leurs protecteurs, et l'on vit, chose étrange! d'immenses convois entrer dans le Yang-tse-kiang, doubler le promontoire du Chan-tong, et pénétrer jusque dans le golfe de Pe-tche-ly sous la conduite de deux ou trois barques européennes. Ce fut le pavillon de Dona Maria qui fit désormais la police sur les côtes du Che-kiang. Également redoutées des mandarins et des pi-

[1] D'après le dernier relevé officiel présenté à l'empereur, la flotte de guerre du Che-kiang compte 315 navires à voiles et à rames savoir: 10 *kan-tsang-tchuen*, 49 *kwaï-tchuen*, 139 *tung-ngan-tchuen*, 5 *hou-tchuen*, 24 *pah-tsang-siun*, 30 *mi-ting*, 56 *tian-tchuen*, 1 *yang-poh-tchuen*, 2 *pung-kwaï*.

[2] Grandes chaloupes-canonnières construites et voilées comme les barques chinoises.

[3] Contre-amiraux.

[4] Chefs de division.

rates, ces *lorchas* abusèrent quelquefois de la terreur qu'elles inspiraient ; leur intervention irrégulière n'en fut pas moins un bienfait pour le commerce maritime de Ning-po, qui dut à ces singuliers spéculateurs une sécurité qu'il eût en vain demandée aux flottes de l'empereur Tao-kouang.

Le convoi de jonques qui était rassemblé devant Chin-haë, quand nous vînmes mouiller dans la Ta-hea, n'attendait qu'un vent favorable pour sortir du port. Affourchées sur deux ancres, ces jonques occupaient toute la largeur du fleuve ; on n'eût point trouvé dans ce front de bataille un interstice à travers lequel pût se glisser *la Bayonnaise*. Nous eûmes d'abord recours aux négociations pour obtenir qu'on nous livrât passage : tous nos efforts vinrent échouer contre l'apathique fatalisme des marins auxquels nous avions affaire ; mais lorsqu'à trois heures du soir *la Bayonnaise*, soulevant son ancre, se laissa emporter par un courant rapide vers cette flotte opiniâtre, lorsque les premières jonques que nous abordâmes commencèrent à sentir le contact de nos côtes de fer, la scène changea soudain. Toute cette forêt, jusque-là impassible, sembla s'animer comme par enchantement. On n'entendit plus de tous côtés que les cris aigus des Chinois mêlés aux jurons de nos matelots, que le grincement des cabestans et le craquement des bordages. Ce ne fut point sans peine que nous franchîmes le premier rang des jonques : vingt lignes non moins compactes s'étendaient encore entre nous et le mouillage de Chin-haë. C'était une rude et brutale besogne que celle qu'il nous fallait accomplir. Chaque fois que la corvette, s'enfonçant comme un coin au milieu de la flotte chinoise, avait réussi à percer une nouvelle phalange, plus d'une poupe veuve de ses lanternes aux écailles transparentes, plus d'un mât dépouillé de ses étendards qui flottaient en lambeaux au bout de nos vergues, indiquaient encore le chemin qu'avaient suivi les barbares. Tous ces dégâts pourtant étaient bien moins sérieux qu'on n'eût pu le croire. Il y avait là plus de fracas que de dommage réel. Les Chinois maltraités acceptaient avec une sombre résignation ces inévitables coups du sort, et quant à nos matelots, je dois confesser à regret qu'ils semblaient n'avoir jamais rencontré de distraction plus agréable.

Nous gagnions cependant du terrain, et l'agitation croissait sur notre passage. Autour des navires menacés par la corvette rôdaient de nombreux bateaux que montaient les marins des autres jonques. Au premier choc, c'était le plus souvent quelque faisceau de bambou suspendu le long du navire abordé qui tombait en s'éparpillant dans le fleuve. Alors, — touchant témoignage de la sympathie que s'accordent en pareille occurrence les marins chinois! — les bateaux qui nous entouraient fondaient avec avidité sur ces misérables épaves, et Dieu sait quels cris, quelles affreuses imprécations excitait de la part des propriétaires une conduite aussi déloyale! Tout se passait cependant sans voies de fait : on s'injuriait; on se pillait effrontément; on ne se battait pas. La force brutale est le dernier argument des Chinois, conséquence naturelle d'une législation qui n'admet point d'excuse pour l'homicide involontaire, et qui ne se montre implacable qu'envers les actes de violence!

Nous vîmes enfin le terme de cette forêt mouvante à travers laquelle nous tracions depuis deux heures un si cruel sillon : mais pas un souffle de brise n'agitait l'air en ce moment, et la marée n'avait déjà plus le pouvoir de nous entraîner. Les mandarins de Chin-haë nous vinrent gracieusement en aide. A leur voix, une cinquantaine de petites barques débordèrent du quai, et roulant, comme des poussahs, sous l'impulsion de leur longue godille, vinrent s'atteler sur deux files à la remorque de la corvette. Trois officiers subalternes au bouton de cristal animaient, en véritables élèves de corvée, les efforts de cette escadrille. Aussi, grâce à leur zèle, grâce surtout aux vigoureux rameurs qui montaient nos propres embarcations, une heure environ après le coucher du soleil, l'ancre de *la Bayonnaise* tombait à moins d'une encablure de la rive gauche du fleuve, en face de la ville de Chin-haë. Ce n'était point toutefois à la hauteur de Chin-haë que nous comptions nous arrêter : nous avions formé le projet de remonter le Yung-kiang jusqu'à Ning-po ; deux marées devaient, suivant nos calculs, nous faire franchir les treize milles qui nous séparaient encore de cette grande ville, à laquelle l'occupation momentanée des Anglais n'avait rien fait perdre, disait-on, de sa physionomie primitive. Le succès de notre tentative était cependant des plus douteux. Pour diminuer les chances contraires que nous offraient un chenal peu profond et une rivière étroite, il eût fallu réduire notre tirant d'eau ; mais c'eût été accepter des délais auxquels notre impatience ne pouvait consentir. Nous nous fiâmes à notre heureuse étoile, et, dès que le jour parut, nous fîmes voiles vers Ning-po. Une légère brise de nord-est enflait nos huniers, ridant à la fois les eaux jaunes du fleuve et la verdure naissante des rizières. On voyait le Yung-kiang, encaissé près de son embouchure entre des coteaux granitiques, serpenter, non loin de Chin-haë, au centre d'une vaste plaine bornée à l'horizon par un demi-cercle de collines noirâtres. L'azur à demi voilé du ciel prêtait un nouveau charme aux beautés mélancoliques de ce paysage. Pendant près d'une heure, notre navigation fut facile : guidés par nos canots, nous suivions avec soin le milieu du chenal ou la rive que le courant avait le plus profondément creusée ; mais, après avoir dépassé le premier coude du Yung-kiang, nous cherchâmes en vain d'une rive à l'autre les dix-sept pieds d'eau dont nous avions besoin pour flotter. Labourant le fond avec sa quille, complétement insensible à l'action de son gouvernail, *la Bayonnaise* se traînait péniblement vers le haut du fleuve. Un remous de courant nous saisit dans cette position et nous jeta sur la rive gauche. Bientôt, en dépit de tous nos efforts, notre pauvre corvette se trouva enfoncée de plusieurs pieds dans la vase. Heureusement une *lorcha* portugaise avait été envoyée par le vicaire apostolique du Che-kiang au-devant du ministre de France. Nous confiâmes à ce navire le soin de transporter à Ning-po M. Forth-Rouen, et nous attendîmes patiemment, pour sortir d'embarras, le secours de la marée montante.

Ce ne fut que le lendemain que nous pûmes nous arracher à la fange tenace dans laquelle la corvette commençait à s'enfouir. Arrivés près du second coude que forme, par un détour subit, le cours du Yung-kiang, le vent de nord-est nous contraignit encore une fois de jeter l'ancre. Nous luttions depuis trois jours contre des difficultés imprévues. En nous opiniâtrant davantage, nous courions le risque de consacrer à remonter et à descendre ce fleuve bourbeux tout le temps qu'il nous était permis de passer sur les côtes du Che-kiang. Nous prîmes enfin le parti le plus sage : trouvant, à six milles de Ning-po, à cinq milles et demi de Chin-haë, un mouillage où la profondeur, au moment de la plus basse mer, était encore de quatre et cinq brasses, nous nous tînmes pour satisfaits d'avoir poussé jusque-là notre entreprise, et ce fut au milieu de ce bassin que, le 18 février 1849, nous nous décidâmes à venir affourcher *la Bayonnaise*.

CHAPITRE XVII.

La ville de Ning-po et les Chinois du Nord.

A moins d'une encablure de ce dernier mouillage s'étendait, sur la rive droite du fleuve, un village dont le plus imposant édifice était un mont-de-piété institué par l'industrie des prêteurs sur gage pour exploiter la misère des cultivateurs du Che-kiang. Notre imagination se plut à voir dans la position qu'occupait ce village chinois l'emplacement du premier comptoir qu'aient fondé les Européens sur les côtes du Céleste Empire. Non loin de ce détour si bien marqué du fleuve avait dû s'élever, entre Chin-haë et Ning-po, la cité portugaise que visita, en 1542, Fernan Mendez Pinto. Là, trois siècles avant que *la Bayonnaise* pénétrât dans la Ta-hea, on comptait plus de mille maisons européennes dont quelques-unes n'avaient pas coûté moins de trois ou quatre mille ducats à bâtir. Le sceptre était alors à la veille d'échapper aux mains débiles de la dernière dynastie chinoise. A la faveur des troubles qui agitaient l'empire, le comptoir étranger, enrichi par le commerce du Japon, avait pris en quelques années un développement que les habitants de Ning-po ne pouvaient voir sans ombrage. Quant aux Portugais, ils se croyaient aussi en sûreté sur les bords du Yung-kiang que sur les rives du Tage. La colonie avait ses échevins, ses auditeurs, ses consuls et ses juges. On ne s'y souciait guère de la dynastie des Ming ou de l'autorité de ses mandarins, et les étrangers de l'Océan occidental (*Sy-yang-koue*) prenaient de singulières licences envers les habitants de l'Empire du milieu. Ces aventuriers héroïques avaient l'enthousiasme religieux et les mœurs dissolues de l'armée de Godefroy de Bouillon. Aussi bien que les croisés, ils savaient allier la dévotion à la cruauté et à la débauche. Se croyant tout permis envers des infidèles, on les vit plus d'une fois s'associer sur les côtes de Chine avec les pirates indigènes pour saccager les villes, piller les flottes marchandes ou violer les tombeaux des empereurs. La patience des Chinois finit par se lasser. Les colons portugais du Che-kiang disparurent comme avaient disparu les Mongols, victimes d'une conjuration populaire. Leur cathédrale, leurs sept églises, leurs maisons « tant grandes que petites », furent démolies *pour leurs péchés*, suivant la naïve expression d'un chroniqueur du seizième siècle, et l'on chercherait en vain aujourd'hui les débris d'une ville sur laquelle la charrue et les inondations de trois cents hivers ont passé.

Si, sous les moissons alors verdoyantes, il existait encore quelques vestiges de cette cité détruite, il eût fallu pour les reconnaître plus de loisir que ne nous en laissait l'impatience avec laquelle nous étions attendus à Ning-po. Dès que *la Bayonnaise* fut assurée sur ses deux ancres, nous dûmes aviser au moyen de répondre à la double invitation qui nous avait été adressée par le consul anglais et par le vicaire apostolique du Che-kiang. M. Sullivan voulait réunir à sa table le ministre de France et les officiers de *la Bayonnaise ;* Mgr Lavaissière nous offrait l'hospitalité dans l'enceinte de l'édifice jadis octroyé aux missionnaires jésuites par l'empereur Kang-hi, et dont les enfants de Saint-Vincent de Paul, leurs héritiers d'après les décrets du saint-siége, venaient d'obtenir la restitution. Le temps avait changé depuis le matin ; le vent du nord-est avait amené des bords brumeux de la mer Jaune de gros nuages qui commençaient à se résoudre en torrents de pluie. Si M. Sullivan n'avait eu la bonté de mettre à notre disposition une grande barque chinoise, gondole élégante et surtout *confortable*, nous eussions fait une triste entrée dans la ville de Ning-po ; mais, assis dans une chambre bien close et près d'un bon feu de coke, pendant que nos bateliers tiraient le meilleur parti possible du vent et de la marée, nous ne quittâmes ce merveilleux abri que pour monter dans des chaises à porteurs qui nous déposèrent vers sept heures du soir sous le toit du consul anglais. Nous trouvâmes chez cet agent étranger l'accueil franc et ouvert que l'on pouvait attendre d'un ancien officier de marine. Cependant, à peine sortis de table, il nous fallut nous remettre entre les mains de nos guides pour aller chercher, avec M. Forth-Rouen, que nous avions rejoint au consulat britannique, le gîte qui nous avait été préparé, sur l'autre rive du fleuve, par Mgr Lavaissière. La nuit était si noire, le ciel couvert d'une si épaisse couche de nuages, que pas un rayon ne tombait d'en haut pour éclairer notre route. Il fallait nous laisser conduire en aveugles sur le fleuve comme sur la terre ferme. Nous étions entrés dans des barques disposées à l'avance par les soins des bons Lazaristes ; nous les avions quittées pour remonter dans nos chaises, tout cela au gré de nos *coulis* et sans que nous eussions songé à leur adresser la moindre observation. Nous sentions bien qu'on nous emportait à travers des ruelles sinueuses, aux murs desquelles se heurtaient parfois nos palanquins ; mais, en dépit des lanternes suspendues aux brancards de chaque chaise, nous ne pouvions distinguer aucun des objets que nous laissions rapidement derrière nous.

Soudain une lueur bleuâtre perce l'obscurité, les reflets d'un incendie semblent enflammer tout un coin du ciel. Nous touchons au terme de notre course. La chaise de M. Forth-Rouen nous a devancés, et une explosion de fusées, de soleils fixes et de soleils tournants vient de saluer l'entrée du ministre de France dans la cour de la chapelle catholique. La plupart d'entre nous arrivèrent trop tard pour jouir du spectacle de ce feu d'artifice; mais il nous restait le coup d'œil vraiment oriental d'une large façade sur laquelle d'innombrables lanternes versaient, au milieu de cette nuit sombre et pluvieuse, le magique éclat de bougies de diverses couleurs. Nous trouvâmes sous le péristyle de la chapelle Mgr Lavaissière, entouré des Lazaristes dont se composait en ce moment la mission du Che-kiang: le Père Huc, revenu avec nous de Chang-haï à Ning-po; le Père Danicourt, missionnaire intrépide, qui, lorsque le choléra décimait à Chou-san les régiments irlandais, avait su conquérir l'estime et l'affection de l'armée anglaise; le Père Fan, prêtre chinois, qui avait visité la France et que nous avions souvent entendu citer avec le Père Li comme une des lumières du clergé indigène. Ces hôtes trop bienveillants avaient voulu évacuer leur demeure pour nous y laisser plus à l'aise. Les appartements qui nous étaient destinés étaient tous décorés par le zèle des chrétiens chinois de mille offrandes volontaires. C'étaient de longs rouleaux de papier appendus aux murs, des meubles incrustés, des coussins d'écarlate qu'une aiguille patiente avait chargés de broderies de soie bleue, des fauteuils et des tables, des vases de porcelaine, des lanternes surtout, au centre desquelles, fichées sur une pointe de fer d'énormes bougies de cire et de suif végétal consumaient lentement un lumignon fumeux. Tout ce luxe d'emprunt devait disparaître avec nous. Les missionnaires ne l'avaient jamais connu pour eux-mêmes. Ce n'est point seulement par le martyre que les prêtres des missions sont appelés à confesser leur foi ; il est d'autres épreuves que le zèle évangélique leur apprend à supporter, et qui lasseraient aisément des convictions moins profondes. Je ne voudrais point affirmer que tous les prêtres catholiques qui ont entrepris d'annoncer aux Chinois les vérités du christianisme soient nécessairement condamnés à la dure existence dont Mgr Lavaissière semblait chérir les rigueurs : tous n'ont pas un si rude terrain à exploiter. Les néophytes dont le jeune prélat du Che-kiang avait à diriger la foi naissante étaient pour la plupart de pauvres pêcheurs avec lesquels il devait affronter sans cesse les flots troublés de l'Océan et les émanations pestilentielles du rivage : il aimait à partager leurs périls, à partager surtout leur misère. Mgr Lavaissière, dont les missions eurent à pleurer la perte peu de mois après notre départ, avait, à l'âge de trente-quatre ans, conquis le pénible honneur de l'épiscopat par dix années de fatigues et de prédications. Sans cesse occupé à parcourir d'une extrémité à l'autre son immense diocèse, fuyant la vie douce et honorée qui l'eût attendu à Ning-po, il avait conservé, bien que souvent miné par les fièvres, une étonnante vigueur de corps et d'esprit. Quand nous admirions cette démarche martiale, ce pas infatigable, cette gaieté charmante qui souriait à toutes les intempéries du climat et semblait railler notre mollesse, nous étions loin de prévoir la catastrophe qui allait bientôt répandre le deuil parmi les chrétiens du Che-kiang.

Pour mieux recevoir les hôtes trop nombreux que lui envoyait *la Bayonnaise*, Mgr Lavaïssière, nous l'avons dit, s'était réfugié avec le Père Huc et le Père Danicourt dans un bâtiment séparé du corps de logis principal. C'était là que les cuisiniers de la corvette, appelés par le digne évêque au secours de nombreux marmitons indigènes, s'occupaient déjà des apprêts d'un festin qui devait rassembler, dans le réfectoire de la chapelle française, les protecteurs des chrétiens chinois et les autorités de Ning-po. Puisqu'ils n'avaient point voulu se réserver d'autre asile, les Lazaristes eussent peut-être mieux fait de coucher en plein air. Dans cette salle enfumée et ouverte à tous les vents, le Père Huc dut regretter, je le crains, les tentes de feutre de la *terre des herbes* et le *kang*[1] des auberges tartares. Pour nous, que n'avait point endurcis à toutes ces misères la pénible existence des missions, nous maudîmes plus d'une fois le treillis qui décorait de ses lignes capricieuses les croisées de nos chambres, et nous passâmes une partie de la nuit à exprimer le regret qu'on n'eût point opposé à la bise le transparent obstacle du papier de soie appliqué d'ordinaire, à défaut de vitres ou d'écailles de placune, sur les découpures de ces pittoresques châssis. Les pâles rayons du jour ne vinrent point cependant troubler notre sommeil avant huit heures du matin. A peine fûmes-nous habillés, que nous nous hâtâmes de demander, comme de vrais marquis de Molière, nos porteurs et nos chaises. Au premier appel, les marauds accoururent, et, en dépit d'une pluie battante, nous nous mîmes en route avec l'intention de parcourir dans tous les sens cette grande ville, dont nous n'avions pu, la veille, que traverser les faubourgs au pas de course et au milieu de l'obscurité la plus profonde.

Aussi bien que Canton, Ning-po a une célébrité de

[1] On appelle *kang* un vaste fourneau dans l'intérieur duquel on entretient un feu modéré. Dans la plupart des auberges de la Mongolie, c'est la voûte de ce fourneau qui sert de lit commun aux voyageurs.

vieille date et un long passé historique. On sait que, vers la fin du treizième siècle, la dynastie des Soung s'était vue contrainte de transporter de Nan-king à Hang-tchou-fou le siége de l'empire. A la rive droite du Yang-tse-kiang s'arrêtaient alors les possessions des souverains chinois. Les provinces du Nord appartenaient déjà aux Tartares. Dotée par la nature d'un excellent port, reliée à Hang-tchou-fou par des canaux intérieurs, la ville de Ning-po eut pendant cette période le rôle que le voisinage de Pe-king assure aujourd'hui à Tien-tsin. Elle venait de subir le joug de Koubilaï-khan, lorsqu'en 1274, Marco Polo la visita et nous la décrivit, sous le nom de Ganpou, comme le centre du commerce de la Chine méridionale. Deux cent soixante ans plus tard, Fernan Mendez Pinto vint aborder à son tour aux *ports de Liampoo*. L'aventurier portugais ne fut pas moins ébloui que le voyageur vénitien du spectacle de cette activité commerciale qui avait survécu à la dynastie mongole comme elle devait survivre à la dynastie chinoise. Situé à proximité des côtes du Japon et des rivages de Formose, Ning-po vit encore grandir sa prospérité sous les règnes des premiers princes mantchous. Les colons du Fo-kien lui apportèrent leur misère industrieuse, les marchands de fourrures du Chan-si leurs immenses capitaux. Jusqu'en 1759, les navires européens furent admis dans la Ta-hea; mais, à cette époque, la factorerie que les Anglais avaient établie à Ning-po fut détruite, les marchands chinois avec lesquels les étrangers avaient trafiqué reçurent l'ordre de quitter la ville, et des jonques de guerre croisèrent à l'entrée de l'archipel de Chou-san pour en éloigner les navires des barbares. Les côtes du Che-kiang cessèrent donc d'être visitées par les Européens pendant près d'un siècle. Quand les Anglais revinrent à Ning-po, ce fut en vainqueurs qu'ils y reparurent. Au mois d'octobre 1841, la flotte de l'amiral Parker mouilla sous les murs de Chin-haë. Pendant que les troupes de sir Hugh Gough massacraient sans pitié l'armée chinoise qui avait osé les attendre dans ses retranchements, les soldats de marine et les matelots de l'escadre escaladaient les remparts de la ville. Découragés par la prise de ce poste avancé, les Chinois n'essayèrent pas de défendre Ning-po. Les Anglais y entrèrent, sans coup férir, le 13 octobre 1841 pour l'évacuer le 6 mai 1842.

Nous avons indiqué dans les premières pages de ce volume avec quelle facilité les Anglais auraient pu établir à cette époque leur domination sur les côtes du Che-kiang. Nous n'avons point dit par quelle circonstance providentielle ces vainqueurs trop confiants furent préservés du sort des Portugais et des Mongols. Les mandarins de Ning-po, réfugiés à Hang-tchou-fou, employèrent cinq mois à ourdir la trame d'un complot qui devait purger le territoire céleste du dernier des barbares ; ces projets avortèrent, mais cette tentative cruellement réprimée n'en fait pas moins comprendre quel serait le plus grand danger qui pourrait menacer en Chine toute occupation étrangère. C'est sur les lieux mêmes où vit encore dans toute son horreur ce lugubre souvenir que nous voulûmes entendre raconter jusque dans ses moindres détails un épisode qui fut, après le sac de Chin-kiang-fou, le plus terrible de la dernière guerre.

L'armée anglaise occupait la ville de Ning-po depuis cinq mois. La sécurité des vainqueurs ne pouvait être égalée que par la résignation apparente des vaincus. Sir Hugh Gough s'était rendu à Chou-san, où l'amiral Parker avait déjà conduit son escadre. Si la police du docteur Gutzlaff recueillait parfois des rumeurs inquiétantes, ses rapports ne rencontraient qu'une railleuse incrédulité. La Providence, qui avait sans doute ses desseins, envoya aux Anglais un dernier avertissement qui les sauva. Quand l'armée était entrée dans Ning-po, les soldats avaient trouvé errants dans les rues de pauvres enfants couverts de haillons et à demi morts de faim. Ils les avaient adoptés, les avaient nourris du superflu de leurs rations, et employés au service intérieur des casernes. Dans la matinée du 9 mars 1842, ces enfants montrèrent une agitation qui parut étrange. On les pressa de questions, mais on ne put leur arracher d'autre réponse que ces seuls mots : « Demain ! demain ! c'est demain qu'ils viendront ! » Ces paroles, accompagnées, il est vrai, d'une pantomime expressive, suffirent pour donner l'éveil aux soldats, qui se promirent de faire bonne garde pendant la nuit. Les heures cependant s'écoulèrent sans qu'aucun symptôme inquiétant se manifestât dans la ville. Le jour allait bientôt paraître, et déjà les Anglais souriaient de leurs vaines terreurs, lorsqu'un des factionnaires postés sur les remparts aperçut un homme qui se glissait dans l'ombre vers la porte d'un des bastions. Après trois sommations inutiles, le soldat irrité abaisse son arme, le coup part, et l'inconnu s'affaisse sur lui-même. Comme à un signal attendu, de chaque maison du faubourg sort alors un flot d'assaillants ; des colonnes épaisses se pressent dans les rues et se précipitent vers les murs de la ville. Une des portes qui donnent sur la campagne est forcée par les Miao-tsi[1], sauvages recrues que

[1] Les Miao-tsi habitent, sur les confins du Kouang-si, des montagnes presque inaccessibles, où ils ont longtemps défié les efforts des armées tartares. Aujourd'hui même ils n'accordent à l'empereur qu'une obéissance à peu près nominale, et refusent encore d'adopter le costume que les Mantchoux ont imposé à tous les habitants de la Chine. Lors de l'exécution du complot de Ning-po, chacun de ces sauvages soldats avait reçu des mandarins une somme de six dollars, qu'il portait dans une bourse de cuir suspendue à sa ceinture.

les mandarins ont placées à l'avant-garde. Les Chinois se précipitent à la suite de ces féroces phalanges; mais, avertis par la fusillade, les troupes anglaises avaient pris les armes. Au moment où les Miao-tsi allaient déboucher sur la place du marché, ils rencontrent une compagnie d'infanterie qui leur barre le chemin. C'est en vain qu'ils essayent de répondre avec leurs arquebuses à mèche à la mousqueterie des Anglais; cédant bientôt à ce feu supérieur, ils fuient de rue en rue et cherchent à regagner la campagne. De nouvelles masses conduites par les mandarins les repoussent sur l'ennemi. A l'arrière-garde, on se croit encore vainqueur; on se presse avec de grands cris, on marche en avant avec toute l'ivresse du succès; les premiers rangs, en proie à une terreur panique, font pour fuir d'incroyables efforts. Une multitude innombrable se trouve ainsi entassée par deux courants contraires dans la rue la plus large et la plus droite de Ning-po. Un obusier de montagne est braqué sur ce mur vivant. Trois volées tirées à mitraille le foudroient à la distance de vingt ou trente mètres. En quelques minutes, la rue est encombrée d'un monceau de cadavres; le canon ne trouve plus un ennemi debout. Cependant les soldats anglais ont franchi cette sanglante hécatombe, et un feu de deux rangs ajoute encore à tous ces morts et à ces blessés de nouvelles victimes.

On s'est demandé souvent, — la chambre des communes s'est elle-même posé cette question, — pourquoi le commerce européen n'avait pu prendre racine à Ning-po? Vivement sollicitée par les négociants anglais, l'ouverture des cinq ports[1] fut impérieusement exigée, en 1842, par sir Henri Pottinger. A Ning-po, en particulier, tout sem-

[1] Canton, Amoy, Fou-tchou-fou, Ning-po et Chang-haï.

blait justifier les espérances du plénipotentiaire. L'entrée de la Ta-hea ne présente point de difficultés sérieuses. Les navires marchands du plus fort tonnage peuvent arriver, grâce à la marée, jusque sous les murs de Ning-po. Les deux rivières au confluent desquelles est assise cette grande ville traversent les districts où se récolte la soie et ceux d'où viennent les meilleurs thés verts. Les conditions du marché ne sont donc pas moins favorables à Ning-po qu'à Chang-haï ; mais, bizarre anomalie qui confond l'observateur européen, c'est de Chang-haï et de Soutcheou-fou que la population de Ning-po reçoit les draps étrangers qu'elle consomme. Dans ce dernier port, la valeur des importations directes n'a jamais dépassé trois cent mille francs, et le chiffre des exportations atteignait à peine, en 1849, trois mille piastres. Mgr Lavaissière croyait que le massacre du 10 mars 1842 n'était point étranger à la stagnation du commerce anglais sur les côtes du Che-kiang. Suivant lui, après le récit d'un pareil événement, récit qui ne leur fut transmis qu'exagéré au fond de leur province natale, les marchands du Chan-si durent considérer la ville de Ning-po comme frappée par la colère céleste. Cette ville fut inscrite par eux au nombre des lieux néfastes. Le traité de Nan-king n'y ramena donc qu'un petit nombre des marchands qu'en avaient éloignés les horreurs de la guerre et qu'une faible partie des capitaux qui eussent, en d'autres temps, imprimé un rapide essor aux transactions commerciales.

Le consul de Sa Majesté Britannique n'admettait point la fâcheuse influence que Mgr Lavaissière attribuait à ce souvenir funeste. Il refusait d'ajouter foi à un déplacement de capitaux qui eût dû se trahir avant tout par la décadence du commerce indigène. La mauvaise foi du gouvernement chinois lui semblait fournir une explication plus plausible d'un désappointement qu'on avait éprouvé au même degré à Fou-tchou-fou et à Amoy. Pendant que la cour de Pe-king feignait de consentir à l'ouverture des cinq ports, elle avait, disait-il, par d'hypocrites mesures, atténué autant que possible les effets de cette concession. Le gouvernement chinois ne se croit plus assez fort pour résister ouvertement aux exigences des étrangers ; il lui reste l'emploi des influences occultes. On ne trouverait pas dans le Céleste Empire un seul capitaliste qui osât traiter avec les barbares sans l'aveu de l'autorité locale. Si ce spéculateur imprudent pouvait se rencontrer, ce n'est point par un éclat inutile que la cour de Pe-king punirait le scandale d'une pareille conduite. Il existe en Chine plus d'un moyen détourné d'atteindre et de châtier quiconque a encouru le déplaisir du souverain ou de ses représentants. Les persécutions violentes répugnent à ce gouvernement sournois. De perfides faveurs peuvent porter des coups non moins sûrs. C'est ainsi que la charge de percepteur de l'impôt du sel, un de ces *bienfaits célestes* qu'il faut recevoir à genoux, est plus redoutée des négociants chinois que la prison ou la cangue. Le malheureux auquel son opulence ou la haine de ses ennemis a valu ce dangereux honneur, voit en moins d'une année sa fortune compromise. Ce n'est point assez qu'il soit obligé de subir les emprunts forcés de tous les mandarins de la province, sans le concours desquels il lui serait impossible d'exercer le monopole qui lui est conféré ; un contrat arbitraire lui impose en outre le devoir de verser en argent les fonds qu'il a recueillis en monnaie de cuivre et l'obligation de payer chaque mois le douzième d'un impôt dont le recouvrement ne s'opère que par des ventes lentement effectuées. Le privilége de fournir de nids d'oiseaux, d'ailerons de requin et d'holothuries la table impériale est encore une de ces distinctions désastreuses, — toujours accompagnées, il est vrai, d'un avancement dans la hiérarchie officielle, — par lesquelles la cour de Pe-king aime à faire expier aux négociants chinois les profits d'un commerce que la force des choses la contraint de tolérer à Canton et à Chang-haï, mais qui n'a point cessé d'être odieux à sa politique ombrageuse.

Quand on veut étudier ce monde étrange vers lequel la guerre de l'opium a tourné les regards de l'Europe, on oublie trop facilement combien les ressorts secrets de la société chinoise sont encore peu connus des étrangers, de ceux même qui ont passé la majeure partie de leur existence sur les côtes du Céleste Empire. Les missionnaires catholiques auraient pu, mieux que d'autres, nous instruire à cet égard ; mais ce n'est plus dans le palais des empereurs que résident les nouveaux apôtres. Depuis près d'un siècle, ils se sont trouvés plus souvent à portée d'observer les mœurs des classes populaires que les habitudes des lettrés, les exactions des petits mandarins que la politique du *Fils du Ciel*. La véritable cause qui a concentré à Chang-haï et à Canton les transactions européennes a donc pu échapper aux conjectures de nos missionnaires; mais, à côté de ces points si difficiles à éclaircir, il en est d'autres dont l'évidence saisirait l'esprit le moins attentif. Il suffit d'avoir erré pendant quelques heures en touriste dans les rues de Ning-po, d'avoir contemplé du rivage les deux fleuves rapides qui, après avoir uni leurs eaux au pied des murs à demi ruinés de la ville, emportent à la mer des milliers de barques chargées des produits de l'industrie ou de l'agriculture chinoise, pour apprécier le rôle tout à fait secondaire que joue dans l'extrême Orient le commerce extérieur. L'Europe n'a point de part à cette agitation féconde dont les quais de Ning-po offrent le spectacle. Il n'est guère de ville un peu considérable qui ne soit en Chine le centre d'un commerce presque aussi actif que celui qui anime les bords du Chou-kiang ou les rives du Wam-pou. Sur tous les points du territoire, on rencontre un peuple affairé : des cultivateurs dans les champs, des artisans dans les villes, des portefaix le long des sentiers, des bateaux sur les lacs et sur les fleuves ; les uns sèment, labourent ou récoltent les moissons, d'autres tissent la soie, pétrissent le *kaolin* ou l'argile, d'autres enfin charrient ce butin dans leurs barques ou sur leurs épaules. On dirait une nation d'abeilles. D'un bout de l'année à l'autre, les hommes sont en mouvement, la terre est en travail. Une masse énorme de produits divers, produits de tous les climats, des contrées les plus brûlantes comme des régions les plus glacées, est le prix de cet incessant labeur. Les provinces de l'empire se suppléent l'une à l'autre. Le Nord est le débouché du Midi, l'Orient est le marché de l'Occident. C'est la circulation du sang dans le corps humain ; le commerce extérieur ne recueille pour ainsi dire que le trop plein qui s'échappe par les pores.

Le jour où la culture du pavot, acclimaté dans les plaines du Yun-nan ou du Fo-kien, aurait affranchi le Céleste Empire du tribut que prélève sur ses finances l'opium de l'Inde anglaise, il est difficile de concevoir par quel lien mutuel, par quel besoin impérieux la Chine se trouverait encore rattachée à l'Europe. Replié sur lui-même, ce peuple, que la cour de Pe-king s'obstine à parquer sur un sol insuffisant, rentrerait dans un isolement dont les résultats se montreraient chaque jour plus désastreux. La passion de l'opium, source de tant de désastres et de tant de crimes, a du moins l'avantage de maintenir la race chinoise en communication avec le reste de l'humanité. Comme la guerre, comme tant d'autres fléaux que nous maudissons sans les comprendre, ce funeste trafic a donc peut-être aussi sa portée providentielle.

Telles étaient les réflexions que nous suggérait l'aspect de la vaste cité, qui ne voit flotter au confluent de ses deux fleuves d'autre pavillon étranger que celui qu'arbore sur sa demeure le consul britannique. Ning-po est le chef-lieu d'une des préfectures entre lesquelles se partage la riche province du Che-kiang. Une enceinte fortifiée l'environne; cette enceinte affecte la forme d'un losange dont deux côtés regardent la campagne; les deux autres faces sont baignées par le Yung-kiang ou par la rivière qui a déjà passé sous les murs de Tsi-ki et de You-yao. Un pont de bateaux unit les deux rives du Yung-kiang; on traverse l'autre fleuve dans des barques. C'est sur la rive gauche de ce fleuve tributaire que le consulat britannique élève la croix de Saint-Georges en face des remparts de la ville. Des canaux s'embranchent de toutes parts sur les deux fleuves; des faubourgs se pressent de tous côtés autour de l'enceinte.

Nous avons entendu des missionnaires qui avaient visité Sou-tcheou-fou et Nan-king proclamer que Ning-po était la plus belle ville de la Chine. S'il en est ainsi, le Céleste Empire n'a point de cité qu'on puisse comparer, je ne dis pas à nos villes européennes, mais aux plus modestes enceintes embellies par la fantaisie capricieuse des Osmanlis ou des Maures. Une tour dont les galeries ont été détruites par un incendie, des portes dont les frontons de granit offrent de bizarres ébauches de sculpture, tels sont, si vous parcourez la ville de Ning-po, si vous vous enfoncez au sein de ses faubourgs, les seuls objets dont l'aspect monumental arrêtera un instant vos regards. Ce que vous ne manquerez point cependant de remarquer dès le premier jour, ce qui justifiera peut-être à vos yeux l'admiration de nos missionnaires, c'est la largeur, c'est la régularité de quelques-unes des rues, c'est aussi la splendeur inusitée du double rang de boutiques alignées comme au cordeau de chaque côté de ces voies romaines. La boutique! voilà ce qui vaut la peine d'être étudié dans une ville chinoise, voilà ce qu'il faut retourner et fouiller dans ses plus intimes profondeurs. L'étalage le plus pompeux n'est point toujours en Chine l'indice des plus riches trésors. Ce sera peut-être au fond de l'échoppe enfumée d'un marchand de fer ou dans l'arrière-boutique d'un revendeur de robes et de pelisses fanées, que vous rencontrerez le bronze le plus antique, l'urne la mieux contournée, la statuette la plus étrange. N'oubliez pas surtout qu'à Ning-po vous êtes au centre des districts producteurs de la soie; le damas, le satin, le crêpe inimitable, toutes ces étoffes que nous n'achetons que de seconde main à Canton, se tissent ou se brodent ici sous vos yeux. Des ateliers d'hommes sont occupés à broder des tabliers et à festonner des bourses. Le tempérament lymphatique des Chinois convient merveilleusement à ces œuvres de patience, et l'on peut tout attendre d'une dextérité de main qui va jusqu'à forer sans l'aide du poinçon, sans l'emploi d'aucun moyen mécanique, l'œil imperceptible d'une aiguille. A côté de cette grande industrie de la soie, Ning-po, comme la plupart des villes chinoises, possède son industrie spéciale. C'est dans ses murs que se fabriquent les plus riches cercueils et les plus beaux meubles de l'empire. Entrez dans ces magasins qui s'ouvrent dans le faubourg à quelques pas de la chapelle catholique, vous y trouverez mille objets d'ébénisterie tout chargés d'incrustations de rotin ou d'ivoire, des lits que la cale de *la Bayonnaise* n'eût pu malheureusement contenir, car ce sont moins des lits que des chambres à coucher complètes;

des fauteuils roides et rectangulaires comme des chaises curules, des armoires, des boîtes, des étagères et des tables. C'est dans ces immenses magasins que le vernis précieux recueilli dans la province du Che-kiang revêt d'une couche imperméable les meubles les plus délicats et les plus grossiers ustensiles. La province du Kiang-si confine de trop près à celle du Che-kiang pour que les nombreux objets de porcelaine qu'on rencontre à Canton ne se retrouvent pas aussi à Ning-po en plus grande abondance et à des prix plus modérés. C'est encore vers Ning-po qu'affluent les riches fourrures que le Chan-si envoie au Japon pour les échanger contre l'or et le cuivre, qui abondent au sein des États du Taïçoun.

Ning-po avait vu sans doute de plus profonds sinologues que nous rechercher sur ses monuments dégradés quelques traces de l'empire des Soung ou du rapide passage de la dynastie mongole; mais je ne crois pas que son industrie eût jamais rencontré des amateurs plus enthousiastes. A part les queues postiches et les bagues d'archers qui ne séduisirent personne, je ne sais trop de tous ces objets, dont la forme et l'usage variaient à l'infini, quel est celui, si les ressources pécuniaires d'un officier de marine n'avaient des bornes, qui n'eût pu trouver un acheteur. Je n'en excepterais pas même ces beaux cercueils de bois de teck, de bois laqué, ou de bois de camphre, si épais, si bien joints, si soigneusement ajustés, dans lesquels il semble qu'on doive attendre plus doucement qu'ailleurs l'heure fatale où résonnera la trompette de l'archange.

Échauffés par la vue de tant de merveilles, nous ne rentrâmes à la chapelle catholique que pour accorder quelques minutes au déjeuner que nous avait fait préparer Mgr Lavaissière. Munis d'un guide, pauvre chrétien chinois qui portait sur son épaule huit ou dix chapelets de sapecs, monnaie aussi lourde et d'une aussi faible valeur que celle de Sparte, nous nous lançâmes de nouveau à la poursuite des vases de porcelaine et des urnes de bronze. Aucun de nous n'avait à se reprocher à l'égard des rangs inférieurs de la société chinoise un excès de préventions favorables. Nous étions habitués à considérer tout ce qui portait en ce pays la livrée de la misère comme aussi vicieux et aussi abject pour le moins que les juifs qui rampent dans la fange de Smyrne ou de Constantinople. Notre guide cependant, malgré l'humilité de son costume, nous séduisit dès la première vue. Il y avait dans sa physionomie et sa contenance je ne sais quoi de candide et d'honnête que nous n'étions guère habitués à rencontrer chez les habitants du Céleste Empire. Au bout de quelques instants, ce *couli* chrétien avait entièrement captivé notre confiance. Nous n'eûmes point à nous repentir de la lui avoir accordée. Le pauvre garçon prit nos intérêts avec tant de chaleur, qu'à Canton ce beau zèle n'eût point manqué de le signaler à la vindicte publique; sur les côtes du Che-kiang, une conduite aussi étrange parut causer plus d'étonnement que de colère. Nous ne fûmes pas nous-mêmes médiocrement surpris de cette probité si prompte à s'échauffer en faveur des barbares. Ce n'était point pourtant la première fois que nous avions lieu d'apprécier la métamorphose complète qui s'opère chez les sujets du Céleste Empire dès qu'ils sont convertis à la foi catholique. Les étrangers, les Français surtout, ne sont plus pour eux des ennemis que les enfants apprennent à fuir ou à maudire; ce sont, au contraire, des êtres supérieurs, des esprits bienfaisants, qu'on ne saurait entourer de trop de déférence et de respect. — Si la prédication de l'Évangile, me disais-je en voyant notre guide nous défendre contre l'astuce mercantile de ses compatriotes, a la puissance d'éteindre à ce point dans le cœur des Chinois les préjugés hostiles que le gouvernement met tous ses soins à entretenir, il ne faut plus chercher ailleurs la source et le motif des persécutions qui ont assailli en Chine le catholicisme. Ce n'est point un culte qui en proscrit un autre, c'est une civilisation usée qui se défend; c'est le Céleste Empire qui repousse de toute sa haine et de tout son orgueil l'influence politique et morale des barbares. Je suis loin de croire, quant à moi, que l'orthodoxie ombrageuse de certains missionnaires ait nui à la cause du christianisme dans l'extrême Orient. Ce n'étaient point, à mon sens, des progrès bien sérieux que ceux qui pouvaient s'accomplir à l'ombre du sceptre impérial. La mission du christianisme en Chine, sa mission humaine, si je puis m'exprimer ainsi, n'est-elle pas de contraindre cette société pédante et sensuelle à rompre complétement avec le passé, à renier la loi de Confucius pour accepter l'idée des progrès qu'appelle impérieusement une population qui grandit toujours à côté d'institutions qui dépérissent sans cesse? Les tempéraments exigés par une aristocratie littéraire toute gonflée de sa fausse science, les concessions au prix desquelles les Jésuites se flattèrent de gagner la confiance des empereurs, ne pouvaient, je le crains, qu'affaiblir la portée des nouvelles doctrines et qu'en émousser le tranchant. L'œuvre de nos missionnaires dans le Céleste Empire n'est point de ces œuvres qui puissent s'accomplir à demi. Je ne comprends guère sur ce terrain quelle serait la différence entre un échec complet et une transaction. Si la foi catholique ne doit pas être la condamnation éclatante des préceptes égoïstes et du matérialisme grossier sous l'influence desquels se dissout aujourd'hui la société chinoise, cette foi n'est plus en Chine qu'une complication, qu'une cause d'agitation inutile. Les empereurs ont eu raison de la proscrire. Pour moi, je l'avouerai, dussé-je inscrire ici une illusion à laquelle l'avenir réserve peut-être un cruel démenti, je crois fermement que les prédications évangéliques finiront par opérer dans l'extrême Orient ce que le canon anglais ne pourrait jamais accomplir. Dans ma pensée, en révélant aux Chinois les vérités du christianisme, les missionnaires abaissent la barrière qu'avaient élevée contre tout progrès et toute amélioration l'orgueil des lettrés èt le culte de Confucius. Entre les Chinois chrétiens et les étrangers des mers lointaines, l'obstacle d'une intraitable routine n'existe plus. Nous apportons à ce peuple immense, avec les grands dogmes consolateurs, l'idée féconde de la fraternité humaine; nous ne venons pas compliquer de nouveaux rites les superstitions des bonzes ou les hommages hébétés des sophistes.

On comprend sans peine le culte que la reconnaissance d'un peuple décernait jadis à la mémoire de Confucius : jamais la philosophie n'avait mieux mérité ces honneurs suprêmes; mais ce culte est aujourd'hui la pierre angulaire de la civilisation chinoise. Le tolérer, pactiser avec ses pratiques, ce serait souscrire à l'immobilité dans laquelle se complaît une race léthargique. Tant qu'un Chinois se prosternera devant la tablette où brillent ces caractères sacrés : *Tièn, — Tii, — Kùn, — Tsin, — Sze, — Koui,* — le ciel, la terre, l'empereur, les ancêtres et le *maître*, il pourra se conformer aux rites extérieurs du christianisme, il n'aura pas l'esprit de sa foi nouvelle; il sera ce que serait un Turc auquel on conférerait le baptême en lui permettant d'invoquer encore le nom et les préceptes de Mahomet.

Il faut bien le reconnaître, si le Coran est en réalité

toute la loi musulmane, les livres de Confucius sont aussi toute la loi chinoise. Chaque ville, chaque village possède un temple élevé en l'honneur de ce grand philosophe; les vice-rois, les gouverneurs sont tenus de lui offrir deux fois l'an un sacrifice solennel; ils remplissent eux-mêmes l'office sacerdotal; des lettrés leur présentent l'encens, le *sam-chou* et les fleurs, qu'ils déposent après neuf prostrations devant la tablette appendue au fond du sanctuaire. C'est aussi au *père de la sainte doctrine* que les étudiants couronnés vont rendre grâces de leurs succès; c'est devant le nom du *maître* qu'ils inclinent jusqu'à terre leur front décoré du bouton académique. Si tous ces mandarins nourris de la morale de Confucius étaient des administrateurs intègres et des fonctionnaires capables, si le peuple qu'ils gouvernent jouissait des fruits de son travail, obtenait des tribunaux bonne et prompte justice, voyait les impôts qu'il subit appliqués aux grands travaux d'intérêt public, si la misère des classes inférieures, si les disettes qui désolent la Chine étaient un mal inévitable, et non la conséquence d'un mauvais gouvernement, ce n'est point sans quelque scrupule que je seconderais de mes vœux la moindre atteinte portée à une organisation qui a procuré des siècles de paix à une portion si considérable de l'humanité. Malheureusement la vénalité et l'incurie de l'administration chinoise ne sont aujourd'hui contestées par personne. Un nouveau Chi-hoang-ti[1]

[1] Cet empereur, qui employa, dit-on, cinq cent mille ouvriers à bâtir la fameuse muraille de la Chine, et qui occupait le trône 200 ans avant Jésus-Christ, fut le plus audacieux et le plus impitoyable des novateurs. Lassé des représentations des lettrés et de la résistance qu'ils opposaient à ses projets, du même coup il proscrivit les docteurs et leurs livres ; mais cet acte de despotisme n'affranchit point la Chine du joug de la routine. Les livres se composaient alors de planchettes de bambou sur chacune desquelles

proscrirait sans pitié tous ces commentateurs des *King*, que la prospérité de l'empire n'en souffrirait guère.

En Europe, où l'on croit encore la nationalité chinoise frémissante sous le joug mantchou, c'est surtout aux inquiétudes d'une monarchie mal affermie sur un trône usurpé que l'on attribue le système d'isolement dans lequel cherche à s'enfermer le Céleste Empire. Il serait plus juste de laisser la responsabilité de cette politique à la présomption puérile des élèves de Confucius. Les lettrés chinois méprisent l'Occident; ils sont sincèrement convaincus que des hommes qui ont conquis leurs grades en argumentant sur le Livre des vers (*Chi-king*) ou sur le Livre des annales (*Chou-king*), n'ont rien à apprendre des docteurs européens. Les Tartares ne sont pas infectés au même degré de ce bigotisme scientifique : ils tournent souvent des regards curieux vers ce monde inconnu où leur esprit rêveur pressent des clartés nouvelles. Les ambassadeurs étrangers qu'à diverses reprises les empereurs admirent à la cour de Pe-king, ont toujours eu à se louer des mandarins tartares, à se plaindre au contraire des mandarins chinois. Ce contraste a frappé tous les diplomates, tous les officiers que les traités de Nan-king et de Wam-poa ont mis en rapport avec les autorités chinoises. On serait donc tenté de regretter que l'élément indigène ait continué à prédominer dans le Céleste Empire en dépit d'une double conquête. L'invasion des barbares infusa un sang plus généreux dans les veines appauvries de la société romaine : rien de semblable ne s'est passé en Chine. Les Mantchoux se sont humiliés devant une civilisation dont ils étaient depuis longtemps tributaires; ils se

le poinçon gravait une vingtaine de caractères. Les lettrés, avant de marcher au supplice, avaient pu enterrer quelques-uns de ces monuments, qui furent retrouvés après la mort de Chi-hoang-ti.

sont faits les disciples du peuple vaincu et ont aspiré à la gloire des lettrés. Leur esprit, naturellement plus vif, plus enclin au progrès que celui des Chinois, a dû subir le joug d'une routine prétentieuse. Je ne sais à quels signes la Chine pourrait s'apercevoir que ce sont des Tartares qui la gouvernent, et par quel manque de déférence envers des préjugés séculaires les souverains mantchoux auraient mérité que les *oulémas* de l'extrême Orient évoquassent le souvenir des Ming ou rêvassent l'établissement d'une dynastie nationale. Les Taï-thsing ont donné, dans l'espace de deux siècles, sept souverains à l'empire[1], et chaque règne a vu les conquérants se fondre davantage dans la masse du peuple chinois. Le *taou-tai* Lin et le vice-roi Ki-ing sont des types qui s'effacent insensiblement, et dont la politique du nouvel empereur désavoue les tendances.

Les Mongols étaient des conquérants plus farouches que les Tartares orientaux. Leur passage en Chine ne fut qu'une occupation militaire. Ils vécurent d'abord dans des camps, entourés de leurs coursiers et de leurs bestiaux; puis, gagnés par les raffinements de la vie chinoise, ils ployèrent leurs tentes et vinrent s'établir dans les villes au milieu d'un peuple cauteleux et habile en trahisons. Des révoltes soudaines les surprirent endormis dans une imprudente confiance. Sur quelques points, ils opposèrent aux rebelles une résistance désespérée; mais lorsqu'en 1352 le fondateur d'une nouvelle dynastie, sorti d'un couvent de bonzes, se fut joint aux insurgés et eut franchi le Yang-tse-kiang, la cause des Mongols put être considérée comme perdue. Cinq années plus tard, se voyant sur le

[1] Chun-tchi en 1644, Kang-hi en 1662, Young-tching en 1723, Kien-long en 1736, Kia-king en 1796, Tao-kouang en 1821, Y-shing au mois de février 1850.

point d'être investi dans sa capitale, l'empereur Chun-ti prenait avec les débris de ses armées le chemin du nord, et les petits-fils de Gengis-khan s'abritaient de nouveau sous les tentes de feutre.

Ning-po, qui avait partagé avec Hang-tchou-fou les bienfaits de la dynastie des Soung, ne pouvait supporter qu'impatiemment le joug de la dynastie mongole. Cette ville fut des premières à lever l'étendard de la révolte. Les conquérants tombèrent sous le glaive des rebelles ou rachetèrent leur vie au prix de leur liberté. On prétend qu'à dater de ce jour les descendants de ces fiers Tartares formèrent dans Ning-po une caste inférieure à laquelle le Chinois le plus pauvre eût refusé de mêler son sang. C'est à cette caste proscrite qu'appartenaient, dit-on, les *coulis* qui depuis huit heures du matin emportaient nos chaises d'un bout de la ville à l'autre. J'ignore si les parias de Ning-po ont gardé la mémoire de leur origine, mais j'avoue que les souvenirs de Koubilaï-khan et du grand général Pe-yen[1] traversèrent plus d'une fois ma pensée pendant que je hâtais la marche de mes porteurs. Pour venger ces Mongols de l'humiliation à laquelle ils sont descendus, j'aimais à me figurer leurs pères entrant, quelques siècles auparavant, dans les murs de Ning-po, la molle et voluptueuse cité, leur arc à la main, leurs flèches sur l'épaule, et foulant d'un pied barbare tout ce luxe efféminé des Chinois. Ce sont aussi des femmes mongoles, ces discrètes messagères qui à Ning-po se chargent d'appareiller les deux sexes et de former des unions sortables. Vous les rencontrerez dans chaque rue courant

[1] C'est ce général qui acheva presque à lui seul la conquête de la Chine, et dont les préceptes pourraient prendre rang à côté de ceux de Confucius : « N'aimez ni le vin ni les femmes, disait ce farouche Tartare, et tout vous réussira. »

d'un pas furtif à leurs graves affaires, et portant sous le bras, pour signe distinctif, cette enseigne qui fait battre le cœur de toutes les jeunes filles à marier : un petit paquet bleu et blanc.

La chapelle catholique ne nous revit qu'au coucher du soleil. Pendant trois jours, nous nous dévouâmes à étudier les grandeurs et les misères de Ning-po. Les deux ou trois rues qui font l'orgueil de cette ville chinoise ne suffisent point pour lui mériter un rang à part entre les cités du Céleste Empire. A quelques pas de ces larges chaussées où la foule circule comme un fleuve dans un lit profond, on retrouve les ruelles tortueuses de Chang-haï et les cloaques qu'on croyait avoir fuis pour toujours. On s'irrite alors, on en veut à Ning-po de l'admiration que sa fausse splendeur a surprise, et l'on croit reconnaître dans ses rues un peuple plus hâve et plus scrofuleux, sur la façade et le seuil de ses maisons plus de traces de négligence et de souillures. Comment se défendrait-on, en effet, d'un sentiment de colère et de dégoût, quand de hideux bourbiers encombrent les carrefours, quand l'engrais destiné à féconder les campagnes vous poursuit en tous lieux de ses miasmes infects, lorsque, — singulier outrage à la décence publique, — on peut rencontrer, non point dans les plus secrets replis des faubourgs, mais au milieu même de la ville, des fumeurs éhontés qui, perchés à la suite l'un de l'autre sur un long bâton scellé dans deux murs parallèles, offrent aux regards des passants un spectacle que je n'oserais décrire? Tels sont les ignobles points de vue ménagés au voyageur par les soins de l'édilité chinoise. Il n'est certes pas besoin d'être Anglais pour s'échauffer la bile en présence de pareilles horreurs, et pour déclarer avec une légitime indignation que rien ne saurait être plus *shocking!*

Il est certains côtés par lesquels se laisse aisément séduire l'étranger qui observe et juge : la corruption peut avoir son élégance, et la grâce dans le vice a souvent désarmé la rigueur des censeurs les plus austères; mais le peuple chinois, celui du moins qui habite les villes, n'a rien qui puisse excuser à nos yeux ses faiblesses. Il n'est point de race au monde dont les habitudes semblent plus sordides, dont les instincts aient été plus ravalés par la misère. Si nous avions pu croire un instant que le travail suffisait pour moraliser un peuple, l'aspect de cette immense agglomération d'hommes tout occupée à gagner sa subsistance nous aurait bientôt désabusés. Trois jours d'une exploration minutieuse nous confirmèrent d'ailleurs à Ning-po dans l'opinion que nous avions déjà emportée de Chang-haï. Nous comprîmes que c'était dans les provinces septentrionales de la Chine qu'il fallait étudier l'avenir désastreux qui attend cette population exubérante, si elle continue à repousser la main que lui tend l'Europe, si elle s'obstine à rester confinée comme Ugolin dans sa tour, entre l'Océan et la grande muraille. A Canton, la clémence des saisons adoucit les traits du tableau; mais à Ning-po l'indigence dans la fange, la misère qui grelotte, la pauvreté qui rassemble ses haillons, provoquent douloureusement la pitié et font pressentir de cruelles souffrances. Lorsque sur les côtes de l'Asie Mineure, dans les champs où fut Troie, dans la plaine marécageuse d'Éphèse, ou près du promontoire que couronnaient les temples de Gnide, on rencontre des fûts brisés, des chapiteaux épars et quelque pâtre errant avec ses chèvres au milieu des ruines, lorsqu'on évoque par la pensée les races disparues qui peuplaient jadis ces déserts, on se sent moins attristé peut-être, moins frappé du néant des choses humaines qu'à la vue de ce peuple pour lequel la paix est un fléau, les unions fécondes un nouveau gage de famine, et qui se dévorerait un jour, si les nations qu'il méprise ne devaient le sauver de lui-même.

CHAPITRE XVIII.

La campagne du Che-kiang.

Nous connaissions la ville de Ning-po autant que nous la voulions connaître ; nous étions impatients de chercher dans les campagnes baignées par le Yung-kiang de moins tristes spectacles. M. Sullivan voulut bien mettre encore une fois à notre disposition l'arche qui nous avait, par une nuit affreuse, déposés sur les rives de ce fleuve, et nous prîmes le parti de nous diriger vers des lacs, vers des temples dont on nous avait souvent entretenus, et qu'avait visités, lors de son passage à Ning-po, M. de Lagrené. Cependant, avant de nous mettre en route, il fallait assister au banquet officiel qu'avaient préparé les Lazaristes et que devait présider M. Danicourt. Mgr Lavaissière avait refusé, malgré nos instances, de se montrer à cette fête. Il voulait que son existence fût un secret pour tous les mandarins du Che-kiang. Cet apôtre zélé craignait trop d'être entravé dans ses courses évangéliques pour consentir à s'asseoir à la même table que les autorités de Ning-po.

Le 20 février, à six heures du soir, nous vîmes arriver dans la cour de la chapelle catholique le mandarin Chanlou, général de terre et de mer, commandant les forces militaires dans la province du Che-kiang, mandarin de première classe, au bouton rouge. Un officier d'ordonnance accompagnait ce général tartare, auquel une indisposition du gouverneur de Ning-po laissait en ce jour le premier rang. Le lieutenant-gouverneur Hieun-lin, mandarin de quatrième classe, au bouton bleu opaque, intendant et collecteur des grains dans les trois départements de Ning-po-fou, Tchao-hiun-fou et Taï-tcheou-fou, — le préfet de Ning-po, le mandarin Tchen-taï-laï, également décoré du bouton bleu opaque, — le sous-préfet du district, Ning-tchin-kiang, le magistrat de la ville, Wang-pi-hié, tous deux mandarins de cinquième classe au bouton de cristal, suivirent de près le général et son officier d'ordonnance. Ils vinrent représenter l'élément chinois à côté de l'élément mantchou, l'autorité civile à côté de l'autorité militaire. Si notre curiosité n'eût été déjà émoussée par notre long séjour à Chang-haï, nous eussions trouvé dans la réunion de tous ces mandarins une excellente occasion d'étudier le personnel administratif d'une province chinoise; mais le souvenir de Lin-kouei nuisait au général Chan-lou, et la politesse affectée, le sourire doucereux de nos autres convives, nous inspiraient une impatience que l'attrait de la nouveauté ne se chargeait plus de combattre. Le dîner, qui avait coûté tant de soins et occasionné tant de frais à nos hôtes, fu donc triste et maussade : les mandarins ne se trouvaient point à l'aise sous ce toit qui abritait les autels et les ministres du *Maître du Ciel*[1]. Toutes leurs démonstrations obséquieuses ne suffisaient pas à dissimuler la contrainte morale à laquelle ils avaient obéi en dérogeant pour un jour à des préjugés invétérés. Quant à nous, nous étions fatigués de singer les habitudes chinoises. Plus d'une fois déjà, nous avions agité la question de savoir s'il ne valait

[1]. *Tien-chou :* tel est le nom par lequel l'Église romaine permet qu'on exprime en chinois l'idée du vrai Dieu. Elle rejette les expressions de *tien* (ciel) et de *xang-ti* (souverain empereur).

pas mieux laisser à l'intelligence des sujets du Céleste Empire le soin d'étudier et de comprendre nos rites européens, que de nous exposer constamment à quelque gaucherie par une imitation servile de coutumes étrangères. Français et Chinois, nous vîmes avec un égal plaisir la fin de ce repas, et, lorsque les mandarins témoignèrent l'intention de se retirer, nous rassemblâmes nos forces pour un dernier *tchin-tchin*, accompagné d'un sincère et cordial : *Dieu vous conduise!*

Rendus à nous-mêmes, nous songeâmes à exécuter sans plus tarder notre grand projet. Il était dix heures du soir, la pluie tombait par torrents; mais la barque du consul anglais se trouvait dans le canal sur lequel nous devions nous embarquer. Un plan incliné rachetait, à défaut d'écluse, la différence de niveau qui existait entre le canal et le fleuve. Cédant à l'effort de deux cabestans, notre barque avait à l'avance accompli cette ascension périlleuse. Nous étions destinés, pendant notre séjour à Ning-po, à voyager au milieu des ténèbres. Nous partîmes, au nombre de cinq, de la chapelle catholique, emportant les vœux de nos compagnons et les instructions des bons missionnaires. Nos chaises nous transportèrent sur la berge du canal, et c'est là que nous fûmes reçus par les bateliers de M. Sullivan. A la première tentative que nous fîmes pour exposer au patron notre plan de campagne, le Palinure chinois s'empressa de nous épargner un soin inutile. *Mi sabi, mi sabi*, nous dit-il d'un ton magistral. Il ne nous restait plus qu'à dormir; c'est ce que nous fîmes jusqu'au jour. Quelques minutes avant le lever du soleil, nous sortîmes de nos chambres et vînmes nous établir sur le toit de la gondole, que nous avions senti glisser doucement toute la nuit, pour étudier du haut de cet observatoire la topographie du pays. Notre barque voguait sur un large canal creusé au milieu de fertiles rizières. Une immense plaine s'étendait à perte de vue derrière nous et venait mourir au pied d'une longue chaîne de montagnes, vers laquelle nous avancions rapidement. Des canaux semblables à celui qui portait notre fortune sillonnaient de tous côtés ce terrain d'alluvion et formaient autour de nous comme un réseau inextricable. Des plongeons, des poules d'eau cinglaient sans méfiance à portée de nos fusils. L'étourneau chinois ou la pie bleue de Ning-po passaient avec leur vol saccadé au-dessus de nos têtes. La pluie avait cessé, mais les nuages enveloppaient encore le sommet des montagnes, et un dais de vapeurs se traînait lourdement dans le ciel. Ce paysage, qu'un rayon de soleil eût égayé, avait quelque chose de sombre et de mélancolique. Une chaîne de montagnes se dressait comme un mur devant la proue de notre bateau, et bornait tristement l'horizon. De quelle façon nos bateliers s'y prendraient pour tourner un pareil obstacle, c'était ce que nous nous demandions depuis quelques minutes sans pouvoir trouver à cette question une réponse satisfaisante. Le canal cependant se rétrécissait peu à peu; ce vaste cours d'eau sur lequel vingt barques comme la nôtre auraient pu passer de front allait bientôt se transformer en fossé. Notre perplexité augmenta quand nous vîmes un village se dessiner devant nous et des maisons s'élever en travers de notre route. Encore quelques coups d'aviron, et nos doutes cessèrent; il n'y avait plus de canal. Notre barque s'était engagée dans une impasse, et si nous devions arriver à des lacs, ce n'était point par cette voie que nous y pouvions parvenir. Nos bateliers avaient sauté à terre, nous laissant dans ce détroit sans issue; nous les rappelâmes et entrâmes en explications. « Vous êtes arrivés », disaient-ils. Mais où donc étaient les lacs, les temples qui nous étaient promis? Où étaient les points de vue dont on nous avait parlé, les bonzes qui devaient nous recevoir? « Misérables! vous avez abusé de notre confiance, vous vous êtes joués de notre sommeil! Nous devrions vous livrer au *tché-s-hien!*... Avisons plutôt à un prompt remède. Que faut-il faire pour rentrer dans le droit sentier? Par quel circuit peut-on retrouver le chemin des lacs? — Il faut d'abord retourner à Ning-po. » Ici les avis se partagèrent : quelques-uns d'entre nous voulaient bien retourner à Ning-po, mais pour y rester; d'autres étaient décidés à pousser jusqu'au bout l'entreprise et avaient dans leur ferveur adopté la devise des soldats de marine anglais : *Per mare, per terram.* Il faut qu'on sache que dans tous les villages chinois les voyageurs peuvent requérir, moyennant salaire, des chaises et des porteurs, comme on requiert chez les maîtres de poste européens des chevaux et une voiture. Il y a des limites cependant à l'exercice de ce droit : tel village entretient deux ou trois chaises, tel autre ne doit en fournir qu'une. On avait proposé de prendre des chaises qui nous feraient franchir en moins de deux heures la montagne, si escarpée qu'elle pût être : derrière cet obstacle se cachaient, disait-on, les lacs et les temples que nous poursuivions; mais nous étions cinq, et le maire du village, le *ti-pao*, n'avait que deux chaises à nous offrir. Il fallut donc renoncer à ce beau projet. En ce moment, une épouvantable averse vint mettre un terme à nos indécisions. Il fut arrêté d'un commun accord que, puisque le ciel conspirait aussi contre nous, nous retournerions à Ning-po, pour reprendre dès le lendemain le chemin de *la Bayonnaise.* Puisque c'était ainsi que devait se terminer notre voyage, — *o lame and impotent conclusion!* — nous avions du temps devant nous :

la brise nous ramènerait facilement à Ning-po avant le coucher du soleil, et nous pouvions parcourir le village qui avait arrêté notre essor.

Pendant les trois années que nous avons passées sur les côtes du Céleste Empire, nos courses dans la campagne ont toujours eu le don de nous réconcilier avec les Chinois. Ces bons villageois qui nous accueillaient avec un sourire, et dont l'humble demeure semblait l'asile, sinon d'un grand luxe, au moins d'un modeste bien-être, qu'avaient-ils de commun avec la foule cupide et misérable qui se pressait dans les rues de Ning-po? Nous ne pouvions toutefois oublier que la province du Che-kiang, grâce à sa fertilité admirable et aux débouchés que lui offrent de toutes parts ses fleuves et ses canaux, n'est qu'une heureuse exception dans l'empire. Ce petit coin de la Chine, entrevu à la dérobée, ne pouvait donc prévaloir longtemps contre les impressions qu'avait laissées dans notre esprit le récit des famines du Kiang-nan, du Su-tchuen et du Chan-tong, contre les assertions des hommes dont le dévouement avait sondé toutes les corruptions et toutes les infamies de cette société païenne.

Le village au milieu duquel nous errions n'avait point de rues régulières : c'était un groupe de cinquante ou soixante maisons jetées çà et là, entrecoupées de jardins et de rizières. Le fusil sur l'épaule, nous poursuivions de malheureux oiseaux jusque sur les faîtes de ces habitations rustiques, et nous nous laissions conduire par le vol capricieux de nos innocentes victimes. C'est ainsi que nous arrivâmes à l'entrée d'une vaste grange dont une longue table occupait toute l'étendue. Quelques pièces froides et des bols de riz posés sur la table expliquaient la présence de la foule rassemblée dans cette salle, qui ne recevait de jour que par la porte, et dans laquelle la brise s'engouffrait en gémissant. Chacun des convives avait la tête ceinte d'un linge blanc, quelques-uns même n'avaient pour tout vêtement qu'un sarrau de toile grossière qui les enveloppait comme un linceul. Nous étions trop familiarisés déjà avec les coutumes chinoises pour ne pas reconnaître à ces signes les apprêts d'un repas funèbre. Un jeune homme que son deuil rigoureux nous signalait comme un des proches parents du défunt, — son fils ou son petit-fils peut-être, — s'avança vers nous, pendant que nous nous tenions respectueusement à la porte, et d'un air doux et bienveillant, sans embarras comme sans insistance, nous invita par un geste plein de grâce à prendre part au triste banquet. Cette offre hospitalière avait de quoi nous surprendre; elle s'alliait mal avec les sentiments hostiles que notre séjour à Canton nous avait habitués à prêter aux Chinois vis-à-vis des barbares. Nous allions peut-être accepter; un honnête scrupule nous retint : nous craignîmes de troubler par notre présence l'accomplissement de ce rite pieux qui, sous une forme étrange, n'en était pas moins un suprême hommage rendu par les vivants à la mémoire des morts.

Les institutions littéraires tiennent sans doute une grande place dans l'organisation de la société chinoise; mais le principe essentiel de cette société, ce n'est pas le culte de la science, c'est celui des traditions. Depuis des siècles, les habitants du Céleste Empire se transmettent avec la vie les mêmes idées et le même flambeau. Il devait en être ainsi sous un gouvernement qui cherchait son point d'appui dans la constitution de la famille, et qui prenait pour base du pouvoir souverain l'autorité paternelle. « En Chine, nous répétaient souvent les missionnaires que nous interrogions, le père est aux yeux de ses enfants comme un dieu domestique. Non-seulement on obéit avec ponctualité à ses ordres, mais on vénère jusqu'à ses caprices. » Ces habitudes de soumission précoce ne font point des générations révolutionnaires; aussi les Chinois ont-ils joui des bienfaits de la paix avec plus de constance qu'aucun autre peuple. A défaut du sentiment religieux, le respect filial, élevé à la hauteur d'une institution politique, est devenu le lien de cette immense monarchie. Pour recueillir des sujets paisibles, le gouvernement chinois a voulu donner à chaque père de famille des enfants dociles et respectueux. A l'élan de la nature il a substitué ce qu'on pourrait appeler un sentiment légal. L'accomplissement du plus saint, mais aussi du plus doux des devoirs, s'est trouvé placé par les législateurs du Céleste Empire sous la surveillance de la police. Ceci n'est point une exagération : de hauts fonctionnaires ont été dégradés pour un deuil négligent, et chaque jour vous verriez, si vous fréquentiez les prétoires, des jeunes gens qu'un père offensé vient traduire devant le magistrat du district. Cette vénération dont le chef de l'État a pris soin d'entourer le chef de la famille, il a voulu qu'elle le suivît jusque dans la tombe. Les rites des funérailles étaient fixés par le *Tcheou-li*[1] plusieurs siècles avant Confucius; le bouddhisme n'a fait qu'y joindre ses pratiques superstitieuses. Les Chinois n'ont point, on le sait, l'habitude de creuser très-profondément les idées qu'ils acceptent, et les cérémonies funèbres dont les Européens sont journellement témoins à Canton ne sont qu'un mélange incohérent de superstitions incomprises qui se sont accommodées complaisamment aux anciennes coutumes de l'empire.

[1] Livre des rites de la dynastie des Tcheou.

De nos jours, dès qu'un Chinois est sur le point d'expirer, on lui met dans la bouche une pièce d'argent et on s'empresse de lui boucher le nez et les oreilles. A peine est-il mort, qu'un trou pratiqué au toit ouvre une issue aux âmes, — car, s'il faut en croire les bonzes, chaque homme en a trois, — qui viennent de se séparer de leur enveloppe terrestre. Le fils aîné se rend à la source la plus proche, y puise de l'eau, qu'au prix de maint lingot de papier il achète de je ne sais quel génie infernal, — eau sacrée qui doit seule laver le corps et la figure du défunt. Les bonzes cependant ont eu le temps d'accourir avec leurs *tamtams* et leurs cymbales. Ils rédigent et consacrent la tablette de l'âme. C'est ici l'un des mystères les plus compliqués de la religion bouddhique. Dans cette tablette, où le ciseau du menuisier a creusé une laconique épitaphe, résidera une des âmes qui viennent de s'envoler. Une autre âme habitera le monde des esprits; une troisième ira, pour mettre d'accord le dogme de la transmigration et les prescriptions du *Tcheou-li,* habiter un nouveau corps. Pendant trois fois vingt-quatre heures, ces bonzes assourdissent le voisinage de leurs lamentations et de leurs concerts. Le jour des obsèques est enfin arrivé; la nécromancie a désigné le lieu favorable à la sépulture. Le mort, revêtu de ses plus beaux habits, est déposé au fond de son cercueil. C'est encore un prêtre de Bouddha qui conduit le défunt à sa dernière demeure. Il s'avance en tête du cortége funèbre, récitant des prières, semant sur la route des lingots de papier pour apaiser les mauvais génies, frappant l'un contre l'autre deux bassins de cuivre pour les effrayer. Quatre hommes portent sur un brancard l'épitaphe du défunt; le corps vient ensuite, et derrière ces restes inanimés marche un autre bonze ceint d'une écharpe rouge. Au moment où le cercueil est descendu dans la fosse, des boîtes d'artifice et de nombreux pétards le saluent d'un dernier adieu. La tablette de l'âme reprend alors le chemin de la maison mortuaire, et la famille compte un ancêtre de plus.

Pendant vingt-sept lunes, les enfants du défunt ne quitteront point les vêtements de deuil; mais, le jour même des obsèques, on les verra s'asseoir avec insouciance à la table où l'usage rassemble, autour des mets divers dont l'âme du mort a savouré les prémices, tous les amis accourus le matin à l'appel d'une famille en pleurs. La douleur officielle fera trêve à ses cris pour présider à ce repas funèbre; le rite est accompli, et les regrets sont apaisés. Les Chinois, il faut bien le dire, ne sont qu'imparfaitement doués des qualités du cœur; la plupart de leurs vertus sociales ne sont que des liens égoïstes. Leur sensibilité s'éveille à la naissance d'un fils, futur appui de leur vieillesse, gardien du tombeau paternel et de la tablette des ancêtres; mais lorsque, par une amère ironie, c'est une fille que le ciel envoie à leurs vœux, ils n'hésiteront point, si la misère les y excite, à sacrifier ce funeste présent, à jeter dans le fleuve cette enfant inutile, pour s'épargner la peine de la nourrir. Des mandarins se sont élevés avec indignation contre cette barbare coutume. « Les filles, disent-ils, appartiennent aussi bien que les enfants mâles à l'harmonie qu'ont instituée les deux grandes puissances, le ciel et la terre. Noyer sa fille parce que l'on est pauvre, c'est marcher dans une voie pernicieuse, c'est agir contre toute moralité et toute civilisation. » Les juges ont beau menacer d'un châtiment sévère les parents qui voudront s'abstenir de *remplir les devoirs de la vie :* l'infanticide est un des droits de cette société païenne où l'autorité paternelle s'est, comme les autres despotismes, enivrée de sa puissance.

Pendant que le cours de ces réflexions ramenait sur nos lèvres l'anathème, et que nous nous sentions prêts à maudire de nouveau une civilisation qui, semblable aux feux tournants allumés sur nos côtes, nous présentait sans cesse, après une face obscure, un de ses côtés éclairés, le moment était venu de reprendre le chemin de Ning-po. Le vent, après un dernier grain, s'était fixé au nord-est, le ciel s'était éclairci, et notre barque descendait gaiement le canal, dont les rives s'animaient d'une foule plus active à mesure que nous approchions de la ville. Des bateaux chargés de nombreux passagers croisaient notre route ou voguaient de conserve avec nous; les uns déployaient une large voile de natte, les autres étaient traînés par les matelots qui marchaient près du bord, attelés à la file comme les chevaux d'un bac. Des arcs de triomphe, formés par une architrave reposant sur deux piliers de granit, décoraient de distance en distance ce chemin de halage : honneur accordé, suivant le texte des inscriptions, *au parfum virginal de la chasteté* ou *à l'agréable odeur de cent ans.* Le crépuscule commençait à peine quand nous arrivâmes à Ning-po. Notre brusque retour ne laissa point de surprendre les missionnaires, qui nous avaient crus partis pour un voyage de plusieurs jours. Nous ne pouvions songer à tenter une nouvelle campagne dans les plaines du Che-kiang; nos instants étaient trop comptés pour cela. Dès le lendemain, nous chargeâmes deux énormes bateaux de toutes nos emplettes, et, prenant congé des hôtes généreux qui nous avaient si gracieusement livré leur demeure, nous regagnâmes avec une secrète satisfaction la corvette que nous avions quittée depuis cinq jours.

Pour redescendre le fleuve, il fallait épier le moment où le vent et la marée viendraient seconder une manœuvre qui pouvait nous exposer encore à plus d'un échouage. Cet heureux concours de circonstances ne se fit point attendre. Le jour même qui suivit notre retour à bord de *la Bayonnaise*, les vents passèrent au sud. Nous levâmes à l'instant une de nos ancres, et, vers neuf heures du matin, nous nous tînmes prêts à border nos huniers. La marée montante gonflait lentement les eaux du fleuve, la brise fraîchissait ; encore quelques minutes, et nous pourrions appareiller. Tout à coup, du village près duquel nous étions mouillés accourt sur le bord du fleuve une foule agitée de transports frénétiques. Des gongs, des cymbales, des trompettes, déchirent l'air de leurs vibrations lugubres : les murs de Jéricho n'y résisteraient pas. Que se passe-t-il donc ? quel ennemi s'agit-il d'épouvanter ou de combattre ? Eh ! ne voyez-vous pas le soleil qui pâlit et ce disque à demi rongé que le dragon céleste dévore ? Oui, vous avez raison, une lueur blafarde a remplacé l'éclat du jour ; une large échancrure s'étend peu à peu sur l'astre sanglant dont les rayons s'éteignent l'un après l'autre. Ne vous découragez pas, braves Chinois ; sauvez l'astre qui éclaire les fils de Sem comme les fils de Japhet : le monde entier vous tiendra compte de cet important service. Et l'empereur Tao-kouang dans son palais, que va-t-il dire ? Quel avertissement pour le *Fils du Ciel*, pour l'unique *gouverneur de la terre ! En haut* les astres perdent leur lumière ; *en bas*, la misère afflige le peuple. Quel empereur sincère ne reconnaîtrait à ces signes son peu de vertu ? Le dragon cependant ne lâche pas sa proie : du globe qui rayonnait tout à l'heure au sein de l'espace, il ne reste plus qu'un anneau lumineux qu'un dernier effort va faire disparaître.... O terre abandonnée ! ô malheureux univers ! mais que dis-je ? le jour renaît ; le soleil échappe aux étreintes du monstre ! Oui, le disque s'est agrandi, les feux de l'astre se sont rallumés ; victoire! le soleil vit encore, et ce sont les Chinois qui l'ont sauvé!

Puisque les clartés célestes nous sont rendues, il ne nous reste qu'à marcher en avant; aussi bien, qui sait si quelque astrologue malveillant ne pourrait pas nous impliquer dans cette affaire, et nous représenter comme complices de l'attentat dont le flambeau du monde a failli être victime ! Nous levons notre ancre, et nos voiles nous entraînent. Au premier coude du fleuve, le courant nous prend en travers et nous jette sur la rive droite ; malgré cet échouage, deux heures après avoir appareillé, nous sommes devant Chin-haë.

Arrivés sous les murs de cette ville, nous laissâmes encore une fois tomber l'ancre. Il avait été convenu que M. Forth-Rouen viendrait nous rejoindre dans la soirée, et que nous sortirions du fleuve le lendemain. C'était, on s'en souvient, pour visiter une pagode célèbre que nous nous étions embarqués sur les canaux de Ning-po : la fatalité qui s'attache quelquefois aux pas des voyageurs avait fait échouer ce pelèrinage : nous voulûmes prendre notre revanche à Chin-haë. La dévotion des marins du Fo-kien et la libéralité des empereurs ont doté cette ville maritime de plusieurs édifices religieux. Une pagode occupe le sommet de la péninsule escarpée qui domine l'embouchure du fleuve. Un autre temple est bâti sur l'isthme qui relie cette péninsule à la ville. Nous pûmes, sans que personne songeât à contrarier nos desseins, admirer à loisir les divinités étranges auxquelles le sculpteur, poursuivant un hideux idéal, a donné de petits yeux à fleur de tête, un nez épaté, un gros ventre et de longues oreilles. Ni bonze, ni gardien ne se trouvait là pour défendre ces pieux simulacres. Assise au fond du sanctuaire, l'idole de bois doré n'avait pour protecteurs qu'une foule de génies subalternes, monstrueux blocs de laque rouge dont les grimaces formidables avaient paru suffisantes pour épouvanter les profanes.

Les marins doivent à leurs longs voyages une certaine tolérance philosophique qui les porte à respecter les préjugés des autres peuples; ces citoyens de l'univers ont des égards pour les magots de tous les pays. Nous traitâmes donc ces affreux *poussahs* avec autant de considération que nous en eussions témoigné à la Minerve de Phidias ou au Jupiter Olympien. Cependant, par je ne sais quelle offense involontaire, nous dûmes provoquer le courroux de quelques-uns de ces génies irritables. Fut-ce au dieu des nuées, *Kuei-iun-xam*, à la reine du ciel, *Tien-haou*, ou au protecteur de la ville, *Ching-wang*, que nous fûmes redevables des contrariétés qui, après ce fatal pèlerinage, vinrent nous assaillir ? Je l'ignore et ne chercherai point à le savoir ; mais le fait est certain : c'est au moment même où, franchissant la porte du temple, nous allions descendre par un gigantesque escalier de granit vers la plage, que le vent du sud changea brusquement, et dans un tourbillon soudain vint à souffler du nord-est. Quand nos passagers vinrent à bord de la corvette, il n'y avait plus moyen de songer à sortir du fleuve. Pendant huit jours, nous fîmes des efforts désespérés pour tenter un appareillage ; la brise nous retint impitoyablement au port. Nous étions littéralement pris dans une souricière. La configuration du chenal que suit à son embouchure le cours de la Ta-hea ne nous laissait le choix qu'entre deux partis : nous faire remorquer par nos embarcations, s'il survenait un moment de calme, ou attendre un vent favorable. Ce dernier parti eût été le plus sage ; il nous eût épargné bien des fatigues inutiles. Ce n'était point malheureusement celui que nous conseillait notre impatience.

Chaque matin, à la moindre variation de la brise, nous concevions un fol espoir, et nous nous remettions en route traînant notre chaîne comme un forçat échappé. Nous lancions devant nous un canot comme ballon d'essai, et, quand l'insuccès de ces manœuvres nous avait convaincus de l'inutile danger d'une tentative qui ne nous sauverait pas d'une odieuse prison, nous retournions, mornes et résignés, au poste que nous avions quitté le matin. Ce fut un des épisodes les plus irritants de notre campagne. Le cabestan de *la Bayonnaise* ne connaissait plus de relâche; ce n'était que manœuvres de jour et de nuit, qu'imprécations contre la mousson. Enfin la colère des dieux eut un terme. Le 5 mars, au moment où le soleil se leva, la mer était calme et unie comme une glace; aucun souffle n'agitait l'air. Nous saisîmes cette occasion inespérée de sortir du fleuve. Dès que le courant de flot eut cessé, nos canots nous remorquèrent avec une ardeur et un enthousiasme qui nous firent bientôt dépasser la roche du *Sésostris*. En cet instant, une légère brise de sud-est commençait à rider la surface de la mer; nos voiles étaient déjà établies, et le premier souffle qui parvint jusqu'à nous les trouva orientées. *La Bayonnaise* s'inclina doucement, et, se sentant désormais sûre de sa manœuvre, se vit portée sans crainte vers les récifs de la *Némésis*. La marée commençait à nous seconder; un sillage plus rapide nous permettait de mieux serrer le vent. Nous n'eûmes pas besoin de virer de bord. En quelques minutes, les têtes de roches qui veillaient, noirâtres et menaçantes, à l'entrée de la passe se trouvèrent dépassées. Nous étions hors de la Ta-hea.

CHAPITRE XIX.

L'île de Chou-san et le port d'Amoy sur les côtes du Fo-kien. Retour de *la Bayonnaise* à Macao.

Lorsque la brise de nord-est nous retenait dans la Tahea, nous avions plus d'une fois juré que, le jour même où nous sortirions de ce fleuve infernal, nous ferions directement voile pour Macao ; mais à peine la mer libre se montra-t-elle devant nous, que nous oubliâmes et notre long dépit et nos nombreux serments. Ce fut pour ainsi dire sans y songer que nous revînmes à nos premiers projets. Nous n'étions qu'à dix-huit milles de la grande île de Chou-san. Bien que le vent soufflât du point que nous voulions atteindre, la marée, dont la vitesse dans tous les canaux de cet archipel est d'au moins trois ou quatre nœuds à l'heure, pouvait facilement nous conduire avant la nuit au mouillage de Ting-haë. Toutefois, pour arriver jusque-là, nous avions un labyrinthe dangereux à parcourir : il fallait donc se tenir prêt à manœuvrer avec autant de rapidité que de précision. Notre premier soin devait être de nous débarrasser de l'escadrille que nous traînions après nous depuis notre départ.

Pour procéder plus aisément à cette opération, nous mouillâmes pendant un quart d'heure sous l'île de Kin-tang. Après avoir embarqué à bord de la corvette ou hissé sur leurs arcs-boutants extérieurs notre chaloupe et nos cinq canots, nous fîmes route de nouveau vers le sud. La marée était alors dans toute sa force. La pointe méridionale de l'île Kin-tang fut bientôt doublée, l'écueil de *Just-in-the-*

Way dépassé, et, vers quatre heures du soir, emportés par le courant bien plus encore que par la brise, nous donnâmes entre les îles *Bell* et *Towerhill*[1]. Après avoir franchi ce passage, nous crûmes ne pouvoir mieux faire que de jeter l'ancre au milieu du canal de *Tea-island*, remettant au lendemain la recherche d'un meilleur mouillage. Le lendemain, en effet, dès le point du jour, nous fîmes explorer par un de nos canots le fond de la baie, et nous vînmes occuper, à quelques encablures de la côte, le poste qu'avait choisi en 1841, pour canonner les batteries de Ting-haë, la flotte de l'amiral Parker.

L'île de Chou-san, que l'on considère avec raison comme la clef du Yang-tse-kiang, a été deux fois conquise par les Anglais. Au mois de juillet 1840, le commodore sir Gordon Bremer se porta sur cette île, où les Chinois ne s'attendaient guère à une pareille attaque. Le vaisseau *le Wellesley* vint mouiller dans le port intérieur à portée de canon des quais de Ting-haë, foudroya les jonques de guerre qui avaient paru prendre une attitude agressive, et fit débarquer sous la protection de ses batteries, des troupes qui entrèrent sans coup férir dans une ville abandonnée. Lorsqu'au mois de janvier 1841 l'astucieux Ki-shan eut obtenu des Anglais la restitution de Chou-san, le premier soin des Chinois fut de mettre en état de défense une île dont la perte avait douloureusement affecté l'empereur Tao-kouang. Une fonderie de canons fut organisée à Ning-po, et bientôt une artillerie aussi formidable qu'avait pu la faire une grossière imitation des procédés européens, fut transportée par de nombreuses jonques à Ting-haë[2].

[1] Ces noms anglais ne sont la plupart du temps que la traduction des noms chinois ; quelquefois ce sont des sobriquets imposés à ces îles par les premiers marins étrangers qui les visitèrent.

[2] L'âme des canons n'était pas forée ; au centre du moule se trou-

Les Anglais à la reprise des hostilités, songèrent encore une fois à s'emparer d'une île qui sera toujours, sur les côtes du Céleste Empire, l'inévitable pivot de toute expédition maritime : ils trouvèrent les Chinois sur leurs gardes ; mais il faut avoir vu les naïves dispositions par lesquelles les mandarins de Chou-san s'étaient promis de décourager ou d'anéantir les barbares, pour apprécier toute la puérilité d'une stratégie qui, malgré tant de sanglantes leçons, ne semble point encore avoir pris la guerre au sérieux.

Nous avons étudié avec intérêt ce fameux champ de bataille, théâtre de la victoire la plus décisive et la moins disputée. La ville de Ting-haë est éloignée d'un kilomètre de la mer. Les murailles qui l'entourent sont peu élevées ; elles n'ont jamais été destinées à porter de l'artillerie. Du côté du nord-ouest, la ville, assise sur l'emplacement d'un marais desséché, est dominée par une chaîne de collines qu'embrasse en partie le mur d'enceinte. Un large canal serpente à travers la plaine, et introduit jusqu'au centre de Ting-haë les barques du Che-kiang. Une route pavée, luxe peu ordinaire aux cités chinoises, relie la ville au double rang de maisons dont se compose le faubourg maritime. De l'extrémité occidentale du faubourg jusqu'à la hauteur d'un îlot qui marque la limite du port et de la rade, bassins distincts, mais contigus, auxquels les matelots anglais avaient donné les noms de Portsmouth et de Spithead, sur un espace de près d'un kilomètre, règne une large chaussée élevée de quelques pieds à peine

vait adapté un mandrin du calibre de la pièce autour duquel la fonte se refroidissait. La surface raboteuse qu'on obtenait par ce procédé était polie à l'aide d'une râpe d'acier garnie de fortes pointes. Les affûts n'étaient que des blocs de bois massifs qu'on ne pouvait mouvoir ni à droite ni à gauche.

au-dessus du niveau des hautes mers. Cette chaussée avait été garnie d'un parapet en terre battue, et formait une batterie rasante de cent cinquante ou de deux cents pièces de canon, aux feux de laquelle les Chinois se flattaient qu'aucune escadre ne pourrait résister. Ce fut donc sans effroi que les mandarins de Chou-san apprirent que la flotte anglaise venait de reparaître, le 29 septembre 1841, à l'entrée de l'archipel. Les canons furent chargés jusqu'à la gueule; les *joss-sticks*[1] allumés, et l'on attendit les diables rouges de pied ferme; mais, insigne lâcheté de ces *fan-kouei !* pendant qu'on les attendait dans le port intérieur, ils jetaient l'ancre sur la rade. Tous les préparatifs de défense, ouvrage d'une année d'industrie et d'efforts, devenaient dès lors inutiles. L'immense batterie de la plage, qu'on n'avait songé à flanquer ni d'un mur ni d'un tertre, se trouvait enfilée par les feux de l'escadre et prise à revers par une colonne anglaise ; une autre colonne escaladait les remparts sur un point entièrement dégarni de canons et de soldats. En moins d'une heure, les Anglais étaient maîtres de Ting-haë ; les mandarins étaient en fuite, les *tigres* se dépouillaient à la hâte de leur tunique au fier blason, pour rentrer dans la classe des *non-combattants.* Il n'y avait plus dans Chou-san ni chefs ni armée. Jamais on ne vit de déroute plus complète. On ne put cacher à la cour de Pe-king ce nouvel échec : les barbares avaient encore une fois vaincu, mais par ruse, par un vil détour que n'avait pu soupçonner la candeur des mandarins ; l'honneur de l'artillerie chinoise était intact.

De tous les gages de modération qu'ait donnés récem-

[1] Les *joss-sticks* sont des bâtons d'encens que les Chinois brûlent devant leurs idoles, et qui leur servent aussi de mèches pour allumer leurs pipes et mettre le feu à leurs canons.

ment à l'Europe une puissance longtemps signalée par sa politique envahissante, l'évacuation de Chou-san est assurément celui qui doit le plus surprendre. Les prétextes n'eussent point manqué aux Anglais pour retenir entre leurs mains cette position militaire, dont une occupation prolongée leur avait permis d'apprécier tous les avantages ; mais déjà les économistes d'outre-Manche songeaient à substituer à l'emploi de la force brutale la puissance insinuante des doctrines du libre échange. C'est donc moins peut-être l'honnêteté que la prudence de l'Angleterre qu'il faut admirer dans la loyale exécution du traité de Nan-king. En présence de l'unité politique qu'il avait trouvée si fortement constituée dans le Céleste Empire, le gouvernement britannique avait cru qu'il devait renoncer à tenter sur les côtes de Chine le démembrement pour lequel il n'eût point rencontré, comme dans l'Inde, le concours des rivalités indigènes. La conservation de Chou-san perdait une partie de son intérêt du moment qu'on cessait d'y rattacher l'espoir d'établir la domination anglaise dans les provinces maritimes. Il ne restait donc plus qu'une question commerciale ; les frais d'occupation furent placés en regard du chiffre des transactions, chiffre aussi insignifiant à Ting-haë qu'à Hong-kong, et l'abandon de Chou-san fut décidé. Depuis cette époque, les Anglais se sont souvent repentis d'une mesure qui les privait d'un puissant moyen d'action, et semblait livrer leurs intérêts commerciaux à la mauvaise foi du gouvernement de Pe-king. Nous les avons entendus comparer avec amertume cette île féconde, dont la superficie est d'au moins cent soixante milles carrés, au rocher stérile de Hong-kong, énumérer les avantages d'une possession qui dominait à la fois l'embouchure du Yang-tse-kiang et la route du Japon. Nous ne doutons pas qu'une nouvelle rupture ne ramenât les Anglais sous les murs de Ting-haë, et cette fois leur escadre n'y trouverait pas le simulacre de résistance qui, en 1841, essaya de sauver l'honneur des armes chinoises. La ville de Ting-haë est à la merci de la première flotte qui la voudra prendre. Les murs de la ville, lézardés de toutes parts, menacent ruine, et la grande batterie de la plage semble plutôt un monument grandiose de l'ignorance militaire des Chinois qu'un ouvrage destiné à protéger les abords d'une place de guerre.

C'est en suivant cette magnifique et inutile chaussée que nous arrivâmes à l'entrée du faubourg maritime où Mgr Lavaissière, qui nous avait devancés à Chou-san, avait envoyé le P. Fan pour nous attendre. Nous entrâmes dans la ville par la porte du Sud, et, traversant Ting-haë dans toute sa longueur, nous trouvâmes, à quelques pas de la porte septentrionale, une ruelle fangeuse qui nous conduisit sous le modeste toit de chaume où Mgr Lavaissière cachait sa sainte vie. Quelle demeure pour un prince de l'Église ! La terre pour parquet, le toit pour plafond, et pour compagnons des longues nuits fiévreuses des escadrons de rats affamés et des essaims de moustiques dont le dard percerait la peau d'un hippopotame ! Je connais un homme qui avait bivaqué dans les plaines de la Grèce et partagé plus d'une fois le lit de feuillage des *palikares*, dont la constance n'a pu résister deux jours durant aux douceurs de ce palais épiscopal. Trop heureux cependant lorsqu'il pouvait se reposer de ses longues courses dans ce misérable asile, Mgr Lavaissière y apportait sa gaieté et sa douce égalité d'âme. Entouré des chrétiens qu'y attirait en foule sa présence, il ne songeait qu'à ses chers néophytes, auxquels il apportait quelquefois des secours, toujours des consolations. Les conversions qn'avait obtenues ce zèle infatigable étaient si nombreuses que les païens en murmuraient, et plus d'une fois les fidèles de Chou-san s'étaient vus l'objet des violences populaires. Ces chrétiens chinois auraient pu résister à d'injustes agressions : les équipages des *lorchas* portugaises étaient toujours prêts à leur offrir un secours efficace, une fois même ce secours avait été accepté ; mais c'était à l'insu et pendant l'absence de Mgr Lavaissière, qui ne voulait point que le christianisme devînt en Chine un sujet de discorde, et qui ne croyait, comme les premiers apôtres, qu'au succès de la mansuétude et de la résignation.

Parmi ses néophytes, le saint évêque comptait pourtant quelques insulaires dont il avait peine à réprimer l'ardeur belliqueuse, car ces *braves* avaient fait contre les barbares la grande campagne de 1841. Le métier des armes était dans leur famille un honneur héréditaire. En arrivant chez Mgr Lavaissière, nous trouvâmes une partie de cette légion thébaine réunie dans la cour. Il y avait là un mousquetaire avec son fusil à mèche, un archer avec son carquois, et un fantassin habitué à combattre corps à corps. Mgr Lavaissière voulut bien autoriser ces vaillants soldats à nous donner un spécimen de leur savoir-faire. Le fantassin, le bras passé dans les courroies d'un bouclier, la main droite armée d'un sabre, s'avança vers nous à demi ployé sur ses jarrets comme un tigre qui rampe et guette le moment de s'élancer sur sa proie. Se couvrant de son écu, faisant voltiger son glaive au-dessus de sa tête, il simula pendant quelques minutes de rapides attaques et des retraites plus rapides encore. Je ne sais quelle figure eût pu faire un pareil soldat sur le champ de bataille, mais il eût été à coup sûr une précieuse recrue pour les comparses du Cirque-Olympique ou de l'Opéra. Après le vélite, l'archer devait avoir son tour. C'est l'archer qui forme la base des armées chinoises. Son carquois renferme deux espèces de flèches : l'une est armée d'une pointe d'acier, l'autre se termine par une boule percée de plusieurs trous et fend l'air avec un sifflement que l'homme le moins nerveux ne peut entendre sans tressaillir. Quand les armées sont en présence, cette flèche est celle qu'on lance la première. Si l'ennemi effrayé prend la fuite, on a remporté une glorieuse victoire ; s'il tient ferme, on peut essayer le pouvoir de traits plus meurtriers, ou se retirer soi-même devant un adversaire trop opiniâtre. Il faut se méfier cependant, nous disait Mgr Lavaissière, d'une armée chinoise qui semble fuir ; cette manœuvre prudente peut être aussi une ruse de guerre. Souvent des fosses profondes, armées de longs épieux, ont été creusées sur le terrain où l'ennemi imprudent se laisse attirer. Un perfide gazon, supporté par de fragiles lattes de bambou, recouvre ces abîmes. Ardent à poursuivre le fuyard qui lui échappe, plus d'un vainqueur a vu la terre se dérober sous ses pas et s'est trouvé pris au piége comme une bête fauve.

Quand le jeune archer chrétien eut décoché assez gauchement plusieurs flèches contre le mur, nous voulûmes aussi essayer notre adresse ; mais cet arc chinois était indigne de notre vigueur : à la troisième flèche que nous lançâmes, il se trouva hors de service. Quant à l'arquebuse, jamais arme plus misérable ne figura aux mains d'un soldat. Le canon, mince et rongé par la rouille, devait mettre en péril la vie du malheureux qui osait, pressant le levier coudé auquel était adaptée la mèche, enflammer le salpêtre enfermé dans un pareil tube.

Le culte catholique avait hérité, dans l'île de Chou-san, de plusieurs édifices qu'une piété superstitieuse avait consacrés au service du dieu Fo, et dont les propriétaires convertis s'étaient empressés de réclamer la possession.

Mgr Lavaissière voulut nous faire visiter quelques-unes de ces chapelles rustiques, bâties dans les gorges les plus pittoresques de l'île. On oublie facilement qu'on est en Chine quand on parcourt les montagnes de Chou-san. On pourrait se croire, si l'on ne consultait que l'aspect général du paysage, sur les côtes de Provence ou sur le revers oriental des Pyrénées. Ce sont les mêmes arbres qui s'offrent à la vue, ce sont les mêmes oiseaux qui égayent le bocage. Sous les larges feuilles du noyer et du châtaignier, vous entendrez la voix des moineaux qui se querellent, vous verrez le merle se glisser dans les buissons, l'hirondelle se jouer autour des toits, le corbeau se promener gravement au milieu du sentier. Ne cherchez point d'ailleurs dans cette île les bois touffus et les verts ombrages des tropiques ou des climats du Nord. L'ombre s'est réfugiée dans les vergers, où vous retrouverez, aux premiers jours de l'été, la plupart des fruits de l'Europe. Dans les campagnes, ne venez admirer que la plus intelligente culture : le riz dans la plaine, les patates douces sur les hauteurs, le thé à mi-côte, l'arbre à suif sur le bord des routes, voilà ce qui vous rappellera le curieux empire au milieu duquel un circuit de cinq milles lieues nous a transportés.

Si nous n'eussions pas visité l'île de Chou-san, nous eussions pu — le croira-t-on ? — quitter la Chine sans avoir jamais vu un arbuste à thé ; mais, dès la première promenade que nous fîmes sous la conduite de Mgr Lavaissière, notre curiosité à cet égard fut satisfaite. On devine que nous voulûmes tous examiner de près et toucher de nos mains le précieux arbuste qui a rendu l'Occident tributaire de la Chine. Mgr Lavaissière eut la bonté de faire préparer devant nous une des branches que nous avions cueillies, branches assez semblables à celles d'un camélia qu'émailleraient les corolles du myrte. Nous vîmes rouler plusieurs fois sous une main rugueuse les feuilles, d'où s'échappait un suc verdâtre, et qu'on exposait de temps en temps, après les avoir placées sur un tamis de rotin, à la chaleur d'un feu de paille. Cette opération devait se répéter si souvent, que nous n'eûmes point la patience d'en attendre la fin, et que nous perdîmes ainsi le plaisir de goûter du thé récolté par nous-mêmes et préparé sous nos yeux.

Nous avions sujet de nous montrer avares de notre temps, car nous savions que dans cette curieuse île de Chou-san nous en trouverions aisément l'emploi. Le hasard nous servait souvent aussi bien que nos guides. Un jour, errant sans dessein avec le P. Fan dans les environs de Ting-haë, nous nous trouvâmes tout à coup sur le bord d'un vallon au fond duquel, entouré de collines ombreuses, un lac reflétait le vif azur du ciel et la cime des grands arbres qui semblaient se pencher au-dessus des eaux limpides pour se voir. C'est là que le mandarin auquel l'empereur avait, en 1814, confié la défense de l'île, vaincu et désespéré, vint pleurer sa défaite. Les déserts d'Ili l'attendaient ; la colère impériale en le frappant ne manquerait point d'envelopper sa famille dans sa disgrâce : mieux valait mourir. Les amis du malheureux mandarin approuvaient cette énergique résolution ; mais comment se résigner à sortir de ce monde, quand la nature est si belle et semble vous rattacher à la vie par son plus doux sourire ? Il fallut aider le courage de l'infortuné défenseur de Chou-san. On le noya dans le lac, dont l'aspect enchanteur semble répudier un pareil souvenir, et l'on écrivit à l'empereur que, trahi par la fortune, le mandarin qui avait promis d'exterminer les barbares avait lui-même cessé de vivre.

On n'est plus tenté de rire des Chinois et de leur ignorance militaire, quand on passe sous les ombrages qui furent témoins de ce douloureux épisode. On songe plutôt aux sanglants sacrifices, aux traits de dévouement qui demeurèrent enfouis sous le ridicule de la défaite, et l'on prend en sérieuse pitié les martyrs d'une lutte inégale. Sur le bord verdoyant du cratère, on a élevé, par ordre de l'empereur, un pilier de granit pour perpétuer la mémoire de ce suicide honorable. Une longue inscription en relate probablement les circonstances. Nous espérions que la science du P. Fan ne reculerait pas devant la lecture de cette épitaphe. Hélas ! ce lettré chinois n'en put pas épeler un caractère. Quelle langue, bon Dieu ! quel déplorable moyen d'exprimer ses pensées que cette écriture idéographique ! Par quels inconvénients ce système antédiluvien ne fait-il point payer aux peuples de l'extrême Orient l'uniforme interprétation de ses hiéroglyphes[1] !

[1] Les habitants des diverses parties de la Chine ne se comprennent plus, lorsqu'au lieu de parler le dialecte de la cour, ils parlent le dialecte de leurs provinces. Un habitant du Fo-kien n'entendra pas le moins du monde un Cantonnais ou un citoyen du Kiang-nan ; mais les caractères écrits auront pour tous trois la même signification. Nous avons vu à Manille un curieux exemple de cette universalité de la langue écrite et des différences que présente la langue parlée. Le consul de France, M. Lefèvre de Bécourt, avait emmené, en quittant Macao, une nourrice chinoise : cette femme parlait le dialecte cantonnais et ne savait pas lire. Quand elle recevait des lettres de son mari, elle les portait à un de ses compatriotes plus savant qu'elle ; mais ce compatriote était du Fo-kien. S'il eût épelé la lettre en fo-kinois, la pauvre nourrice n'en eût pas compris un mot : c'était donc en espagnol qu'il traduisait cette lettre chinoise. La nourrice, qui avait habité Macao et y avait appris un peu de portugais, comprenait bien mieux l'espagnol que le dialecte du Fo-kien. On serait donc en droit de conclure que le fo-kinois ressemble bien moins au cantonnais que le portugais au castillan.

Le P. Fan, élevé aux honneurs du sacerdoce, avait appris le français et le latin ; il ne lisait le chinois que dans son almanach. C'était une intelligence un peu lente d'ailleurs, difficile à émouvoir, et qui suivait d'un pas trop inégal notre curiosité impatiente. Nos questions le mettaient au martyre ; elles l'appelaient sans cesse sur un terrain où il n'avait jamais songé à descendre, le terrain des *pourquoi* et des *parce que*. Le Chinois n'est pas investigateur de sa nature, le P. Fan ne l'était pas devenu en acceptant les vérités du christianisme. Je suis convaincu que les mystères de notre religion ne l'avaient pas arrêté une minute. Sa foi était simple et docile, sans manquer de ferveur. La Providence avait donné pour auxiliaire au plus infatigable des prélats du Céleste Empire ce placide Chinois, dont le corps long et maigre allait comme par instinct se ployer au fond d'une chaise à porteurs, tandis que le bouillant évêque courait plutôt qu'il ne marchait en avant de son acolyte. Mgr Lavaissière ne s'apercevait guère que les rôles étaient de cette façon souvent intervertis. Il aimait dans le P. Fan le compagnon fidèle de ses travaux ; il se plaisait à voir dans la simplicité et dans l'immuable douceur de ce flegmatique personnage le gage des vertus modestes que l'Église pouvait attendre du clergé indigène. Mgr Lavaissière d'ailleurs aimait les Chinois ; un mot brusque adressé à l'un de ses néophytes le faisait souffrir : c'était bien là le pasteur qui eût donné sa vie pour sauver son troupeau. Les Chinois, de leur côté, avaient compris ce dévouement, et leur enthousiasme pour le saint évêque ne connaissait point de bornes. Si une mort prématurée n'eût enlevé Mgr Lavaissière au siége du Che-kiang, je crois que l'île de Chou-san tout entière fût devenue catholique. Jamais homme ne fut plus digne de marcher sur les traces des apôtres. Mgr Lavaissière avait les vertus, le courage, l'ardente sympathie des premiers prédicateurs de l'Évangile; il était vraiment fait pour prêcher aux pauvres un Dieu crucifié.

Au milieu de l'allégresse que leur inspiraient la présence de leur évêque et celle du navire français, les chrétiens de Chou-san nous avaient semblé les gens les plus heureux et les plus satisfaits du monde; les païens seuls se plaignaient de la sécheresse; après les averses qui nous avaient assaillis à Ning-po, c'était se montrer exigeant. Il fut cependant décidé que le dragon paraîtrait dans les rues et qu'on le prierait solennellement d'envoyer de la pluie aux campagnes. Au jour fixé, nous vîmes se dérouler dans la principale rue de Ting-haë les replis du monstre porté par cinquante ou soixante personnes, autour desquelles se pressait toute la canaille de la ville. Pas une femme n'eût osé se mêler à cette foule, mais aucune non plus n'eût voulu perdre une si belle occasion de se montrer dans ses plus magnifiques atours. Toutes les Chinoises de Ting-haë, bien fardées, bien enfarinées, avec leurs fleurs d'oranger dans les cheveux, se tenaient sur le seuil de leurs maisons. Si la Chine renferme de jolies femmes, où donc se cachent-elles? Voici toute une population dans laquelle l'œil le plus indulgent chercherait en vain un type qui ne fût odieux.

Les Chinois, avec leur maudite procession, obtinrent de la pluie; nous n'en avions que faire. Les vents du nord, après avoir hésité quelques jours, tournèrent insensiblement vers le sud, et notre départ, fixé au 11 mars, se trouva retardé. Nous profitâmes de ce retard involontaire pour recevoir à bord de la corvette M. Pi-tchén-tchao, préfet du département de Ting-haë, mandarin de cinquième classe au bouton de cristal, avec le commandant militaire et le magistrat de Chou-san. Ces deux derniers mandarins, dont je regrette infiniment que le nom m'ait échappé, offraient le plus complet contraste qu'on puisse imaginer. Le mandarin civil était originaire de la province du Pe-tche-ly. Nourri dans le voisinage de la cour, ce petit-maître chinois devait être, si les dames de Pe-king sont sensibles à l'élégance des manières et à la cajolerie du regard, un ennemi bien redoutable. Appelé à figurer pour la première fois dans un dîner européen, son tact avait deviné nos coutumes. Son collègue, le mandarin militaire, monstrueux géant du Chan-si, superbe échantillon des enfants de cette province montagneuse qu'on a nommée la Béotie de la Chine parce qu'elle fournit plus de soldats que de lettrés, se conduisit au contraire avec une suprême indécence. Il engloutit à lui seul la moitié du dîner, et sans la moindre hésitation se mit à exprimer la satisfaction de son estomac à la chinoise. Les éclats de rire des uns, les regards graves des autres ne le déconcertèrent pas. Ce Gargantua ne semblait pas soupçonner qu'il pût y avoir à cinq mille lieues de distance deux manières différentes de manger et de digérer. Il fallut l'arracher de table. Qui n'eût cru qu'un pareil glouton aurait au moins du cœur au ventre? Nous conduisîmes, après le dîner, M. Pi-tchén-tchao et les deux autres mandarins dans la batterie, en face d'une pièce chargée, et leur mettant en main le cordon de la platine, nous voulûmes renouveler l'épreuve qui nous avait si bien réussi avec Lin-kouei; mais M. Pi s'excusa gravement; le petit-maître déclina cet honneur par un modeste sourire, et le général de terre et de mer se sauva comme si on en voulait à ses jours.

Le 13 mars, après une nuit orageuse, le vent revint au nord-ouest. Dès que la marée fut favorable, nous mîmes sous voiles, et choisissant, pour sortir de l'archipel, la passe de *la Vernon,* nous eûmes en quelques heures laissé derrière nous toutes ces îles dont nous vîmes bientôt les sommets élevés disparaître l'un après l'autre sous l'horizon. Nous passâmes, sans nous y arrêter, devant la rivière de Fou-tchou-fou. L'entrée du Min-kiang est trop périlleuse pour pouvoir être tentée sans de grandes précautions par un navire du tirant d'eau de *la Bayonnaise,* et nous n'avions point le temps de naviguer d'une manière prudente. Nous ne pouvions plus songer qu'à paraître devant Amoy, à nous y arrêter un jour ou deux, et à cingler sans plus de retard vers Macao.

La mousson nous porta en vingt-quatre heures sur les côtes du Fo-kien. Des milliers de bateaux, dérivant autour de nous sous une seule voile carrée, occupaient toute l'étendue de l'horizon. Ce n'étaient plus les bateaux-pêcheurs du Kouang-tong, lourdes et vastes carènes qui semblent faites pour défier les rigueurs de l'hiver. Les bateaux du Fo-kien, montés en général par trois ou quatre hommes, ne sont ni moins intrépides ni moins constants que les barques de la province voisine ; ils sont plus frêles et renferment une population bien plus misérable. Leurs filets, qu'ils abandonnent souvent au milieu de la mer, sont alors soutenus par d'énormes pièces de bois, des poutres qu'on eût prises pour les débris d'une flotte, et dont *la Bayonnaise* avait grand soin d'éviter le choc. — Bientôt les hautes montagnes du continent chinois se montrèrent à nos yeux ; nous dépassâmes rapidement la rade de Chimmo, où de nombreuses jonques se montraient abritées à l'angle d'un promontoire, et, suivant à la distance de quelques milles la côte orientale de l'île Quemoy, nous vîmes s'ouvrir devant nous la vaste baie dans laquelle nous allions mouiller.

La baie d'Amoy, formée par une île considérable qui se développe au milieu d'une large échancrure du continent asiatique, est un des plus magnifiques mouillages qu'on puisse voir. Un îlot granitique situé à peu de distance de l'île d'Amoy, l'îlot de Ko-long-seu, encadre dans cet immense et tranquille bassin les eaux plus paisibles encore d'un port intérieur. Ce fut cet îlot que les Anglais occupèrent jusqu'en 1846. De là ils dominaient la ville d'Amoy, qui s'étendait en face de leurs batteries, et ils n'avaient point à craindre l'indignation et les complots de la population la plus belliqueuse de la Chine. Les Fo-kinois méritaient cet excès de précautions, car ils forment une exception remarquable parmi les peuples de race chinoise ; on les cite pour leur hardiesse et leur mâle fierté ; on se rappelle encore la résistance désespérée qu'ils opposèrent à l'usurpation tartare. Les habitants du Fo-kien ont colonisé Formose ; on les voit se porter sans cesse vers les côtes de Siam et de Cochinchine, vers les îles de la Malaisie, de Manille jusqu'à Singapore : ils ont, pour ainsi dire, le privilége de l'émigration. Les mandarins n'osent pas inquiéter cette race remuante, et les édits de l'empereur ne sont pas faits pour elle. Ce sont, il est vrai, les hommes seuls qui émigrent ; aucune femme ne les suit sur la terre lointaine. Les émigrants fo-kinois ne se marient qu'à leur retour, et lorsque leur fortune est faite. Il ne faut souvent que quelques années pour satisfaire les vœux d'une ambition modeste : si des circonstances indépendantes de leur volonté retiennent cependant loin de la patrie ces courageux exilés, chaque année du moins une partie de leur gain est envoyée à leur famille. Un homme d'une probité éprouvée recueille les fonds de chacun des émigrants, et reçoit, moyennant un faible intérêt qu'il prélève, la mission de les distribuer en Chine. On a vu des jonques emporter ainsi de Batavia ou de Singapore jusqu'à 60 000 dollars.

Les Fo-kinois sont actifs et industrieux plutôt que cupides. Ils ont l'instinct du commerce et de la navigation : on ne trouve guère de lettrés parmi eux; ils ne connaissent la plupart du temps que le nombre de caractères suffisant pour tenir leurs comptes. Leur dialecte, altéré par le mélange des idiomes étrangers, est barbare et incompréhensible pour les habitants des autres provinces. Quand un missionnaire récemment débarqué en Chine est obligé de voyager sous la conduite d'un guide chrétien dans l'intérieur de l'empire, on ne connaît pas de meilleur moyen d'assurer son incognito et de le mettre à l'abri des questions indiscrètes que de dire à tous les curieux : Que voulez-vous demander à ce pauvre homme? Ne voyez-vous pas qu'il ne peut vous répondre ? C'est un Fo-kinois.

Nous ne passâmes que trois jours dans la baie d'Amoy, et ce peu de temps, nous l'employâmes à parcourir avec une fiévreuse impatience les rues de cette grande ville, qui renferme, dit-on, près de deux cent mille âmes. C'est dans les magasins d'Amoy qu'il faut venir faire ses provisions de lanternes et de parasols, car la fabrication du papier est une des industries spéciales de la province. Le coton, la paille de riz, l'écorce de mûrier et le bambou passent tour à tour sous les foulons du Fo-kien. Certains districts de la province produisent aussi pour la consommation intérieure des quantités innombrables de tuiles, de briques et de poteries grossières. Ce fut d'Amoy que nous emportâmes les plus belles racines sculptées et le meilleur thé. Un navire de commerce aurait pu y trouver également du camphre de Formose, de la rhubarbe, du gypse, de l'alun et d'autres denrées de moindre importance; mais le produit qui semblait dans ce port promettre le plus bel avenir aux transactions européennes, ce n'était ni le thé, ni le papier, ni les tuiles : c'était le sucre. Les plaines du Fo-kien et de Formose conviennent admirablement à cette riche culture. Le bas prix de la main-d'œuvre permettait de livrer au taux de 44 centimes le kilogramme un sucre dont la blancheur faisait honte à l'aspect terreux des productions de Manille et de Java. Il semblait donc qu'il y eût à Amoy, non moins qu'à Canton et à Chang-haï, tous les éléments d'un commerce lucratif et prospère. Les importations anglaises dans ce port ne dépassaient point cependant, quand nous le visitâmes, le chiffre de 4 millions, et l'Angleterre, l'Inde et la Nouvelle-Galles du Sud n'avaient reçu d'Amoy que la valeur insignifiante de 173 000 francs. C'est encore au gouvernement chinois que les Anglais ont fait remonter la responsabilité de cette nouvelle déception. Ce qui reste incontestable, c'est que les spéculateurs étrangers n'ont point trouvé dans les ports du Fo-kien les intermédiaires qu'ils avaient rencontrés à Canton et à Chang-haï. Pour se défaire de leurs *shirtings* et de leurs *long-cloths*, il a fallu qu'ils se missent en relations directes avec le petit commerce et les détaillants. Aussi toutes les affaires se traitent encore au comptant, et le port d'Amoy est resté une place secondaire.

Ce fut le 18 mars que nous sortîmes de la baie profonde d'Amoy, où le souffle de la mousson n'arrive jamais qu'affaibli. La température étouffée que nous avions dû subir au fond de cet entonnoir entouré de gigantesques montagnes nous rendit plus précieux l'air vif et fortifiant que nous trouvâmes au large. Désormais nous ne pouvions plus conserver de doutes sur le moment de notre retour à Macao. Nous n'étions pas encore arrivés à l'époque où la mousson hésitante abandonne quelquefois le navigateur en vue même du port. La brise de nord-est ne cessa pas un moment d'enfler nos voiles et de nous porter rapidement vers le chenal des Lemmas. Le 20 mars, à une heure, nous étions mouillés sur la rade de Macao. Avant de s'embarquer sur *la Bayonnaise*, M. Forth-Rouen avait remis le service de la légation à un jeune élève-consul, M. Duchesne, dont les tendances sérieuses et la maturité précoce justifiaient amplement cette flatteuse confiance. Ce fut M. Duchesne qui, impatient de revoir ses anciens compagnons de voyage, vint nous apprendre lui-même quels événements s'étaient passés sur les bords du Chou-kiang pendant notre absence.

Les Anglais avaient concentré leurs forces à Hong-kong, et les chances d'une nouvelle collision semblaient s'accroître de jour en jour. Le vice-roi de Canton, le mandarin Sé-ou, jouait résolûment son rôle. Il ne se refusait point à exécuter le traité consenti par Ki-ing, il était prêt, disait-il, à ouvrir les portes de Canton; mais il affirmait que le premier Européen qui en franchirait le seuil serait infailliblement massacré par le peuple. Les murs de Canton étaient en effet couverts d'appels aux armes, de placards incendiaires, d'excitations au meurtre des barbares : il y avait là une agitation réelle ou factice; mais si les mandarins, par un calcul de leur politique astucieuse, avaient contribué à produire cette émotion, il était douteux qu'ils pussent retrouver le pouvoir de la contenir. Le vice-roi Sé-ou ne cessait cependant de protester de son impuissance et de sa bonne volonté. Il avait offert au gouverneur de Hong-kong d'en référer à l'empereur, et d'essayer par cette souveraine influence de calmer les esprits excités. Les délais nécessaires pour recevoir de Pe-king l'édit impérial avaient été accordés, et les Anglais juraient que, si la réponse attendue n'était point favorable, c'en était fait de Canton et des forts du Bogue; leurs boulets cette fois n'y laisseraient pas pierre sur pierre.

Le 3 avril, un courrier extraordinaire, porteur d'une plume ajoutée à ses dépêches, et qui avait parcouru en quatorze jours les douze cents milles qui séparent Pe-king de Canton, remit enfin au vice-roi Sé-ou l'édit que l'empereur avait touché du bout de son pinceau vermillon. « Les cités, disait le sage Tao-kouang, ont été élevées pour protéger le peuple, et la volonté du peuple sert de base aux décrets du ciel. Si les habitants de Canton refusent aux étrangers l'entrée de leur ville, comment puis-je promulguer un édit impérial qui méconnaisse ce vœu populaire? » Lorsque cette décision fut communiquée au gouverneur de Hong-kong, M. Bonham avait pu apprendre par le courrier arrivé à la fin de mars quelles étaient, au sujet des complications dont les côtes de la Chine étaient sans cesse le théâtre, les dispositions de la métropole : il savait que le cabinet britannique, fatigué de toutes ces querelles locales, avait voulu prendre ses sûretés contre les entraînements de son représentant dans les mers de la Chine. Par une division inusitée de pouvoir, le commandant des troupes et celui des forces navales avaient été soustraits à l'autorité du gouverneur. M. Bonham pouvait requérir la force armée pour la défense de la colonie, mais aucune mesure offensive ne devait être prise sans un ordre exprès venu de Londres. Les mêmes hommes d'État qui gourmandaient naguère la faiblesse de sir John Davis n'avaient pas craint d'enchaîner par ce moyen énergique le zèle de son successeur. C'est que les circonstances étaient singulièrement changées depuis le mois de mars 1847. L'Angleterre, alarmée par l'état d'agitation de l'Europe et par les troubles récents de l'Inde, rejetait bien loin de sa pensée des complications secondaires. En présence de pareilles dispositions, il ne restait plus à M. Bonham qu'à porter la décision de la cour de

Pe-king à la connaissance des sujets britanniques. C'est ce qu'il fit le 5 avril 1847, en prescrivant aux négociants de Canton et de Hong-kong de se conformer scrupuleusement à cet arrêt suprême. Tel fut le premier pas rétrograde de la politique anglaise dans les mers de la Chine; tel fut aussi le signal du déclin de l'influence européenne sur les côtes du Céleste Empire.

FIN DU TOME PREMIER.

TABLE DES MATIÈRES.

TABLE DES GRAVURES.

www.ingramcontent.com/pod-product-compliance
Ingram Content Group UK Ltd.
Pitfield, Milton Keynes, MK11 3LW, UK
UKHW022324190726
13856UKWH00001B/197

9 782013 35332